普通高等教育工程训练系列教材

工程训练教程

主　编　蒙　斌
副主编　黄　勇
参　编　郭学东　周汉忠

机械工业出版社

本书紧密联系实际，并根据多年教学实践编写，注重工程训练的实践性和针对性，重点突出，结构紧凑，图文并茂，通俗易懂，有利于培养学生的工程实践能力和综合创新能力。书中的每个训练项目都有明确的训练目标和训练过程导引，还有该训练项目所需基础知识的系统介绍，可指导学生独立或团队协作完成每个训练项目。

本书分为工程训练须知篇、材料成形训练篇、传统制造技术训练篇、先进制造技术训练篇和创新训练篇，内容主要包括工程训练须知、工程材料及金属热处理、铸造训练、锻压训练、焊接训练、切削加工基础、钳工训练、车削训练、铣削训练、刨削训练、磨削训练、数控编程基础、数控车削训练、数控铣削训练、3D打印训练、特种加工训练和创新训练。

本书可作为高等院校工科类相关专业学生的工程训练教材（指导书），也可作为企业的培训教材和相关工程技术人员的参考书。

图书在版编目（CIP）数据

工程训练教程／蒙斌主编．--北京：机械工业出版社，2024.8.--（普通高等教育工程训练系列教材）．
ISBN 978-7-111-76969-9

Ⅰ．TH16

中国国家版本馆 CIP 数据核字第 20240SY700 号

机械工业出版社（北京市百万庄大街 22 号 邮政编码 100037）
策划编辑：丁昕祯　　　　　　　责任编辑：丁昕祯　杜丽君
责任校对：龚思文　张　薇　　　封面设计：张　静
责任印制：任维东
河北京平诚乾印刷有限公司印刷
2025 年 6 月第 1 版第 1 次印刷
184mm×260mm · 16.25 印张 · 398 千字
标准书号：ISBN 978-7-111-76969-9
定价：52.00 元

电话服务　　　　　　　　　　网络服务
客服电话：010-88361066　　机 工 官 网：www.cmpbook.com
　　　　　010-88379833　　机 工 官 博：weibo.com/cmp1952
　　　　　010-68326294　　金 　书　 网：www.golden-book.com
封底无防伪标均为盗版　机工教育服务网：www.cmpedu.com

前　言

从 2017 年 2 月开始，教育部推进新工科、新农科、新文科、新医科建设，旨在优化学科专业结构，形成覆盖全部学科门类、有中国特色、具备世界水平的一流本科专业集群。工程训练作为培养人才的基础训练环节，要适应人才培养的需要，就要充分利用现有校内外工程训练资源，发挥资源优势，以适应人才培养的工程训练特色。深化校内校外训练融合、校企合作，以技能训练和能力培养为本位，增强学生的创新意识和创新能力，这样才能为培养具有较强行业背景知识、工程实践能力、胜任行业发展需求的应用型和技术技能型人才打下坚实基础。

基于人才培养的特点和要求，根据学生的专业特点和知识背景，工程训练可以分层次安排训练项目，将训练体系分为四个模块：工业系统认知训练模块、基础工程训练模块、现代工程训练模块和综合创新训练模块。工业系统认知训练模块让学生初步认识工业系统的组成、工艺流程、管理模式、组织架构，适用于所有工科类学生。基础工程训练模块让学生了解机械制造的一般过程，掌握机械加工的一般工艺方法、工艺过程及传统机械的使用方法，具备独立完成简单零件加工的能力，培养学生的产品意识、质量意识等工程意识，适用于所有工科类学生。现代工程训练模块让学生全面了解先进制造系统和设备的结构、功能与原理，能熟练操作先进机械加工设备和特种加工设备，具备加工制作复杂零件的能力，培养学生综合运用知识的能力，适用于机械类和近机械类学生。综合创新训练模块让学生能进行多学科知识的集成和融合，具备解决具体工程问题的能力，培养学生分析问题和解决问题的综合能力和创新意识，适用于有创新思想和意愿的学生。

本书以教育部课程指导委员会制定的《普通高等学校机械制造工程训练教学基本要求》为切入点，总结近年来宁夏大学工程训练教学改革经验，结合应用型工程技术人才的实践教学特点、新工科对工程训练教学的新要求，同时考虑将课程思政融入整个工程训练环节进行编写。

本书有如下特点：

1）为满足不同需要，本书内容分为工程训练须知篇、材料成形训练篇、传统制造技术训练篇、先进制造技术训练和创新训练篇。

2）在需要注意和须重点掌握的地方均有提示，以便于读者学习。

3）涉及具体训练工种或项目的章节均配有知识介绍和技能训练。知识介绍为技能训练提供必要的知识支撑，技能训练是相关知识的综合应用及工程实践。

本书由宁夏大学蒙斌任主编并负责统稿和定稿，石河子大学黄勇任副主编，参加编写工作的还有宁夏大学郭学东、周汉忠。具体编写分工如下。第1、2章由黄勇编写，第3、4章由郭学东编写，第5、6章由周汉忠编写，第7~17章由蒙斌编写。

　　编者在编写过程中查阅了大量资料，并结合自身实践经验编写，但由于编写水平有限，书中疏漏之处在所难免，恳请读者不吝指教，以便进一步修改和完善。

编　者

目　录

先进制造技术训练篇

创新训练篇

工程训练须知篇

第1章 工程训练须知

【内容提要】 本章主要介绍工程训练知识目标、能力目标、工作态度和价值观方面的目标、工程训练教学内容、工程训练指导教师守则、工程训练学生守则等内容。

【训练目标】 通过本章内容的学习，学生应明确工程训练知识目标、能力目标、工作态度和价值观方面的目标，了解工程训练内容，熟悉工程训练相关守则。

1.1 工程训练教学目标

1.1.1 知识目标

通过工程训练课程的学习和实践，借助教材、参考书、技术手册和其他信息获取方式，以及一定的训练环境，让学生具备以下知识：

1）能叙述机械工程的形成过程及各阶段的方法（基本工具、手段和技术）、目标和作用；准确表达机械工程形成过程的基本概念、基本术语和常识；能举例说明机械工程与科技、经济、社会、政治、社会文化和生态的关系。

2）知道由原材料生产、毛坯成形、零件加工、产品装配等环节组成的机械产品生产过程。

3）能识别铸件、锻件、焊接件、主要型材（板材、线材、管材）等毛坯的种类；能简述铸件、锻件、焊接件、主要型材等毛坯的制造基本过程和方法；知道异型材（常见异型铝型材）的种类及制造方法；知道非金属材料成形的基本方法；知道相关成形材料的选型原则。

4）知道钢的热处理原理、作用及常用热处理方法和设备；知道表面处理概念和表面工程（如激光表面处理等）技术。

5）能归纳铸造生产的工艺过程、特点和应用；能简述型砂、芯砂、造型、造芯、合型、熔炼、浇注、落砂、清理等概念的内涵及常见铸造缺陷；能正确选择铸件分型面；能正确进行两箱造型（整模、分模、挖砂、活块等）；能简述三箱造型、刮板造型和机器造型的特点和应用；能简要描述常用特种铸造方法（包括消失模铸造）的原理、特点和应用；知道关于铸造的安全生产技术、环境保护等要求；能进行简单的经济分析。

6）能归纳锻压生产的工艺过程、特点和应用；知道坯料加热和碳素钢锻造的温度范围和自由锻使用的设备；掌握自由锻基本工序的特点；简述轴类和盘套类锻件自由锻的工艺过程；列举锻件的冷却方法及常见锻造缺陷；知道胎模锻的特点和胎模结构；知道压力机、冲模、冲压基本工序的基本知识和常见冲压缺陷；能描述钣金工艺的特点和应用；知道关于锻压生产的安全技术、环境保护等要求，并能进行简单的经济分析。

7）能归纳焊接生产的工艺过程、特点和应用；叙述焊条电弧焊机的种类和主要技术参数、电焊条、焊接接头形式、坡口形式及不同空间位置的焊接特点；能叙述焊接工艺参数及其对焊接质量的影响；能列举常见的焊接缺陷；会描述典型焊接结构的生产工艺过程；知道气焊设备、气焊火焰、焊丝及焊剂的作用；知道其他常用焊接方法（埋弧自动焊、气体保护焊、电阻焊、钎焊等）的特点和应用；能归纳氧气切割原理、切割过程和金属气割条件；知道离子弧切割或激光切割的特点和应用；知道关于焊接生产的安全技术、环境保护等要求，并能进行简单的经济分析。

8）能简述钳工在机械制造及维修中的作用；能正确运用划线、锯削、锉削、钻孔、攻螺纹和套螺纹的方法；知道刮削的方法和应用；知道钻床的组成、运动方式和用途；能运用扩孔、铰孔和锪孔的方法；知道机械装配和自动化装配的基本知识。

9）能准确叙述车、铣、刨、磨等常用加工方法的工艺特点、机床结构及其特点、加工范围、经济加工精度、主运动和进给运动传动链；领会常用加工方法的结构工艺性要求；能使用常用加工方法的机床常用附件进行零件加工；能使用常用工艺手册选择刀具和切削加工参数；能使用常用量具进行零件长度和角度尺寸测量；能根据机床型号识别机床类型及主要技术参数；知道专用夹具的用途；能定义和识别各类刀具的几何结构；会针对不同加工型面进行刀架或机床相关部件调整；能进行典型型面的加工操作；知道常用加工方法的成本构成及影响因素；知道常用加工方法影响质量的因素及其基本控制方法和手段。

10）能准确叙述数控车削、数控铣削、电火花线切割、电火花成形、激光加工等先进加工方法的工艺特点、机床结构及特点、加工范围、经济加工精度，和传统加工方法相比，主运动和进给运动传动链的特点；知道先进加工方法的结构工艺性要求；能够使用先进加工方法的机床常用附件进行零件加工；能使用常用工艺手册选择刀具和切削加工参数；能根据机床型号识别机床类型及其主要技术参数；能定义和识别各类刀具的几何结构，正确选用刀具；能进行典型型面的加工操作；知道先进加工方法的成本构成及其影响因素，知道先进加工方法影响质量的因素及其基本控制方法和手段；知道DNC（分布式数控）系统构架、实现原理和DNC系统在线加工模式，运用DNC系统NC程序上下载方法。

11）知道创新的基本概念和特点，以及创新思维的主要形式；知道创新基本原理，以及组合法、类比法、头脑风暴法等常用创新方法；知道机械创新主要包括功能创新、原理创新、布局创新、形状创新和结构创新等。

1.1.2　能力目标

通过各环节的实操训练和工程实践，让学生具备以下能力：

1）结合实际工程训练项目和创新训练项目，在老师指导下，能按工程设计、工程制造、工程管理和工程创新的过程设计和实现项目，并能对项目进行与社会、经济、环境、科技、文化等相关的初步分析。

2）结合实际机械工程项目（教学产品）和创新项目，在老师指导下，应用 CAD、CAPP、CAM、PDM 软件进行相应操作，完成产品模型设计、工艺规程设计、编制数控加工程序并进行相应数据管理。

3）针对机械加工零件，能正确选择零件毛坯、装夹方法和加工方法。

4）按照工艺规程，能够正确选择机床、刀具、量具和夹具对零件进行加工。

5）在实际项目开发过程中，能够正确运用组合法、类比法、头脑风暴法等常用创新方法，能正确使用网络、技术手册和先进技术平台（如 DNC 环境）。

6）在 ERP 环境中，能正确完成相应角色的相关操作。

1.1.3　工作态度和价值观方面的目标

通过工程训练的学习和实践，让学生树立以下目标：

1）初步建立包括创新、质量、市场、安全生产、环保、竞争、法律、管理、责任、社会、团队等在内的大工程意识。

2）初步具备从事机械工程领域工作的学习和实践的基本知识和能力。

3）提高对从事机械工程的基本道德（含社会公德）、职业道德、责任心和事业心的认识。

4）在机械工程学习和实践中有自己的价值判断能力，提高对所学课程在自身知识体系架构中作用的认识。

5）提高自身的知识水平，主动、顺利完成本专业学习，对自己未来职业生涯规划有所认识。

1.2　工程训练教学内容

1. 铸造
1）砂型铸造的工艺过程。
2）零件、模样和铸件的定义。
3）砂型的基本造型方法和造型工具的使用。
4）砂型的基本结构，浇注系统的组成及浇注工艺。
5）常见铸造缺陷的特征。

2. 锻压
1）锻压的工艺过程、特点及应用。
2）典型零件自由锻的基本工序和操作方法。

3. 焊接
1）焊接生产工艺过程、特点和应用。
2）焊条电弧焊的安全操作方法，以及焊条的组成和作用。
3）常用焊接接头的形式、坡口的种类。
4）气焊、气割的工艺过程、特点和应用。

5）气焊、气割的安全操作方法和注意事项。

6）常见的焊接设备，以及焊接的特点和种类。

4. 钳工

1）钳工在机械制造中的作用。

2）钳工的主要加工方法和应用，常用工具、量具的使用和测量方法。

3）钻床的组成和用途。

4）划线、锯削、锉削、錾削、钻孔、攻螺纹的方法。

5. 车削

1）金属切削的基本知识。

2）普通车床组成部分及其作用，通用车床的型号。

3）常用车刀的组成和结构，常用的车刀材料。

4）车床上常用工件的装夹方法及车床附件的使用。

5）车削的加工范围、特点，以及车工安全操作知识。

6. 铣削

1）铣床的种类、铣刀的使用及安装，主要附件的作用。

2）铣削的加工范围及安全操作知识。

7. 刨削

1）刨床的种类、组成及其作用。

2）刨削的加工方法、加工范围、加工特点及其安全操作。

8. 磨削

1）磨床的组成和用途，磨削加工特点及基本操作方法。

2）磨削加工方法和安全操作知识。

9. 数控加工技术

1）数控机床的分类、组成、工作过程及加工特点。

2）手工编程和自动编程的基本知识。

3）数控程序的结构和常用的指令代码。

4）典型零件的编程及加工方法。

10. 3D 打印技术

1）3D 打印的工作原理、分类、特点。

2）3D 打印的成型材料与应用软件。

3）3D 打印的具体应用。

11. 特种加工技术

1）电火花成形机床、线切割机床的组成、加工原理、加工精度、加工表面质量（表面粗糙度）。

2）电火花成形加工的方法、特点及应用。

3）电火花线切割的基本编程方法、加工特点及应用。

12. 创新训练

1）创新训练的概念、方法及手段。

2）创新训练的过程、常用工具及软件。

3）创新训练项目的实施。

1.3　工程训练相关守则

1.3.1　工程训练指导教师守则

1）严格按照教学实训大纲的内容和时间授课，不允许私自删减或更改。

2）严格遵守教学时间，提前进入实训场地，按时上课、下课，临时有事不能出勤上岗的，应请假并备案，以便另行安排，不请假者按学校教学规定处理。

3）根据教学课表合理组织好本班（组）学生的教学活动内容，时间安排要紧凑，对讲课和操作过程中不认真学习的学生要及时给予批评指正。

4）上课期间对学生严格管理、严格考勤。如果指导教师对学生的考勤与教学检查组抽查的情况不符，则追究指导教师的责任。

5）指导教师在学生操作时要经常对学生进行巡回指导，不允许做与教学内容无关的事情，教学检查组要进行不定期检查，发现漏岗者应严肃处理。

6）按照要求做好评阅学生实习报告和考核评分工作，认真填写学生实习成绩考核表，如果发现有遗漏或不认真者，则根据实际情况扣除指导教师部分教学工作量。

7）实践指导教师要关心、爱护学生，帮助学生解决实训操作中遇到的各种困难和问题，做学生的良师益友。

8）实践指导教师应根据授课内容，提前配备所需要的工具，并把设备调试到正常状态，保证学生操作时得心应手，并对各自责任区的三防和环境卫生工作负责。

9）积极参加各类业务培训学习，提高业务素质；积极研讨、改进教学方法，保证实训质量，降低原材料消耗。

10）积极创造条件，尽可能结合实际进行教学，以达到实习、实训目的。

1.3.2　工程训练学生守则

1）学生工程训练前必须接受安全教育，否则不允许进入岗位。

2）操作前必须穿戴好所训练工种规定的保护用品，不符合要求的不得进行操作，女同学必须戴好工作帽，方可进行操作。

3）工程训练期间必须遵守各实训室、各工种的安全操作规程和各项规章制度。

4）在工程训练期间，一切活动须服从安排，除特殊情况外，不得以任何借口或理由随意脱离训练岗位。

5）必须听从指导老师的教学安排，必须按指导老师的布置操作，不允许做与工程训练无关的事情。

6）未得到指导老师的批准，不允许擅自更换机床、设备和工具，不得随意起动、搬运机床、设备、电器、工卡量具等附件。工具、刀具、量具、材料等不能带出训练场地外，否则按有关规定处理。

7）工程训练过程中应了解各工种的工艺过程、设备结构情况，熟悉设备的操作、工装卡具的使用等。努力做到理论与实践相结合，提高自己的创新意识和创新能力。

8）机床、设备出现故障或事故，应立即停车、保护现场、报告指导老师，不得自行处理。

9）保持正常的工作秩序、良好的工作环境，严禁追逐打闹、开玩笑、大声喧哗。

10）学生违反工程训练中心的有关规定，不听劝阻者，视情节轻重分别给予批评教育、实习成绩以零分计、取消实习资格等，特别严重者交有关部门处理。

11）保持工作场地的整洁、按时打扫卫生，做到安全文明生产。

12）要爱护公物、丢失或损坏公物者，要照价赔偿，因违反操作规程而造成的经济损失由本人承担。

材料成形训练篇

第2章　工程材料及金属热处理

【内容提要】　本章主要介绍工程材料的强度、硬度、塑性等力学性能指标、物理意义及单位；常见金属材料的分类、基本性能及应用；钢的热处理原理、作用及常用热处理方法等内容。

【训练目标】　通过本章内容的学习，学生应了解强度、硬度、塑性等的力学性能指标、物理意义及单位；了解常见金属材料的分类、基本性能及工程上的应用；熟悉钢的热处理原理、作用及常用热处理方法。

2.1　工程材料相关知识

2.1.1　工程材料概述及分类

工程材料是制造机器零件、构件和其他可供使用物质的总称，是人类生产和生活的物质基础，材料的发展推动了人类社会的进步。工程材料的种类繁多，分类方法也很多，按化学成分不同，可分为金属材料、无机非金属材料、有机非金属材料和复合材料。

2.1.2　金属材料的性能

金属材料是现代机械制造中最主要的材料，在各种机床、矿山机械、冶金设备、动力设备、农业机械、石油化工和交通运输机械中，金属制品占80%~90%。金属材料之所以获得如此广泛的应用，主要是它具有很好的物理、化学和工艺性能，并且可用较简便的工艺方法加工成适用的机械零件。

金属材料的力学性能是指金属材料在外力作用下表现出来的性能，如强度、塑性、硬度和韧性等。

1. 强度

强度是金属材料在外力作用下抵抗塑性变形或断裂的能力。

一般使用拉伸试验测定金属材料的力学性能。将标准拉伸试样夹持在拉伸试验机的两个夹头中，然后逐渐增大载荷，直至试样被拉断。表示正应力和试样平行部分相应的应变在整个试验过程中的关系曲线，称为应力-应变曲线，如图 2-1 所示。

（1）屈服强度　屈服强度为当金属材料呈屈服现象时，在试验期间发生塑性变形而力不增加时的应力点，屈服强度分为上屈服强度和下屈服强度。

1）上屈服强度（R_{eH}）。上屈服强度是指试样发生屈服而力首次下降前的最高应力值。

2）下屈服强度（R_{eL}）。下屈服强度是指在屈服期间，不计初始瞬时效应时的最低应力值。

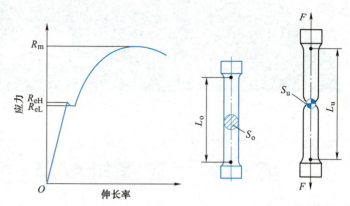

图 2-1　拉伸试样与应力-应变曲线

由于许多金属材料（如高碳钢、铸铁等）没有明显的屈服现象，所以工程中规定伸长率为 0.2% 塑性变形时的应力称为塑性延伸强度（$R_{p0.2}$）。

（2）抗拉强度（R_m）　抗拉强度是与最大力相对应的应力，可用从拉伸试样到断裂过程中的最大试验力和试样原始横截面积之比来计算。

对于大多数机械零件，工作时不允许产生塑性变形，所以屈服强度是零件强度设计的重要依据；对于因断裂而失效的零件（如脆性材料），则用抗拉强度作为强度设计的依据。

2. 塑性

塑性是金属材料在外力作用下，产生永久变形而不破坏的能力。常用的塑性指标有断后伸长率 A 和断面收缩率 Z，即

$$A = (L_u - L_o)/L_o \times 100\%$$
$$Z = (S_o - S_u)/S_o \times 100\%$$

式中，S_o 为试样原始的横截面积（mm^2）；S_u 为试样断裂处的横截面积（mm^2）；L_o 为试样初始标距长度（mm）；L_u 为试样拉断后的标距长度（mm）。

3. 硬度

硬度是金属材料抵抗其他硬物压入表面的能力。金属硬度是在硬度计上测定的。生产中常用的硬度表示方法有布氏硬度和洛氏硬度两种。

（1）布氏硬度　用直径为 D（通常 $D = 10mm$）的硬质合金球，在规定载荷 F 的静压力作用下，压入试样表面并保持一定时间，再卸除载荷，在试样上留下直径为 d 的压痕，计算压痕单位面积上所承受的载荷大小即为布氏硬度（用符号 HBW 表示）。试验时布氏硬度值可按压痕直径 d 直接查表得出。

布氏硬度法因压痕面积较大，其硬度值比较稳定，故测试数据重复性好，准确度较高。其缺点是测量费时且因压痕较大，不适于成品检验。

（2）洛氏硬度　洛氏硬度的测试原理是以锥角为 120°、顶部曲率半径为 0.2mm 的金刚石圆锥或直径为 $\phi 1.5875mm$（或 $\phi 3.175mm$）的硬质合金球为压头，在规定的载荷下，垂直压入被测金属表面，卸载后依据压入深度，由刻度盘的指针直接指示出洛氏硬度值。

为使洛氏硬度计能测试从软到硬各种材料的硬度，需要不同的压头和载荷以组成不同的洛氏硬度标尺，常用的标尺有 A、B、C 三种，分别记作 HRA、HRB、HRC。其中，HRC 在生产中应用最广。

该测试方法简单、迅速、压痕小，可用于成品检验。其缺点是测得的硬度值重复性较差，为此须在不同部位测量数次。

硬度测定设备简单、测试迅速，不损坏被测零件，同时硬度和强度有一定的换算关系，故在零件图的技术条件中，通常标注出硬度要求。

4. 韧性

金属材料在断裂前吸收变形能量的能力称为韧性。韧性的常用指标有冲击吸收能量和断裂韧度。

2.1.3　常用金属材料及其在工程上的应用

工程所用的金属材料以合金为主，很少使用纯金属。合金是以一种金属为基础，加入其他金属或非金属，经过熔炼或烧结制成的具有金属特性的材料。最常用的合金是以铁为基础的铁碳合金，如碳素钢、合金钢和灰铸铁等；还有以铜或铝为基础的黄铜、青铜、铸造铝合金等非铁金属材料。

1. 工业用钢

工业用钢的种类很多，按化学成分不同可分为碳素钢和合金钢。

（1）碳素钢　碳素钢具有良好的力学性能和工艺性能，且价格低廉，但淬透性低、耐回火性差、不能满足某些特殊性能要求（如耐蚀、耐热、抗氧化等），一般能满足使用要求不高的场合，应用广泛。碳素钢的分类方法很多，按碳含量（质量分数）可分为低碳钢（$w_C < 0.25\%$）、中碳钢（$w_C = 0.25\% \sim 0.6\%$）和高碳钢（$w_C > 0.6\%$）。

碳素钢中的杂质对钢的性能影响很大，特别是硫（S）和磷（P）。按钢中杂质的含量（质量分数）不同，碳素钢又可分为普通碳素结构钢（$w_P < 0.045\%$，$w_S < 0.050\%$）、优质碳素结构钢（$w_P < 0.035\%$，$w_S < 0.035\%$）和高级优质碳素结构钢（$w_P < 0.030\%$，$w_S < 0.030\%$）。

按用途不同，碳素钢可分为碳素结构钢和碳素工具钢。碳素结构钢主要用于制造各类工程结构件和机器零件；碳素工具钢为优质钢，主要用于制造工具、刀具、量具和模具等。

1）碳素结构钢

①普通碳素结构钢。普通碳素结构钢属于低碳钢和碳含量较少的中碳钢。这类钢强度、硬度低，塑性好，焊接性好，尽管硫、磷等有害杂质的含量较高，但性能仍能满足一般工程结构、建筑结构及一些机件的使用要求。此类钢应用非常广泛，其中大部分用作焊接、铆接或栓接的钢结构件，少数用于制作各种机器部件，且价格低廉，因此得到了广泛应用。

普通碳素结构钢的牌号以代表屈服强度"屈"字的汉语拼音首位字母 Q 和后面三位数字表示，如 Q215、Q235 等，每个牌号中的数字均表示该钢在厚度小于 16mm 时的最低屈服强度（MPa）。

强度较低的 Ql95、Q215 钢用于制造低碳钢丝、钢丝网、屋面板等。中等强度的 Q235 钢具有良好的塑性和韧性，且易于成形和焊接，多用于制作钢筋和钢结构件，以及铆钉、铁路道钉和各种机械零件（如螺栓、拉杆、连杆等）。

②优质碳素结构钢。优质碳素结构钢的 $w_C < 0.8\%$，其硫、磷含最较低，力学性能优良。

此类钢产量大、用途广，一般多轧制成圆、方、扁等型材、板材和无缝钢管。根据使用要求，有时需热处理后使用。

优质碳素结构钢的牌号用两位数字表示，这两位数字即为钢中碳的质量分数的平均万分数。例如，20 钢表示 $w_C = 0.20\%$ 的优质碳素结构钢。

08、10、15、20、25 钢等属于低碳钢，其塑性好，易于拉拔、冲压、挤压、锻造和焊接。其中，20 钢的用途最广，常用于制造螺钉、螺母、垫圈、小轴、冲压件、焊接件等，有时也用于制造渗碳件。

30、35、40、45、50、55 钢等属于中碳钢，其强度和硬度比低碳钢有所提高，经淬火后，硬度可显著提高。其中，以 45 钢最为典型，它不仅强度、硬度较高，且兼有较好的塑性和韧性，即综合性能优良。45 钢在机械结构中用途最广，常用于制造轴、丝杠、齿轮、连杆、套筒、键、重要螺钉和螺母等。

60、65、70、75 钢等属于高碳钢。它们经过淬火、回火后，不仅强度、硬度得到提高，且弹性优良，常用于制造小弹簧、发条、钢丝绳、轧辊等。

2）碳素工具钢。碳素工具钢属优质钢。牌号以 "T" 起首，其后面的一位或两位数字表示钢中碳的质量分数的平均千分数。例如，T8 表示碳的质量分数为 0.8% 的碳素工具钢。对于硫、磷含量更低的高级优质碳素工具钢，则在数字后面加 "A" 表示，如 T8A。淬火后，碳素工具钢的强度、硬度较高。为便于加工，常以退火状态供应，使用时再热处理。

碳素工具钢随着碳含量的增加，硬度和耐磨性提高，而塑性、韧性逐渐降低。由于其热硬性、淬透性差，只用于制造小尺寸的手工工具和低速刀具。所以 T7、T8 钢常用于制造要求韧性较高、硬度中等的零件，如冲头、錾子等；T10 钢用于制造韧性中等、硬度较高的零件，如钢锯条、丝锥等；T12、T13 钢用于制造硬度高、耐磨性好、韧性较低的零件，如量具、锉刀、刮刀等。

（2）合金钢　合金钢是为改善钢的某些性能而加入一种或几种合金元素所炼成的钢。合金钢都是优质钢，按用途可分为以下几种：

1）合金结构钢。合金结构钢具有合适的淬透性、较高的抗拉强度和屈强比（一般为 0.85）、较好的韧性和较高的疲劳强度、较低的韧性–脆性转变温度，比碳素钢性能优越，因此便于制造尺寸较大、形状复杂或淬火变形小的零件。

合金结构钢的牌号通常是以 "数字+元素符号+数字" 的方法来表示。牌号中起首的两位数字表示钢中碳质量分数的平均万分数；元素符号及其后的数字表示所含合金元素及其质量分数；若合金元素的质量分数小于 1.5% 则不标其质量分数；高级优质钢在牌号尾部增加符号 "A"。例如 16Mn、20Cr、40Mn2.30CrMnSi、38CrMoAlA 等。

2）合金工具钢。合金工具钢的淬硬性、淬透性、耐磨性和韧性均比碳素工具钢高，按用途大致可分为刀具用钢、模具用钢和量具用钢三类。其中，碳含量最高的钢（$w_C > 0.8\%$）多用于制造刃具、磨具和冷作模具，这类钢淬火后的硬度高于 60HRC，具有足够的耐磨性；碳含量中等的钢（$0.35\% < w_C < 0.70\%$）多用于制作热作模具，这类钢淬火后的硬度稍低，为 55HRC，但韧性良好。合金工具钢的牌号与合金结构钢相似，不同的是以一位数字表示钢中碳质量分数的平均千分数，例如，9SiCr 中碳的质量分数为 0.9%。当碳质量分数超过 1% 时，则不标出。常用的合金工具钢有用于制造刃具的有 Cr2、9SiCr 等，用于制造模具的有 Cr12、5CrNiMo、CrWMn、3Cr2W8V 等。

3）特殊性能钢。特殊性能钢包括不锈钢、耐热钢、导磁钢和耐磨钢等。其中，不锈钢在食品、化工、石油、医药工业中广泛应用。常用不锈钢的牌号有 Cr13 系列、07Cr19Ni11Ti 等。

2. 铸铁

铸铁是指碳质量分数为 2.11%～6.69% 的铁碳合金。工业常用铸铁中碳的质量分数为 2.5%～4.0%。此外，铸铁中 Si、Mn、S、P 等杂质也比钢多。铸铁的力学性能低，主要是石墨相当于钢基体中的裂纹或空洞，破坏了基体的连续性，且易导致应力集中，但铸铁的耐磨性能、消振性能、铸造性能和切削性能好。

铸铁中的碳一般以两种形态存在：一种是化合状态——渗碳体（Fe_3C），另一种是自由游离状态——石墨（C）。按铸铁中碳的存在形式不同，铸铁可分为白口铸铁（碳以化合状态存在为主）和灰铸铁（碳以游离状态存在为主）。按生产方法和组织性能不同，铸铁又可分为灰铸铁、可锻铸铁、球墨铸铁等。

（1）灰铸铁　灰铸铁中的碳主要以片状石墨形式存在，断口呈暗灰色，它是机械制造中应用最多的一种铸铁。灰铸铁用于制造承受压力和振动的零件，如机床床身、各种箱体、壳体、泵体等。灰铸铁的牌号由"HT"（"灰""铁"两字的汉语拼音首字母）和一组数字（表示最低抗拉强度，单位为 MPa）组成，如 HT100、HT150 等。

（2）可锻铸铁　可锻铸铁又称马铁。由于其石墨呈团絮状，抗拉强度得到显著提高，特别是这种铸铁有相当高的塑性和韧性，因此称为可锻铸铁，但它并不能用于实际锻造。可锻铸铁用于制造形状复杂且承受振动载荷的薄壁小型件，如汽车、拖拉机的前后轮壳、管接头和低压阀门等。

可锻铸铁的牌号用"KTH"（黑心）、"KTB"（白心）和"KTZ"（珠光体）表示，并在其后加注两组数字，分别表示抗拉强度和断后伸长率。例如，KTH300-06 表示抗拉强度为 300MPa，断后伸长率为 6% 的黑心可锻铸铁。

（3）球墨铸铁　球墨铸铁中的石墨呈球状，由于球状石墨对金属基体的割裂作用进一步减轻，其基体强度利用率可达 70%～90%，而灰铸铁仅为 30%～50%，因而球墨铸铁强度得以大大提高，并具有一定的塑性和韧性，目前已成功取代了一部分可锻铸铁件，并实现了"以铁代钢"。球墨铸铁常用于制造受力复杂、承受振动、力学性能要求高的零件，如曲轴、凸轮轴等。

球墨铸铁的牌号表示方法与可锻铸铁相似。例如，QT600-02 中，"QT"表示球墨铸铁，后面第一组数字"600"表示抗拉强度（MPa），第二组数字"02"表示伸长率（%）。

3. 非铁金属

工业上把除钢铁以外的金属及合金统称为非铁金属。

（1）铜及铜合金　铜及铜合金是应用最早的一种金属。它具有优良的导电性、导热性和耐蚀性，有一定的力学性能和良好的加工工艺性能，强度高、硬度低。

1）纯铜。纯铜根据所含杂质的量分为三级，用 T1、T2、T3 表示，数字越大纯度越低。

2）黄铜。黄铜是以锌为主要合金元素的铜合金。按照化学成分不同，黄铜可分为普通黄铜和特殊黄铜两类。黄铜的牌号用字母"H"和一组数字表示，数字大小表示合金中铜的质量分数。例如，H62 表示铜的质量分数为 62% 左右的普通黄铜。

在普通黄铜中加入铝、铁、硅、锰、铅、锡等合金元素，即可制成性能得到进一步改善的特殊黄铜。特殊黄铜根据加入元素的名称命名，其编号方法是"H+主加元素符号+铜的质量分数+主加合金元素质量分数"。例如，HSn62-1 表示合金中铜的质量分数为 62%、锡的质量分数为 1%的锡黄铜。工业上常用的特殊黄铜有铝黄铜、锡黄铜和硅黄铜等。

黄铜不仅有良好的力学性能、耐蚀性和工艺性能，而且价格也比纯铜便宜，因此广泛用于制造机械零件、电器元件和日常用品。

3）青铜。青铜原指铜锡合金，但在工业上，习惯称含铝、硅、铅、铍、锰等的铜合金为青铜，所以青铜实际上包括锡青铜、铝青铜、铍青铜、硅青铜、铅青铜等。

（2）铝及铝合金　铝及铝合金是工业生产中用量最大的非铁金属材料，由于它在物理、力学和工艺等方面的优异性能，使得铝（特别是铝合金）广泛用作工程结构材料和功能材料。

1）纯铝。纯铝的密度小，导电、导热性好，耐蚀性好，在电气、航空和机械工业中，不仅是一种功能材料，也是一种应用广泛的工程结构材料。

2）铝合金。铝中加入合金元素后就形成了铝合金。铝合金具有较高的强度和良好的加工性能。根据成分和加工特点不同，铝合金分为变形铝合金和铸造铝合金。

①变形铝合金。变形铝合金包括防锈铝合金、硬铝合金、超硬铝合金和锻铝合金。除防锈铝合金，其他三种都属于可以热处理强化的合金。变形铝合金常用来制造飞机大梁、桁架、起落架及发动机风扇叶片等高强度构件。

②铸造铝合金。铸造铝合金是制造铝合金铸件的材料，按所含合金元素的不同，铸造铝合金分为铝硅合金、铝铜合金、铝镁合金、铝锌合金，使用最广泛的是铝硅合金。铸造铝合金主要用于制造形状复杂的零件，如仪表零件和各类壳体等。

2.1.4　常用非金属材料及其在工程上的应用

金属材料具有强度高，热稳定性好，导电、导热性好等优点，但也存在许多缺点，如金属材料难以在密度小、耐蚀、电绝缘等场合下使用，因此常采用非金属材料，如工程塑料、合成橡胶、工业陶瓷、复合材料等。非金属材料克服单一材料的某些弱点，充分发挥了材料的综合性能。

1. 塑料

塑料是以高分子合成树脂为主要成分，在一定的温度和压力下，制成一定形状且在一定条件下保持不变的材料。塑料的特性：质量轻、比强度高（比强度指按单位重量计算的强度），有良好的耐蚀性、电绝缘性、减振及减摩性和加工成型性；但强度、硬度较低，耐热性差，易产生老化和蠕变等。

（1）塑料的组成　常用的塑料一般由合成树脂和添加剂构成。合成树脂为塑料的主要成分，树脂的性质决定了基本性能；加入添加剂的目的是改善塑料的成型工艺性能，提高使用性能、力学性能，以及降低成本。常加入的添加剂有填充剂、增塑剂、着色剂、润滑剂、稳定剂、硬化剂、发泡剂等，有时为改善某种特殊性能，还加入阻燃剂、防静电剂、防霉剂等。

（2）塑料的分类

1）塑料按其受热加工后所表现出的性能可分为热塑性塑料和热固性塑料。

①热塑性塑料。这类塑料是指受热时软化，可以加工成一定的形状，能多次重复加热塑制，其性能不发生显著变化的高分子材料。热塑性塑料的化学构造为线型高分子。

②热固性塑料。这类塑料是指加工成型后，再加热不会软化，或在溶剂中不再溶解的高分子材料，它以热固性树脂为主要材料。热固性树脂的初期构造是相对分子质量不大的热塑性树脂，具有链状构造，加热发生流动的同时，分子与分子间发生交联，形成三维网状立体构造，变成不溶、不熔的高分子材料。这种高分子材料不再具有可塑性。

2）塑料按其应用可分为通用塑料和工程塑料。

①通用塑料一般是指使用广泛、产量大、用途多、价格低廉的高分子材料，如聚乙烯、聚氯乙烯、聚苯乙烯、酚醛树脂及氨基树脂等。

②工程塑料是指具有较高的强度、刚性和韧性，用于制造结构件的塑料，如聚酰胺、聚碳酸酯、ABS、聚砜、聚苯醚等。

2. 陶瓷

（1）陶瓷的分类　陶瓷是一种无机非金属材料，分为普通陶瓷和特种陶瓷两大类。

1）普通陶瓷是以黏土、长石和石英等天然原料，经粉碎、成型和烧结而成，主要用于日用、建筑和卫生用品，以及工业上的低压电器、高压电器、耐酸器皿、过滤器皿等。

2）特种陶瓷是以人工化合物为原料（如氧化物、氮化物、碳化物、硅化物、硼化物及氟化物等）制成的陶瓷。

（2）陶瓷的性能特点　硬度和抗压强度高，耐磨损；但塑性和韧性差，不能经受冲击载荷，抗急冷性能较差，易碎裂。此外，陶瓷材料还具有耐高温、抗氧化、耐蚀等优良性能，大多数陶瓷都是良好的绝缘体。

（3）陶瓷的制造工艺　陶瓷的制造工艺分为原料处理、成型和烧成三个阶段。成型方法有干压、注浆、等静压、挤制、热压注等。烧成在煤窑、油窑、电炉、煤气炉等高温窑炉中进行。此外，还有将粉料同时加热、加压制成陶瓷的热压法和高温等静压法。陶瓷在烧成后即可使用，对于尺寸要求精确的陶瓷需研磨加工。

3. 复合材料

复合材料是由两种或多种物理和化学性质不同的物质经复合工艺制造的一种多相固体材料。

（1）纤维增强复合材料

1）玻璃纤维增强复合材料。玻璃纤维增强复合材料俗称玻璃钢，它是以树脂为黏结材料，以玻璃纤维或其制品为增强材料制成的。常用的树脂有环氧树脂、酚醛树脂、有机硅树脂及聚醛树脂等热固性树脂，以及聚苯乙烯、聚乙烯、聚丙烯、聚酰胺等热塑性树脂。它们的特点是密度小、强度高、介电性和耐蚀性好，常用来制造汽车车身、船体、直升机旋翼、电器仪表、石油化工中的耐蚀压力容器等。

2）碳纤维增强复合材料。碳纤维增强复合材料是以碳纤维或其织物（布、带等）为增强材料，以树脂为基体材料结合而成的。常用的基体材料有环氧树脂、酚醛树脂及聚四氟乙烯等。这类复合材料的密度比铝小，强度比钢高，弹性模量比铝合金和钢大，疲劳强度和冲击韧度高，化学稳定性好，摩擦因数小，导热性好，可用作宇宙飞行器的外层材料，人造卫星和火箭的机架、壳体等，也可制造机器中的齿轮、轴承、活塞等零件及化工容器、管道等。

（2）层合复合材料　层合复合材料由两层或两层以上不同性质的材料结合而成的，以达到增强的目的。常见的有三层复合材料和夹层复合材料等。例如，夹层复合材料由两层薄而强的面板与中间所夹的一层轻而柔的芯料构成，面板一般用强度高、弹性模量大的材料，如金属板、塑料板、玻璃板等，而芯料结构有泡沫塑料和蜂窝格子两大类。

（3）颗粒增强材料　常用的颗粒增强材料主要是一些具有高强度、高弹性模量、耐热、耐磨的陶瓷等非金属颗粒，如碳化硅、氧化铝、氮化硅、碳化钛、碳化硼、石墨、细金刚石等。颗粒增强材料是以很细的粉末（一般在 $10\mu m$ 以下）加入到金属基体或陶瓷基体中起提高强度韧性、耐磨性和耐热性等作用。为增加与基体的结合效果，常对这些颗粒材料进行预处理。颗粒增强材料的特点是选材方便，可根据复合材料不同的要求选用相应的增强颗粒，并且易于批量生产，成本较低。

🔵 2.2　钢的热处理技术

2.2.1　概述

钢的热处理是将钢在固态下加热并保温一定时间，然后以特定的冷却速度冷却，以改变其内部组织结构，从而获得所需组织和性能的工艺方法。

（1）热处理的分类　热处理分为整体热处理、表面热处理和化学热处理三大类。整体热处理工艺主要有正火、退火、淬火、淬火和回火、调质等；表面热处理工艺主要有表面淬火和回火、物理气相沉积、化学气相沉积、离子注入等；化学热处理工艺主要有渗碳、渗氮、碳氮共渗、渗金属等。

（2）热处理的目的　热处理是机械制造过程中不可缺少的工艺方法，与压力加工、铸造、焊接、切削加工等工艺方法不同，热处理不改变零件的化学成分（除化学热处理）及几何形状，其主要目的是改善和提高材料及零件的力学及使用性能，如强度、硬度、韧性、耐磨性及切削加工性等。

（3）热处理工艺的三要素　加热的最高温度、保温时间和冷却速度是热处理工艺的三要素。同种材料，由于采用不同的加热温度、保温时间、冷却速度，甚至不同的加热、冷却介质，工件所获得的组织和性能千差万别。对于不同材料、不同结构的零件，要根据具体的加工工艺和力学性能要求，制订具体的热处理工艺，并可穿插于各种工艺之间进行。

2.2.2　钢的热处理工艺

钢的热处理工艺分为预备热处理和最终热处理两类。预备热处理的目的是清除铸造、锻造加工过程中所造成的缺陷和内应力，改善切削加工性能，为最终热处理做好组织准备，如退火、正火。最终热处理是在使用条件下使钢满足性能要求的热处理，目的是改善零件的力学性能，延长零件的使用寿命，如淬火、回火、表面淬火、化学热处理等。图 2-2 所示为热处理工艺示意图。

1. 退火

退火是将钢加热到适当温度，保持一段时间，然后缓慢冷却的热处理工艺。退火后的材料硬度较低，一般用布氏硬度试验法测定。退火的目的是细化晶粒，改善材料的力学性能或为淬火做好组织准备；降低材料的硬度，以利于切削加工；消除铸件、锻件、焊件的内应力。

根据退火的目的和要求不同，钢的退火可分为完全退火、等温退火、球化退火、均匀化退火和去应力退火等。一般亚共析钢加热到 Ac_3 以上 30~50℃ 完全退火，过共析钢加热到 Ac_1 以上 20~30℃ 球化退火。去应力退火的加热温度范围为 500~650℃，如图 2-3 所示。

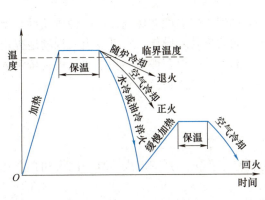

图 2-2　热处理工艺示意图

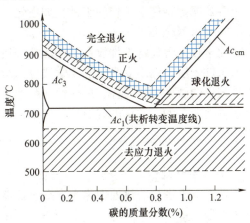

图 2-3　钢退火和正火加热温度范围

2. 正火

正火是将钢加热奥氏体化后，在空气中冷却的热处理工艺。正火是退火的一个特例，其目的与退火基本相同，但正火的冷却速度比退火快，因此，正火所获得的组织比退火细，正火件的强度、硬度比退火件高，生产周期短，操作简便，在实际生产过程中，为提高生产率及降低产品成本，应尽量采用正火取代退火，一般低、中碳结构钢以正火作为预备热处理。亚共析钢和共析钢的正火加热温度为 Ac_3 以上 30~50℃，过共析钢的正火加热温度为 Ac_{cm} 以上 30~50℃。

3. 淬火

淬火是将工件加热奥氏体化后以适当的方式冷却以获得马氏体或（和）贝氏体组织的热处理工艺。淬火的目的是获得高的硬度、强度、耐磨性以及高强度、高韧性兼备的综合力学性能，改善某些特殊钢的物理性能、化学性能及力学性能。不同钢材及不同表面质量要求的淬火可以使用不同的加热介质，如空气、可控气氛、熔盐、真空等。其冷却介质可以是水、油、高分子液体、熔盐及强烈流动的气体等。亚共析钢淬火加热温度为 Ac_3 以上 30~50℃，共析钢和过共析钢的淬火加热温度为 Ac_1 以上 30~50℃。

淬火后工件的硬度和耐磨性提高，但脆性和内应力大，容易变形和开裂；且淬火组织不稳定，在工作中会缓慢分解，导致精密零件的尺寸变化。为改善淬火后工件的性能，消除内应力，防止零件变形开裂，必须进行回火。

4. 回火

回火是将淬硬后的工件加热到 Ac_1 以下的某一温度，保温一定时间，然后冷却到室温的热处理工艺。回火是为了消除或部分消除淬火应力、降低脆性、稳定组织、调整硬度，获得所需的力学性能。在实际生产中，往往是根据工件所要求的硬度确定回火温度，有低温回火、中温回火和高温回火。一般来说，回火温度越高，硬度、强度越低，而塑性、韧性越高。淬火后进行高温回火称为调质处理。

5. 表面淬火

表面淬火是指仅对工件表面进行的淬火。表面淬火后，工件表面层获得高硬度和高耐磨性，而心部仍为原来的组织状态，具有足够的塑性和韧性。表面淬火适用于承受冲击载荷并处于强烈摩擦条件下工作的工件，如齿轮、凸轮、传动轴等。

6. 化学热处理

化学热处理是将工件放在某些活性介质中，加热到一定温度并保温，使一种或几种元素渗入工件表层，以改变表层的化学成分、组织和性能的热处理操作。它可以更大程度地提高工件表层的硬度、耐磨性、耐热性和耐蚀性，而心部仍保持原有性能。化学热处理是按渗入元素种类命名的，常见的有渗碳、渗氮、碳氮共渗、渗铝、渗铬及渗硼等。

2.2.3　热处理新技术

1. 真空热处理

在真空中进行的热处理称为真空热处理，包括真空淬火、真空退火、真空回火和真空化学热处理。

工件在真空中加热，升温速度很慢，截面温度梯度小，所以经真空热处理后变形小。真空中氧的分压很低，金属氧化可受到有效的抑制。在高真空条件下，工件表面的氧化物分解，可得到光亮的表面，同时可提高耐磨性和疲劳强度。另外，溶解在金属中的气体，在真空中长期加热时，会不断逸出，可由真空泵排出炉外，具有脱气作用，利于改善钢的韧性，提高工件的使用寿命。真空热处理还可以减少或省去清洗和磨削加工工序，改善劳动条件，便于自动控制。

2. 激光热处理

激光热处理是利用高功率密度的激光束扫描工件表面，将其迅速加热到钢的淬火温度，然后依靠工件本身的传热，以实现快速冷却淬火。

激光淬火的硬化层较浅，通常为 $0.3 \sim 0.5mm$，但其表面硬度比常规淬火的表面硬度要提高 $15\% \sim 20\%$，能显著提高钢的耐磨性。另外，由于激光能量密度大，激光淬火变形非常小，激光热处理后的零件可直接装配。激光淬火对工件尺寸及表面平整度没有严格要求，可对形状复杂的工件进行处理。激光热处理的加热速度快，工件表面无需保护，靠自激冷却，不需要冷却介质，因此工件表面清洁、无污染，操作简单，便于实现自动化。

3. 可控气氛热处理

在炉气成分可控的炉内进行的热处理称为可控气氛热处理。炉气有渗碳性、还原性、中性气氛等。仅用于防止工件表面化学反应的可控气氛称为保护气氛。

可控气氛热处理能防止工件加热时的氧化和脱碳，提高工件表面质量和耐磨性、耐疲劳性等，实现光亮热处理；可进行渗碳、渗氮以及碳氮共渗化学热处理，渗层效果好、质量高、劳动条件好，对于某些形状复杂且要求高硬度的工件，可以减少加工工序；对于已经脱碳的工件可使表面复碳，提高零件性能，便于实现热处理过程的机械化、自动化。

思考与训练

2-1　金属材料常用的力学性能指标有哪些？各代表什么意义？

2-2　布氏硬度和洛氏硬度各有什么优缺点？下列情况应采用哪种硬度法来检查其硬度？
①库存钢材；②硬质合金刀头锻件；③台虎钳钳口。

2-3　根据用途，下列钢属于哪类钢？其中的数字和符号各代表什么意义？
①Q235A；②45；③T10A；④40Cr；⑤60Si2Mn；⑥W18Cr4V；⑦5CrMnMo；⑧ZG200-400。

2-4　铸铁如何分类？工业上广泛应用的是哪类铸铁？

2-5　塑料的组成有哪些？怎么分类？

2-6　陶瓷制造分哪三种基本工艺过程？

2-7　什么是热处理？同其他机械制造工艺方法相比，热处理有何特点？

2-8　什么是正火？什么是退火？正火与退火有何异同？

2-9　什么是淬火？淬火的目的是什么？淬火后的工件为什么需及时回火？

2-10　什么是回火？回火的目的是什么？

2-11　什么是调质处理？哪些零件需进行调质处理？

2-12　表面淬火与整体淬火有何区别？

2-13　热处理有哪些新技术？

第3章 铸造训练

【内容提要】 本章主要介绍铸造相关知识（概述、砂型铸造的工艺过程、铸造用砂、铸造用模型、常用铸型工具、铸造设备）及铸造实操训练（铸造安全操作规程、造型、造芯方法及浇注系统、合型、金属的熔炼和浇注、铸件的落砂与清理等铸造基本操作）等内容。

【训练目标】 通过本章内容的学习，学生应对铸造概念及特点有所了解；熟悉砂型铸造的工艺过程、铸造用砂、铸造用模型、常用铸型工具、铸造设备；了解铸造操作规程；熟悉造型、造芯方法及浇注系统、合型、金属的熔炼和浇注、铸件的落砂与清理等铸造基本工艺过程；掌握铸造操作基本技能。

3.1 铸造相关知识

3.1.1 铸造概述

铸造是通过制造铸型，熔炼金属，再把金属熔液注入铸型，经凝固和冷却，从而获得所需铸件的成形方法。它是制造复杂结构金属件最灵活的成形方法，如机床床身、发动机气缸体、各种支架和箱体等。

铸造在我国已有几千年的历史，在出土文物中，古代生产的大多数工具和生活用品是用铸造方法制成的。直至今日，铸造在国民经济中仍占有很重要的地位，广泛应用于工业生产的很多领域，特别是机械工业、以及日常生活用品、公用设施、工艺品等的制造和生产中。

铸造生产具有以下特点：

1）铸造可以生产出外形尺寸从几毫米到几十米、质量从几克到几百吨、结构从简单到复杂的各种铸件，尤其可以形成具有复杂形状内腔的铸件。

2）铸造的生产成本低。铸件的尺寸、形状与零件要求相近，能节省大量的材料和加工费用；铸造还可以利用回收的废旧金属节约成本和资源。

3）铸造工艺灵活性大，不受零件尺寸及形状结构复杂程度的限制。

4）铸造工序多，生产工艺复杂，生产周期长，劳动条件差，且常有环境污染；铸件成品率低，力学性能差，质量难以控制，易产生各种不易发现的缺陷。

常用的铸造方法有砂型铸造和特种铸造两大类。特种铸造又分为熔模铸造、金属型铸造、压力铸造、实型铸造、离心铸造等，且还在不断出现各种新方法。砂型铸造是应用最广的一种铸造方法，其生产的铸件占铸件总量的80%以上。常用铸造方法及特点见表3-1，本章重点介绍砂型铸造。

表 3-1 常用铸造方法及特点

类别		铸造方法及其特点	适用范围
砂型铸造		铸造方法：将液态金属浇入砂型获得铸件，使用的材料为原砂、黏结剂和煤粉等附加物。砂型的制造方法有手工造型和机器造型两种 特点：铸件的尺寸精度较低，表面较粗糙，生产成本低，手工造型的效率不高。但砂型铸造是一种传统的铸造成形方法，目前仍普遍使用	手工造型：适用于单件、小批量生产和难以使用造型机生产的形状复杂的大型铸件 机械造型：适用于批量生产的中、小铸件
特种铸造	压力铸造（压铸）	铸造方法：将液态金属在高压下快速充型，在压力下凝固形成铸件，是目前铸造生产中先进的加工工艺方法之一 特点：铸件的尺寸精度高，表面较光洁，易自动化、生产率高，产品质量好、成本低，但压铸设备投资大，制造压铸型费用高、周期长，只适用于大批生产。普通压铸件不能进行热处理	可铸材料范围广，常用于汽车、拖拉机、医疗器械及航空航天工业等精度要求高的零件，如气缸体、箱体、扬声器外壳等铝、镁、锌合金铸件生产
	熔模铸造（失蜡铸造）	铸造方法：先用石蜡做出模样，在石蜡模样周围涂覆耐火材料制成型壳，熔掉模样后高温焙烧，再用液体金属浇注成形而得到铸件 特点：铸件的尺寸精度高，表面较光洁，但生产工序繁多，生产周期长，多用于小尺寸铸件的生产，是少无切削加工的重要方法之一	常用于难加工技术材料和难加工形状零件，如铸造刀具、涡轮叶片、仪表元件、汽车、拖拉机、机床上的小型零件等
	实型铸造（消失模铸造）	铸造方法：模样用泡沫塑料制造，造型后不取出模样，浇注液态金属时，模样汽化消失获得铸件 特点：铸件尺寸精度较高，工序少，生产率高。但模样只能使用一次，泡沫塑料汽化时对生产环境有一定的影响	几乎不受铸造合金、铸件大小及生产批量限制，尤其适用于形状复杂的铸件，如模具、气缸体、管件、曲轴、叶轮、壳体、艺术品、床身、机座等
	金属型铸造	铸造方法：将液态金属浇入金属铸型内获得铸件 特点：铸件的尺寸精度较高，组织致密，表面较光洁，力学性能好，容易实现自动化生产，生产率高，铸型可反复使用。但金属铸型的制造成本高，生产周期长，铸造工艺要求高，易出现冷壁、浇不足、裂纹等缺陷，在工艺上需采取控制措施，如金属型预热、在型腔表面喷刷涂料等	主要用于生产非铁合金铸件，铝合金活塞、气缸体、泵壳体、铜合金轴瓦轴套等，也可用于生产某些铸铁件和铸钢件

注意：铸造原材料不只铸铁一种，还有铝及铝合金、铜及铜合金、镁合金、锌合金、锡合金、铅合金等。

3.1.2 砂型铸造

1. 砂型铸造的基本术语

（1）铸件 铸件是用铸造方法制成的金属件，一般作为毛坯使用。

（2）零件 零件是铸件经切削加工制成的金属件。

（3）铸型 铸型是用型砂、金属或耐火材料制成铸件的组合体。它包括形成铸件形状的空腔、型芯和浇注系统。

（4）型腔　型腔是铸型中造型材料所包围的空腔部分。

（5）模样　模样是由木材、金属或其他材料制成的模具，用来形成铸型的型腔。

（6）砂芯　砂芯是为获得铸件的内孔或局部外形，用芯砂或其他材料制成的，安放在型腔内部的铸型组元。

（7）芯盒　芯盒是制造砂芯或耐火材料所用的装备。

（8）分型面　分型面是铸型组元间的接合面。

（9）分模面　分模面是模样组元间的接合面。

2. 砂型铸造的工艺过程

砂型铸造是用型砂制成铸型并浇注来生产铸件的铸造方法。它的生产工序包括配制型（芯）砂、制作模样和芯盒、造型、造芯、合箱、金属的熔化与浇注，以及落砂、清理与检验等，如图 3-1 所示。砂型铸造的工艺过程如图 3-2 所示。

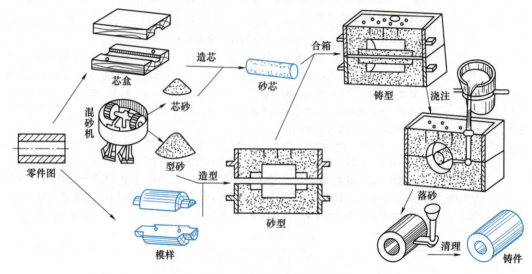

图 3-1　砂型铸造的工序

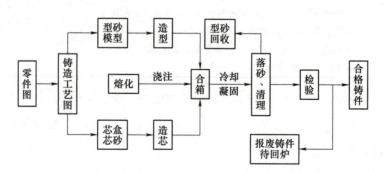

图 3-2　砂型铸造的工艺过程

3. 铸造用砂

砂型铸造的造型材料由原砂、黏结剂、涂料等按一定比例和制备工艺混合而成，它具有一定的物理性能，能满足造型的需要。制造铸型的造型材料称为型砂，制造型芯的造型材料称为芯砂。型砂和芯砂性能的优劣直接关系到铸件质量的好坏和成本的高低。

（1）型砂和芯砂的组成

1）原砂。只有符合一定技术要求的天然矿砂才能作为铸造用砂，这种天然矿砂称为原砂。天然硅砂因资源丰富、价格便宜，是铸造生产中应用最广的原砂，它含有 85% 以上的 SiO_2 和少量其他物质等。原砂的粒度一般为 $270 \sim 104\mu m$（$50 \sim 140$ 目）。

2）黏结剂。砂粒之间是松散的，且没有黏结力，不能形成具有一定形状的整体。铸造生产过程中，需要用黏结剂把砂粒黏结在一起，制成砂型或型芯。铸造用黏结剂的种类较多，按组成可分为有机黏结剂（如植物油类、合脂类、合成树脂类黏结剂等）和无机黏结剂（如黏土、水玻璃、水泥等）两大类。黏土是最常用的一种黏结剂，它价廉而丰富，具有一定的黏结强度，可重复使用。用合成树脂作为黏结剂的型（芯）砂，具有硬化快、生产率高、硬化强度高、砂型（芯）尺寸精度高、表面光洁、退让性和溃散性好等优点，但由于成本较高，应用还不普遍。用黏土作为黏结剂的型（芯）砂称为黏土砂，用其他黏结剂的型（芯）砂则分别称为水玻璃砂、油砂、合脂砂和树脂砂等。

3）涂料。对于砂型和型芯，常把一些防粘砂材料（如石墨粉、石英粉等）制成悬浊液，涂刷在型腔或型芯的表面，以提高铸件表面质量的过程，称为涂料。涂料最常使用的溶剂是水，而快干涂料常用煤油、酒精等作为溶剂。对于湿型砂，可直接把涂料粉（如石墨粉）喷洒在砂型或型芯表面上，同样起涂料的作用。

铸型所用材料除了原砂、黏结剂、涂料还加入了某些附加物，如锯木屑等，以增加砂型或型芯的透气性，提高铸件的表面质量。图 3-3 所示为黏土砂结构。

（2）型砂和芯砂的性能要求

1）强度。型（芯）砂抵抗外力破坏的能力称为强度。如果型（芯）砂的强度不够，则在生产过程中铸型（芯）易损坏，会使铸件产生砂眼、冲砂、夹砂等缺陷；如果型（芯）砂的强度过高，会使型（芯）砂的透气性和退让性降低。型砂中黏土的含量越高，型砂的紧实度越高，砂粒越细，则强度就越高。含水量对强度也有很大的影响，过多或过少均会使强度降低。

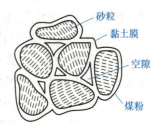

图 3-3　黏土砂结构

（标注：砂粒、黏土膜、空隙、煤粉）

2）透气性。气体通过和使气体顺利逸出型（芯）砂的能力称为透气性。型砂透气性不好，则易在铸件内形成气孔，甚至引起浇不足。砂粒越粗大、均匀，且为圆形，砂粒间孔隙就越大，透气性就越好，但随着黏土含量的增加，型砂的透气性通常会降低。黏土含量对透气性的影响与水分的含量密切相关，只有含适量的水时，型砂的透气性才能达到最大值。型砂紧实度增大，砂粒间孔隙减少，型砂透气性降低。

3）耐火性。型砂在高温作用下不熔化、不烧结、不软化且保持原有性能的能力称为耐火性。耐火性差的型砂易被高温熔化而破坏，产生黏砂等缺陷。原砂中 SiO_2 的含量越高，杂质越少，则型砂的耐火性越好；砂粒越粗，型砂的耐火性越好；圆形砂粒的耐火性比较好。

4）退让性。铸件冷却收缩时，型砂能相应地被压缩变形，而不阻碍铸件收缩的性能称为型砂的退让性。型砂的退让性差，易使铸件产生内应力、变形或裂纹等缺陷。使用无机黏结剂的型砂，高温时发生烧结，退让性差；使用有机黏结剂的型砂，退让性较好。为提高型砂的退让性，可加入少量木屑等附加物。

在单件、小批量生产的铸造车间中，常用手捏法来粗略判断型砂的某些性能，如用手抓起一把型砂，紧捏时感到柔软容易变形，放开后砂团不松散、不粘手，并且手印清晰，如图3-4a所示；将它折断时，断面平整均匀并且没有碎裂，同时感觉到其具有一定的强度，就认为型砂具有了合适的性能，如图3-4b所示。

（3）型砂的处理和制备　铸造用的型砂是由新砂、旧砂、黏结剂、附加物和水按一定工艺配制而成的。配制前，这些材料须经一定的处理。新砂中常混有水、泥土及其他杂质，必须烘干并筛去固体杂质。旧砂因浇注后会烧结成很多大块的砂团，须破碎后才能使用。旧砂中含有铁钉、木块等杂物，需拣出或经筛分，除去杂物。一般生产小型铸件的型砂配比（质量分数）是：旧砂90%左右，新砂10%左右，枯土占新旧砂总和的5%～10%，水占新旧砂总和的3%～8%，其余附加物如木屑、煤粉占新旧砂总和的2%～5%。

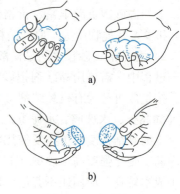

图 3-4　手捏判断法
a）手捏判断　b）折断判断

按一定比例选择好的制砂材料一定要混合均匀，才能使型砂和芯砂具有良好的强度、透气性和可塑性等性能。一般情况下，混砂是在混砂机中进行。

4. 铸造用模型

模样和芯盒是制作铸件的模具。模样用来获得铸件的外部形状，芯盒用于制造芯子，以获得铸件的内腔。制造模样与芯盒的材料有：木材、铝合金、塑料等。模样、芯盒与砂箱是造型时用到的主要工艺装备。

（1）模样　模样是与铸件外形及尺寸相似并且在造型时形成铸型型腔的工艺装备。模样结构应便于制作加工，具有足够的刚度和强度，表面光滑，尺寸精确。模样的尺寸和形状是根据零件图和铸造工艺得出的。图3-5所示为法兰的零件图、铸造工艺图、铸件和模样。

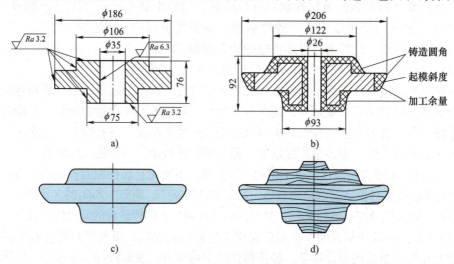

图 3-5　法兰的零件图、铸造工艺图、铸件和模样
a）零件图　b）铸造工艺图　c）铸件　d）模样

设计模样时，要考虑的铸造工艺参数主要有：

1）收缩率。金属在铸型内凝固冷却时会产生收缩，因此模样应比铸件尺寸大一些。收缩率的大小主要取决于所用铸造合金的种类。

2）加工余量。铸件的加工表面必须留有适当的加工余量，机械加工时切去加工余量，才能使零件达到图样要求的尺寸和表面质量。

3）起模斜度。为使模样从铸型中顺利取出，在平行于起模方向的模样壁上留出的向着分型面逐渐增大的斜度称为起模斜度。

4）铸造圆角。为便于金属熔液充满型腔和防止铸件产生裂纹，把铸件转角处设计为圆角，称为铸造圆角。

5）芯座。造型时在型腔中留出用于安放芯头以支撑型芯的孔洞称为芯座。根据制造模样材料的不同，常用的模样分为木模和金属模等。

①木模。用木材制成的模样称为木模，是铸造生产中用得最广泛的一种。它具有价廉、质轻和易于加工成形等优点。其缺点是强度和硬度较低，容易变形和损坏，使用寿命短，一般适用于单件、小批量生产。

②金属模。用金属材料制造的模样称为金属模。它具有强度高、刚性大、表面光洁、尺寸精确、使用寿命长等特点，适用于大批量生产；但它的制造难度大、周期长，成本也高。金属模一般是工艺方案确定后，并经试验成熟的情况下再进行设计和制造。制造金属模的常用材料有铝合金、铜合金、铸铁、铸钢等。除了金属模，还有塑料模、石膏模等。

（2）芯盒 铸件的孔及内腔由型芯形成，型芯又是由模芯制成的。应以铸造工艺图、生产批量和现有设备为依据，确定芯盒的材质和结构尺寸。大批量生产时应选用经久耐用的金属芯盒，单件、小批量生产则可选用使用寿命短的木质芯盒。

对于芯盒的分型面和内腔结构，芯盒的常用结构形式有分开式、整体式和可拆式，如图3-6所示。整体式芯盒一般用于制作形状简单、尺寸不太大和容易脱模的型芯，它的四壁不能拆开，芯盒出口朝下即可倒出型芯。可拆式芯盒结构较复杂，它由内盒和外盒组成。起芯时，型芯和内盒从外盒倒出，然后从几个不同的方向把内盒与型芯分离。这种芯盒适用于制造形状复杂的中、大型型芯。

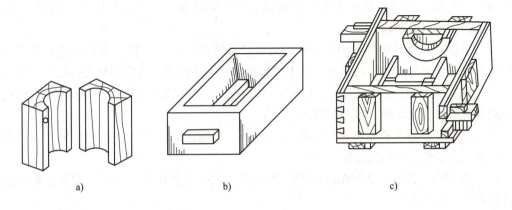

a) b) c)

图 3-6 芯盒结构形式

a）分开式 b）整体式 c）可拆式

（3）砂箱　砂箱是铸造生产常用的工装。造型时砂箱用来容纳和支承砂型；浇注时砂箱对砂型起固定作用。

5. 常用铸型工具

图 3-7 所示为小型砂箱和造型工具，用于浇注尺寸较小的铸件。另外，还有大型砂箱，用于浇注尺寸较大的铸件。合理选用砂箱可以提高铸件质量和劳动生产率，减轻劳动强度。手工造型常用的工具还有铁揪、筛子、排笔等。

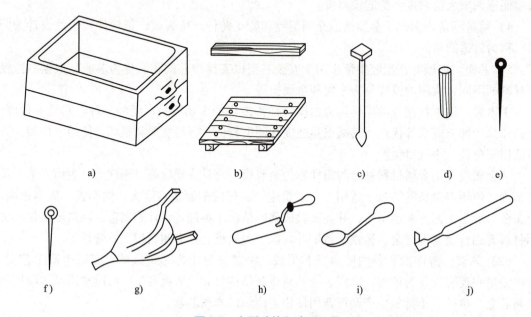

图 3-7　小型砂箱和造型工具

a）砂箱　b）刮砂板和底板　c）春砂锤　d）浇口棒　e）通气针　f）起模针
g）皮老虎　h）墁刀：修平面及沟槽用　i）秋叶：修凹的曲面用
j）砂勾：修深的底部或侧面，以及钩出砂型中散砂用

6. 铸造设备

（1）混砂机　混砂机是用于混制型砂或芯砂的铸造设备。它的作用是将旧砂、新砂、型砂黏结剂和辅料混杂均匀。

（2）落砂机　落砂机是利用振动和冲击使铸型中的型砂和铸件分离的铸造设备。它的振动源分为机械、电磁和气动三类，其中机械振动源的惯性落砂机应用较为广泛。

（3）抛丸机　抛丸机是利用抛丸器抛出的高速弹丸清理或强化铸件表面的铸造设备。它能同时对铸件进行落砂、除芯和清理。

（4）造芯机　造芯机是制作型芯的铸造设备。根据造芯时实砂方法的不同，造芯机可分为震击式造芯机、挤芯机和射芯机等。

（5）造型机　造型机是制作砂型的铸造设备。它的主要作用是填砂，即将疏松的型砂填进砂箱中，紧实型砂。

（6）浇注机　浇注机是用于完成车间铸造浇注的铸造设备。它可分为倾转式浇注机、气压式浇注机、底注式浇注机三大类。

3.2 铸造实操训练

3.2.1 铸造安全操作规程

1) 进入工作场地必须穿戴工作服，禁止穿塑料底和胶底鞋。

2) 工作前检查自用设备和工具，砂型必须排列整齐，并留出通道。

3) 造型时要保证分型面平整、吻合。缝隙处要用泥补牢，防止漏铁液。

4) 禁止用嘴吹型砂，使用吹风器时要选择无人方向吹，以免将砂尘吹入眼中。

5) 搬动砂箱和砂型时要按顺序进行，以免倒塌伤人。吊运重物或砂箱时要牢靠，听从统一指挥。操作时，随时注意过顶行车铃声，避让吊运重物。

6) 浇注铁液时应穿戴防护用具，除直接操作者其他人必须离开一定距离。两人抬浇包脚步要稳，步伐要一致。

7) 浇注前必须烘干浇包，挡渣棒要预热，铁液面上只能覆盖干草灰，不能用草包等易燃物。

8) 浇注速度及流量要掌握适当，浇注时人不能站在铁液正面，并严禁从冒口正面观察铁液。

9) 发生任何事故时要保持镇静，服从统一指挥。

3.2.2 铸造基本操作

1. 造型

（1）砂型的结构　用型砂及模样等工艺装备制造铸型的过程，称为造型或砂型。砂型铸造的铸型分为上砂型和下砂型，分别制作后合箱成为砂型（铸型）。砂型的结构如图3-8所示。

铸型的分模面是上、下砂箱的接触面，是从铸型中取出模样的位置。为使液态金属快速充满型腔而得到完整的铸件，铸型上必须设有浇注系统、出气孔及冒口。浇注系统是引导液态金属进入型腔的通道，包括浇口杯和各种浇道。冒口的主要作用是向铸件最后凝固部分补充金属液以消除缩孔。

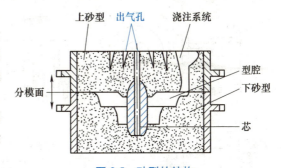

图 3-8　砂型的结构

（2）手工造型方法　手工造型是人工用造型工具来制造砂型。手工造型常用的方法有：整模造型、分模造型、挖砂造型、活块造型和三箱造型，适用于单件、小批量生产。

1) 整模造型。整模造型的特点是：分型面多为平面，铸型型腔全部在一个砂箱内，造型简单，铸件不会产生错箱缺陷。整模造型的应用范围：最大截面在模样一端且为平面，适用于形状简单的铸件，如盘、盖类。整模造型过程如图3-9所示。

2) 分模造型。分模造型的特点是：模样是分开的，模样的分开面（称分模面）必须是模样的最大截面，以利于起模，简化操作。分模造型过程与整模造型基本相似，不同的是造

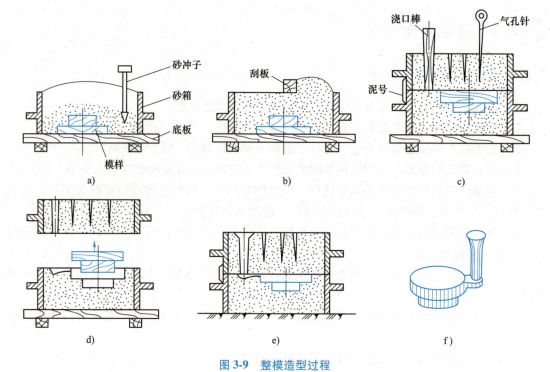

图 3-9　整模造型过程

a）造下砂型、填砂、春砂　b）刮平、翻下砂型　c）造上砂型、扎气孔、做泥号

d）敞箱、起模、开浇口　e）合型　f）落砂、清理

上砂型时增加放上半模样和取上半模样两个操作。分模造型的应用范围：适用于形状较复杂的铸件，如套筒、管子和阀体等。套筒的分模造型过程如图 3-10 所示。

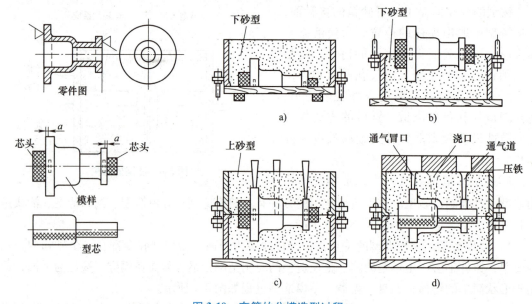

图 3-10　套管的分模造型过程

a）造下砂型　b）翻转下砂型、合模样　c）造上砂型　d）铸型装配

3）挖砂造型。挖砂造型的特点是：模样为整体模，造型时需挖去阻碍起模的型砂，铸型的分模面是不平分模面，造型烦琐，对挖砂操作技术要求较高，生产率低。挖砂造型的应用范围：适用于模样薄、分模后易损坏或变形的形状复杂铸件。手轮的挖砂造型过程如图3-11所示。

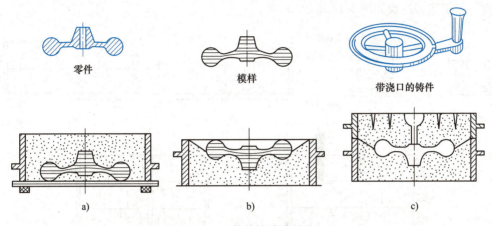

零件　　　　　　　模样　　　　　　带浇口的铸件

a)　　　　　　　　　b)　　　　　　　　　c)

图 3-11　手轮的挖砂造型过程

a）放置模样开始造下砂型　b）翻转挖出分模面　c）造上砂型后合箱

　　注意：分模面挖砂时应注意要挖到最大截面，分型面坡度尽量小并应修抹得平整光滑。

　　4）活块造型。活块造型的特点是：将模样上妨碍起模的部分，制成能移出的活块，便于起模；造型和制作模样都很烦琐，生产率低。活块造型的应用范围：适用于带有凸起部分（如凸台、加强肋）等结构的铸件。活块造型过程如图3-12所示。

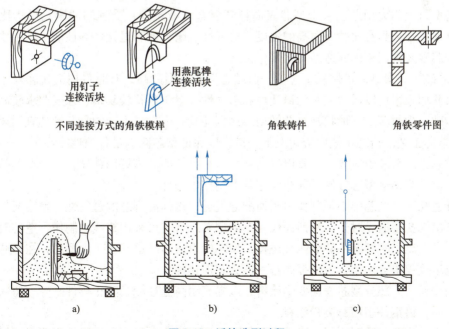

用钉子
连接活块　　　用燕尾榫
连接活块

不同连接方式的角铁模样　　　　角铁铸件　　　　角铁零件图

a)　　　　　　　　　b)　　　　　　　　　c)

图 3-12　活块造型过程

a）造下砂型，拔出钉子　b）取出模样主体　c）用弯折的起模针取出活块

注意：凸台厚度应小于该处模样的 1/2，否则活块难以取出。

5）三箱造型。三箱造型的特点是：铸件两端截面尺寸比中间部分大，采用两箱无法起模，将铸型放在三个砂箱中组合而成。三箱造型的关键是选配合适的中箱。该造型复杂，易错箱，生产率低。三箱造型的应用范围：适用于两头大中间小、形状复杂且不能用两箱造型的铸件。三箱造型过程如图 3-13 所示。

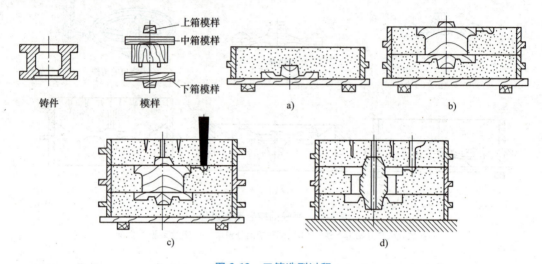

图 3-13　三箱造型过程

a）造下型　b）造中型　c）造上型　d）起模、放芯子、合型

2. 造芯方法及浇注系统

（1）型芯制造　为获得铸件的内腔或局部外形，用芯砂或其他材料制成的安放在型腔内部的铸型组元称为型芯。由于型芯表面被高温金属液包围，受到的冲刷及烘烤比砂型严重，因此型芯必须具有比砂型更高的强度、透气性、耐火性和退让性等性能。这主要依靠配制合格的芯砂及采用正确的造芯工艺来保证。

1）芯砂。一般型芯可用黏土芯砂，但黏土量要比型砂高，有时也用活化膨润土。新砂比例要大并加入木屑以增大型芯的退让性和透气性。对于形状较复杂、强度要求较高的型芯多用合脂砂；少数薄壁、形状极复杂的型芯用桐油砂；大批量生产的复杂型芯宜用树脂砂。

2）造芯工艺。造芯工艺中应采取下列措施以保证型芯能满足各项性能要求。

①放芯骨。型芯中应放入芯骨以提高强度，小型芯的芯骨可用铁丝，大中型芯的芯骨要用铸铁制成，为吊运型芯方便，往往在芯骨上制作出吊环。

②开通气道。型芯中必须制作出贯通的通气道，以提高型芯的透气性。型芯通气道一定要与砂型出气孔接通。对于一些薄而较复杂的型芯，有时可采用蜡线法制作，造芯时将蜡线埋入型芯中，烘干时型芯中的蜡线被烧掉，型芯内形成通气道。对于大型芯，在型芯中心或较厚部位填放焦炭或炉渣，可以提高排气能力和退让性。

③刷涂料。大部分型芯表面要刷涂料，以提高耐高温性能，防止铸件黏砂。铸铁件多用石墨粉涂料，铸钢件多用石英粉涂料。

④烘干。型芯与铸型不同，必须烘干使用。型芯烘干后强度和透气性都能得到提高。

⑤型芯的固定。型芯依靠芯头固定，芯头必须有足够的尺寸和适当的形状，才能使型芯

牢固地固定在铸型中，以免型芯在浇注时飘浮、偏斜或移动。

芯头按其固定方式可分为垂直式、水平式和特殊式（如悬臂式、吊芯式等），如图3-14所示。其中，垂直式和水平式的芯头定位方式方便可靠，应用最多。

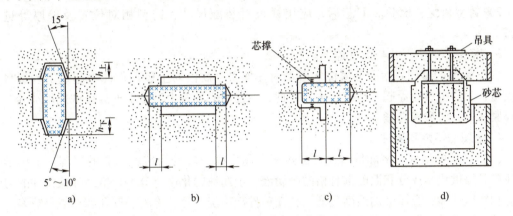

图 3-14　型芯的固定方式
a）垂直式　b）水平式　c）悬臂式　d）吊芯式

如果铸件的形状特殊，单靠芯头不能使型芯牢固定位时，可以采用钢、铸铁等金属材料制成的芯撑加以固定。芯撑在浇注时，可以和金属液熔合在一起，但是致密性差。因此，要求承压的铸件或要求密封性好的铸件，不宜采用芯撑以防渗漏。

（2）浇注系统　浇注系统是金属液流入型腔中经过的一系列通道。若浇注系统设置不当，则可能使铸件出现气孔、夹渣、砂眼、粘砂、缩孔、缩松、浇不到、冷隔、变形、裂纹等缺陷。正确设置浇注系统，能保证铸件质量，降低金属材料的消耗。浇注系统通常由外浇口、直浇道、横浇道和内浇道组成，如图3-15所示。

1）外浇口。外浇口又称浇口杯，一般单独制造或直接在铸型中形成，作为直浇道顶部的扩大部分。它的作用是缓和金属液浇入的冲力并分离熔渣。

2）直浇道。直浇道是浇注系统中的垂直通道，通常带有一定的锥度。利用直浇道的高度产生一定的静压力，使金属产生充型压力。直浇道高度越高，产生的充型压力越大，熔融金属流入型腔的速度越快，就越容易充满型腔的细薄部分。

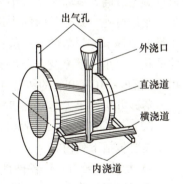

图 3-15　浇注系统

3）横浇道。横浇道是浇注系统中的水平通道部分，断面多为梯形。它的主要作用是挡渣。

4）内浇道。内浇道的作用是控制金属液流入型腔的速度和方向。截面形状一般是扁梯形和月牙形，也可用三角形。

3. 合型

将上砂型、下砂型、砂芯、浇口杯等组合成一个完整铸型的操作过程称为合型或合箱。合型是造型的最后一道工序，直接关系到铸件的质量。即使铸型和砂芯的质量很好，若合型操作不当，也会引起气孔、砂眼、错箱、偏芯、飞边和跑火等缺陷。

（1）合型的步骤

1）下型芯。下型芯前，应先清除型腔、浇注系统和砂芯表面的浮砂，并检验其形状、尺寸和排气道是否通畅，下型芯应平稳、准确。

2）铸型装配、检验。下芯后，应用样板对装配尺寸、铸型相对位置及壁厚等进行检查。

3）将型芯的出气孔与大气连通。

（2）铸型的紧固 熔融金属浇入砂型时，如果金属液对上砂型的浮力超过上砂型自身的重量，上砂型就会浮起，造成跑火。因此，浇注时必须在上砂型上安放压铁或用螺杆、卡子等紧固件，将砂箱夹紧。

4. 金属的熔炼和浇注

（1）金属的熔炼 熔炼是指通过加热将金属由固态转变为熔融状态的过程。金属熔炼的任务是提供化学成分和温度都合格的金属液。金属液的化学成分不合格会降低铸件的力学性能和物理性能；金属液的温度过低，会使铸件产生浇不足、冷隔、气孔和夹渣等缺陷。

铸造生产中，用得最多的合金是铸铁，铸铁通常用冲天炉或电炉来熔炼。机械零件的强度、韧性要求较高时，可采用铸钢铸造，铸钢的熔炼设备有平炉、转炉、电阻炉及感应电炉等。有些铸件是用有色金属制造的，如铜、铝合金等。铜、铝合金的熔炼特点是金属不与燃料直接接触，以减少金属的损耗，保持金属的纯净，在一般的铸造车间内，铜、铝合金多采用坩埚炉来熔炼。

（2）金属的浇注 把液体金属浇入铸型的操作称为浇注。浇注不当会引起浇不到、冷隔、跑火、夹渣和缩孔等缺陷。

5. 铸件的落砂与清理

（1）铸件的落砂 从砂型中取出铸件称为落砂。落砂时应注意铸件的温度。落砂过早，铸件温度过高，暴露于空气中急速冷却，易产生过硬的白口组织及形成铸造应力、裂纹等缺陷。落砂过晚，则会长时间占用生产场地和砂箱，使生产率降低。一般来说，应在保证铸件质量的前提下尽早落砂，一般铸件的落砂温度为400~500℃。铸件在砂型中的停留时间与铸件形状、大小、壁厚及合金种类等有关。形状简单、小于10kg的铸铁件，可在浇注后20~40min落砂；10~30kg的铸铁件，可在浇注后30~60min落砂。

落砂方法有手工落砂和机械落砂两种，大批量生产中采用各种落砂机落砂。

（2）铸件的清理 落砂后，从铸件上清除表面粘砂和多余金属的过程称为清理，清理工作主要包括下列内容。

1）切除浇冒口。铸铁件性脆，可用铁锤敲掉浇冒口；铸钢件要用气割切除；有色金属铸件则用锯割切除。大量生产时，可用专用剪床切除。

2）清除砂芯。铸件内腔的砂芯和芯骨可用手工、振动出芯机或水力清砂装置去除。水力清砂装置适用于大、中型铸件砂芯的清理，可保持芯骨的完整，以便于回收再利用。

3）清理黏砂。铸件表面常粘有一层熔融态的砂子，需清除干净。小型铸件广泛采用滚筒清理、喷丸清理，大、中型铸件可用抛丸室、抛丸转台等设备清理，生产量不大时也可用手工清理。

4）铸件的修整。修整是指最后要去掉在分模面或芯头处产生的飞边和残留的浇、冒口痕迹的操作，一般采用各种砂轮、手凿及气铲等工具进行。

5）铸件的热处理。铸件在冷却过程中难免会出现不均匀和粗大晶粒等组织，同时又难免存在铸造热应力，故清理以后要进行退火、正火等热处理。

思考与训练

3-1 为什么铸造广泛应用于生产各种尺寸和形状复杂的铸件？

3-2 型砂应具备什么性能？对铸造质量有何影响？

3-3 砂型和型芯的性能、作用、制作方法有何不同？

3-4 型砂中为什么要加入黏结剂？在型腔内壁上涂料的作用是什么？

3-5 铸件浇注前，需要做哪些准备工作？

3-6 铸铁和铸钢的化学成分、铸造性能、力学性能和用途有何不同？

3-7 手工造型的常用方法有哪些？

3-8 铸铁的主要化学成分有哪些？哪些成分是有益的？哪些成分是有害的？

3-9 如图 3-16 所示的零件，画出分模面、加工余量、铸造圆角、起模斜度、型芯和浇注系统。

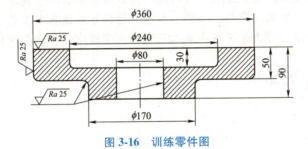

图 3-16 训练零件图

第4章 锻 压 训 练

【内容提要】 本章主要介绍锻造相关知识（锻造、冲压的概念及特点，锻造的分类及生产过程、自由锻、模锻与胎膜锻）及锻造实操训练（锻造安全操作规程，镦粗、拔长、冲孔、弯曲、切割、扭转、错移等锻造基本操作，冲裁、剪切、切口、切边、拉深、弯曲等冲压基本操作）等内容。

【训练目标】 通过本章内容的学习，学生应对锻造、冲压的概念及特点，锻造的分类有所了解；熟悉和掌握锻造生产过程，自由锻、模锻与胎膜锻的基本方法；了解锻造操作规程；熟悉镦粗、拔长、冲孔、弯曲、切割、扭转、错移等锻造基本工艺过程，以及冲裁、剪切、切口、切边、拉深、弯曲等冲压基本工艺过程；掌握锻造和冲压操作基本技能。

4.1 锻压相关知识

4.1.1 锻压概述

锻压是锻造和冲压的总称，属金属压力加工生产方法的一种。

1. 锻造

金属锻造是将金属坯料放在锻造设备的砧铁与模具之间，施加冲击力或静压力获得毛坯或零件的方法分热锻和冷锻两种。同铸造相比，在锻造过程中，金属因塑性变形而使其内部组织更加致密、均匀，回复与再结晶过程使晶粒细化，力学性能也得到一定的改善。锻造和铸造一样是属于毛坯制造的一种方法，锻造之后还要进行切削加工。但由于锻造生产是在固态下进行的，因此与铸件相比，锻件的形状不能过于复杂，且为机械加工留出的加工余量较大，金属材料的利用率较低。因此锻件主要用作承受重载、冲击载荷的重要机器零件和工具的毛坯，如机床主轴、齿轮、连杆、曲轴、刀具、锻模等。图4-1所示为锻件实物。

2. 冲压

板料冲压是利用冲模使金属板料产生塑性变形或分离，而获得零件或毛坯的工艺方法。冲压一般在常温下进行，习惯称为冷冲压。金属冷变形时内部晶粒破碎，晶格扭曲，产生加工硬化，即金属的强度、硬度提高，塑性、韧性下降。因此，冲压件具有刚性好、重量轻、尺寸精度高以及表面粗糙度值低等特点，一般不再进行切削加工，只需钳工稍作加工，即可作为零件使用。广泛应用于各类机械、仪器仪表、电子器件、电工器材以及家用电器、生活用品制造中。图4-2所示为冲压拉深件实物。

4.1.2 锻造

1. 锻造的分类

锻造的工艺方法多种多样，按加工温度，锻造可分为冷锻（室温）、温锻（200～

850℃）及热锻（850~1200℃）；按所使用的工具，锻造可分为自由锻、模锻和胎膜锻。

图 4-1　锻件实物

图 4-2　冲压拉深件实物

2. 锻造生产过程

锻造生产过程主要为：坯料加热→受力成形→冷却→热处理。

（1）坯料加热

1）可锻性。金属材料的可锻性是指金属材料在锻造过程中经受塑性变形而不开裂的性能，一般随着钢中碳含量的增加而变坏，并与其内部组织和锻造规范有关。通常，在锻造前要对坯料进行加热，使坯料在一定的变形温度下成形，其目的是提高坯料的塑性，降低变形抗力，改善其可锻性，使金属材料可以在较小的锻打力作用下产生较大的变形且不破裂。部分金属材料的可锻性见表 4-1。

表 4-1　部分金属材料的可锻性

材料		可　锻　性
碳钢		低碳钢的可锻性最好，锻后不需要进行热处理；中碳钢次之；高碳钢较差，锻后常需要进行热处理，当 $w_C > 2.2\%$ 时，就很难锻造
低合金钢		可锻性近似于中碳钢
高合金钢		可锻性差，热导率小；锻造温度范围窄，为 100~200℃；变形抗力大、塑性小
铝合金		可锻性好，但锻造温度范围窄，一般在 150℃ 范围内，锻造时需用能量比低碳钢大 30%，在锻造温度下，塑性比钢材低
锻造铝合金	Al-Mg-Si 系合金	具有高的塑性及耐蚀性，可锻性好，但强度较低
	Al-Mg-Si-Cu 系合金	强度较好，但塑性差，适用于承受高载荷而形状简单的锻件
	Al-Mg-Si-Fe-Ni 系合金	具有较高的抗热性，被称为耐热锻铝，常用于制作活塞、叶片、导轮等高温零件
铜合金		铜合金的可锻性一般较好，锻造黄铜、锡黄铜及锰黄铜的可锻性更好。铜合金与碳钢相比，铜合金的始锻温度较低，锻造温度范围窄，仅为 100~200℃；铜及黄铜在 20~200℃ 的低温及 650~900℃ 的高温条件下都有很好的塑性，在冷态和热态下都可以锻造，250~650℃ 时有脆性区。有些特殊铜合金，如铅黄铜及铍青铜的塑性很差，很难锻造
不锈钢		可锻性差，在锻造温度下的变形抗力比钢高很多
钛合金		可锻性差，流动性差，模锻时粘模比其他金属严重

2）锻造温度范围。锻造温度范围是指始锻温度到终锻温度之间的温度间隔。始锻温度是金属开始锻造的温度，其选择原则是在加热过程中不产生过热和过烧的前提下，取上限；终锻温度是金属停止锻造的温度，其选择原则是保证金属具有足够塑性变形能力的前提下，取下限。这样才可以使金属材料具有较大的锻造温度范围，有充裕的变形时间来完成一定变形量，减少加热次数，降低能源及材料损耗，提高生产率，并且可避免金属材料变形过程中产生断裂和损坏设备等情况。常见钢材的锻造温度范围见表4-2。

表 4-2　常见钢材的锻造温度范围

种类	始锻温度/℃	终锻温度/℃	种类	始锻温度/℃	终锻温度/℃
碳素结构钢	1200~1250	800	高速工具钢	1100~1150	900
合金结构钢	1250~1200	800~850	耐热钢	1100~1150	800~850
碳素工具钢	1050~1150	750~800	弹簧钢	1100~1150	800~850
合金工具钢	1050~1150	800~850	轴承钢	1080	800

注意：锻造时，由于无法用温度计测量具体温度，因此可以通过火焰颜色来判断锻件的大概温度，见表4-3。

表 4-3　钢铁加热火焰颜色与温度之间的关系

火焰颜色	温度	火焰颜色	温度	火焰颜色	温度
暗褐色	520~580	淡樱红色	780~800	黄色	1050~1150
暗红色	580~650	淡红色	800~830	淡黄色	1150~1250
暗樱色	650~750	桔黄色	830~850	黄白色	1250~1300
樱红色	750~780	淡桔色	850~1050	亮白色	1300~1350

3）加热设备。锻造加热炉按热源的不同，分为火焰加热炉和电加热炉两大类。

常用的火焰加热炉有手锻炉、反射炉（图4-3）、室式炉（图4-4），常用燃料有烟煤、焦炭、重油、煤气等。手锻炉、反射炉以烟煤、焦炭为燃料，温度控制较难，炉料氧化、脱碳现象严重，环境污染严重，正逐步淘汰。室式炉以重油、煤气等为燃料，炉体结构简单、紧凑，热效率高，对环境污染小。

常用的电加热炉有电阻加热炉（图4-5）、接触电加热炉和感应加热炉等，具有加热速度快，温度控制准确，氧化、脱碳现象少，易于实现机械化和自动化等优点。但设备费用较高，电能消耗大，适用于大批量生产规格品种变化小的锻件。

4）加热缺陷。

①氧化。氧化加热时，金属坯料表层与高温的氧化性气体，如氧气、二氧化碳、水蒸气等发生化学反应，生成氧化皮，称为氧化，氧化皮的质量称为烧损量。每加热一次，称为一个火次，就会产生一定的烧损量。加热方法不同，烧损量不同。

②脱碳。由于钢是铁元素与碳元素组成的合金，加热时，碳元素与炉气中的氧或其他元

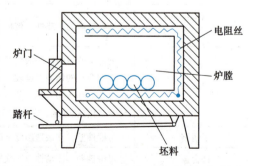

图 4-3　反射炉

素发生化学反应而烧损，造成金属表层碳含量降低，这种现象称为脱碳。脱碳可以使金属表层的强度和硬度降低，影响锻件质量，如果脱碳层过厚，则可能导致锻件报废。

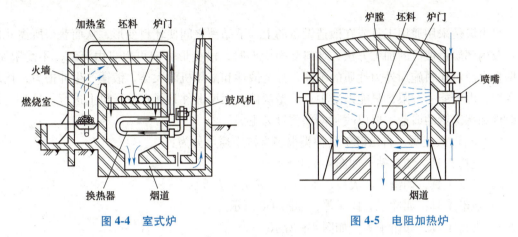

图 4-4　室式炉　　　　　　　　图 4-5　电阻加热炉

③过热。坯料的加热温度超过始锻温度或在始锻温度下保温时间过长，金属内部显微组织会长大、变粗，这种现象称为过热。过热组织的力学性能差、塑性低、脆性大，锻造时容易产生裂纹。矫正过热组织的方法是热处理（调质或正火），也可采用多次连续锻打使晶粒细化。

④过烧。坯料的加热温度超过始锻温度过高或已产生过热的坯料在高温下保温时间过长，就会造成晶粒边界的氧化和晶界处低熔点杂质的熔化，使晶粒之间连接力降低，这种现象称为过烧。过烧的坯料是无法挽回的废品，锻打时，坯料会像煤渣一样碎裂，碎渣表面呈灰色氧化状。

需要注意的是，尺寸较大的坯料或高碳钢、高合金钢坯料（导热性差）在加热时，如果加热速度过快或装炉温度过高，会使坯料各部分间存在较大的温差，产生热应力。在高温下，材料的抗拉强度较低，易产生裂纹。因此，加热较大的坯料或高碳钢、高合金钢坯料要严格遵守加热规范（装炉温度、加热速度、保温时间等）。

（2）受力成形

金属加热后可以锻造（受力）成形，根据锻造时所用的设备、工具、模具和成形方式的不同，可将锻造成形分为自由锻、模锻等，具体内容将在后面讲述。

（3）冷却

1）空冷。碳素结构钢和低合金结构钢的中、小型锻件，锻后可分散放置于干燥的地面上，在无风的空气中冷却，此法冷却速度较快。

2）坑冷。大型结构复杂件或高合金钢锻件，锻后一般放置于有干砂、石棉灰或炉灰的坑内，或堆放在一起冷却，此法冷却速度较慢，可避免因冷却速度较快而导致表层硬化，难以进行切削加工，也可避免因锻件内外温差过大而产生的裂纹。

3）炉冷。锻件锻造成形后在 500~700℃ 的加热炉内随炉缓慢冷却，此法冷却速度最慢，用于要求较高的锻件。

（4）热处理　锻件成形后，切削加工前一般要进行一次热处理。热处理的主要目的是消除锻造残余应力，降低锻件硬度，以便于切削加工，同时还可以细化、均匀内部组织。常用的热处理方法有正火、退火等，具体的热处理方法和工艺要依据锻件的大小、材料种类及形状复杂程度确定。

3. 自由锻

自由锻是采用通用工具或在锻造设备的上、下砧铁之间使坯料变形，从而获得所需几何形状及内部质量锻件的加工方法，坯料受力变形时，沿变形方向可以自由流动，不受限制。根据自由锻对坯料施加外力性质的不同，分为锻锤和液压机两大类。锻锤产生冲击力，使坯料变形，由于能力有限，只能锻造中、小型锻件，大型锻件只能在液压机上进行。另外，重要锻件和特殊钢的锻造主要以改善内部质量为主。

（1）自由锻工具　自由锻工具种类很多，按用途可分为：

1）支持工具，如铁砧，如图 4-6 所示。

2）打击工具，如锤子、大锤、平锤等，如图 4-7 所示。

3）成形工具，如冲子、摔子等，如图 4-8 所示。

4）夹持工具，如钳子等，如图 4-9 所示。

5）量具，如卡钳等，如图 4-10 所示。

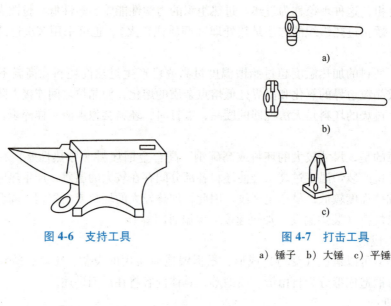

图 4-6　支持工具　　　　　　　　　　图 4-7　打击工具

a）锤子　b）大锤　c）平锤

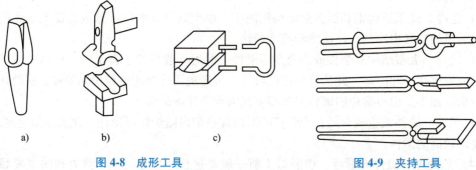

图 4-8　成形工具　　　　　　　　图 4-9　夹持工具

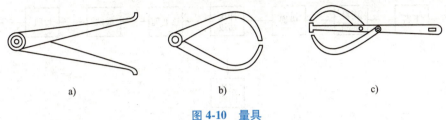

图 4-10　量具

a）内卡钳　b）外卡钳　c）双卡钳

（2）自由锻设备　自由锻设备主要有空气锤、蒸汽-空气锤和液压机。

空气锤由锤身、压缩缸、工作缸、传动机构、操纵机构、落下部分砧座等部分组成。锤身、压缩缸和工作缸铸造为一体。传动机构包括电动机、减速机构、曲柄、连杆等。操纵机构包括手柄（或踏杆）、旋阀及其连接杠杆。落下部分包括工作活塞、锤杆、锤头和上砧铁等。落下部分的质量也是锻锤的规格参数，如 150kg 空气锤表示落下部分的质量为 150kg 的空气锤。空气锤的结构及工作原理如图 4-11 所示。

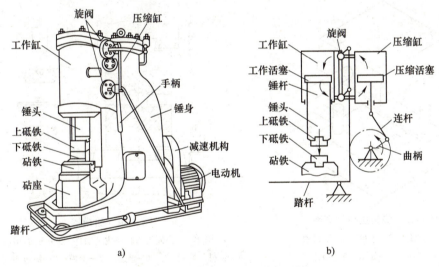

图 4-11　空气锤的结构及工作原理

a）结构　b）工作原理

电动机通过传动机构带动压缩缸内的压缩活塞上下往复运动，压缩空气，经过旋阀压入工作缸的上部或下部，推动工作活塞向下或向上运动。通过踏杆或手柄操纵旋阀，空气锤可实现空转、锤头上悬、锤头下压、连续打击、单次打击动作。

4. 模锻与胎膜锻

（1）模锻　为某种锻件专门制造的锻模，将加热的坯料放入锻模中，通过锻锤或压力机的作用，使坯料在模腔形状的控制下塑性变形获得锻件的方法，称为模锻。各种设备虽有各自的工艺特点，但一般的工艺流程相同，如图 4-12 所示。

常用的模锻设备有蒸汽-空气锻锤、锻造压力机、螺旋压力机和平锻机等。模锻时，将加热好的坯料放在模中，上模随锤头向下运动。当上、下模合拢时，坯料充满模腔，多余坯料流入飞边槽，得到带有飞边的锻件，再经过压力机切去飞边，得到所需的锻件。图 4-13

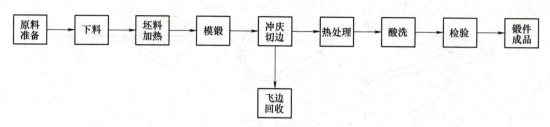

图 4-12　模锻的一般工艺流程

所示为模锻工作示意图。

模锻的精度高，可获得形状复杂的锻件，适用于小型锻件的大批量生产。

（2）胎模锻

1）胎模锻和模锻的主要区别是：胎模不固定在锤头或砧座上，而是可移动的，它是兼有自由锻和模锻特点的一种锻造成形方法。锻造时，一般先用自由锻制作工件毛坯，然后在胎模中最终成形，如图 4-14 所示。

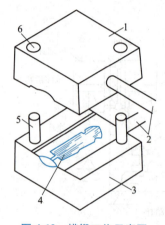

图 4-13　模锻工作示意图

1—上模块　2—手柄　3—下模块
4—模腔　5—导销　6—销孔

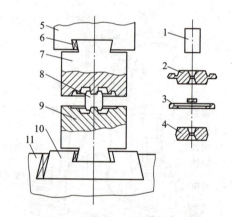

图 4-14　胎模锻

1—坯料　2—带飞边和连皮的锻件　3—飞边和连皮
4—锻件　5—锤头　6—楔铁　7—上模　8—锻造中的坯料
9—下模　10—模座　11—砧铁

2）胎模锻和自由锻相比，胎模锻的特点是：锻件的尺寸精度高，表面粗糙度值小，敷料少，加工余量小，有较合理的组织结构，生产率高。

3）胎模锻和模锻相比，胎模锻的特点是：胎模制造简单，且是在自由锻设备上生产的，故投资小，生产成本低，操作工艺灵活，锻件的尺寸精度不如模锻的锻件，生产效率低，模具使用寿命短，工人的劳动强度大。

鉴于以上特点，胎模锻造适用于小型锻件的中、小批量生产，或在没有模锻设备的中、小型工厂中使用。

4.1.3　冲压

1. 板料冲压

通过模具使板料产生分离或变形，从而获得一定形状、尺寸和性能的零件或毛坯的加工方法，称为板料冲压。板料冲压的坯料厚度一般小于 4mm，通常在常温下进行冲压。板料冲压的原材料为具有塑性的金属材料，如低碳钢、奥氏体不锈钢、铜或铝及其合金等，也可以是非金属材料，如胶木、云母、纤维板、皮革等。

2. 板料冲压设备

在冲压生产中，为适应不同的工况，采用各种不同类型的压力机。压力机主要有曲柄压力机、摩擦压力机、多工位自动压力机、冲压液压机、冲模回转头压力机、高速压力机、精密冲裁压力机和电磁压力机等。其中，曲柄压力机种类较多，可适用于一种或多种冲压工序，应用广泛，是冲压加工的基本设备。

（1）压力机的工作原理　冲模的上模和下模分别装在滑块的下端和工作台上，电动机通过 V 带带动带轮（飞轮）转动。踩下踏板，离合器闭合并带动曲轴旋转，再经过连杆带动滑块沿导轨上下往复运动，进行冲压加工。如果将踏板踩下后立即抬起，离合器随即脱开，滑块冲压一次后便在制动器的作用下，停止在最高位置；如果踏板不抬起，滑块就进行连续冲压。滑块和上模的高度以及冲程的大小，可通过曲柄连杆机构进行调节。图 4-15 所示为常用开式压力机的结构和工作原理。

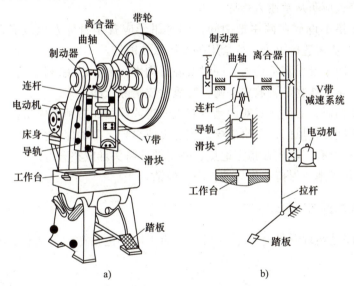

图 4-15　常用开式压力机的结构和工作原理
a）结构　b）工作原理

（2）压力机的主要技术参数

1）规格。压力机属于机械压力机类设备，以公称压力表示压力机的吨位。压力机工作时，滑块允许的最大作用力，常用 kN 表示。例如，J23-63 型压力机，型号中的"J"表示机械压力机，"23"表示机型为开式可倾斜式，"63"表示压力机的公称压力为 630kN（重量为 63t）。

2）滑块行程。曲轴旋转时，滑块从最上位置到最下位置所走过的距离（单位为 m）。

3）封闭高度。滑块在行程达到最下位置时，其下表面到工作台的距离（单位为 mm）。压力机封闭高度应与冲模高度相适应。压力机连杆的长度一般都是可调的，调节连杆长度即可对压力机的封闭高度进行调整。

此外，压力机的技术参数还有行程次数、工作台面和滑块底面尺寸、压力机的精度和刚度等。

注意：操作压力机时，冲压工艺所需的冲裁力或者变形力要小于或等于压力机的公称压力；开机前，应锁紧一切调节螺栓和紧固螺栓，以免模具等松动，造成设备、模具损坏和人身安全事故；开机后，严格避免将手或工具伸入上、下模之间；装拆或调整模具应停机进行。

▶ 4.2　锻压实操训练

4.2.1　锻压安全操作规程

1）进入工作场地必须穿戴工作服。

2）操作前仔细检查大锤、小锤和夹钳等工具是否完好。

3）禁止在加热炉附近放置油类等易燃物品。

4）打锤、烧火应听从掌钳人指挥。

5）掌钳时手指不许放在两钳把中间，同时钳子应置于身体左侧或右侧，不可对准身体，应根据锻件形状来选择钳子，严禁用手直接取放锻件。

6）抡大锤方向不准对着掌钳人，同时要注意周围行人，以免碰伤。

7）锤击前注意工作物是否放置平衡，将氧化皮清除干净。

8）切断工作物时，必须注意对面是否有人通过或停留，打锤者应站在工作物侧面。

9）加热时不准猛开风门，下班前煤炉应熄火或封炉，以确保安全。

10）下班前将所有工具放在指定地点，并将锻件料头堆放整齐。

11）清扫工作场地，保持工作环境干净、整洁。

4.2.2　锻造基本操作

锻造基本工序是实现锻件基本形状和尺寸的工序，包括镦粗、拔长、冲孔、弯曲、切削、扭转、错移等。

1. 镦粗

镦粗是使坯料横截面积增大、高度减小的工序，分为整体镦粗和局部镦粗，如图 4-16 所示，其操作要点如下：

1）坯料的原始高度 H_0 与直径 D_0 之比应小于 3。局部镦粗时，漏盘以上镦粗部分的高径比也应小于 3。若高径比过大，易发生镦弯现象。

2）锤击力不足时，易产生双鼓形（图 4-17a），若未及时纠正而继续变形，将导致折叠（图 4-17b），使坯料报废。

3）坯料端面应与轴线垂直，否则易镦歪。

4）局部镦粗时，应选择或加工合适的漏盘。漏盘要有 5°~7° 的斜度，其上口部位应采用圆角过渡，以便于取出锻件。

5）坯料镦粗后，利用余热进行滚圆修整。滚圆修整时，坯料轴线与砧铁表面平行，要一边轻轻锤击，一边滚动坯料。

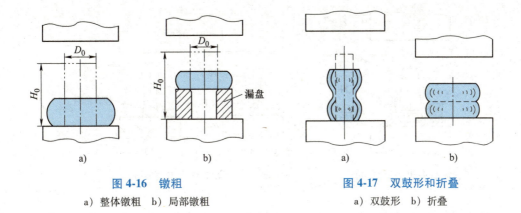

图 4-16 镦粗   图 4-17 双鼓形和折叠
a）整体镦粗 b）局部镦粗   a）双鼓形 b）折叠

2. 拔长

拔长是使坯料长度增加、横截面减小的工序，其操作要点如下：

1）拔长时，工件每次向砧铁上的送进量 L 应为砧坯料宽度 B 的 0.3~0.7 倍。送进量过大，降低拔长效率；送进量过小，易产生折叠，如图 4-18 所示。

2）拔长时，每次压下量不宜过大，否则会产生夹层。

3）拔长过程中，要不断翻转锻件，保证各部分温度均匀。

4）无论锻件原始坯料截面和最终截面形状如何，拔长变形应在方形截面下进行，以避免中心裂纹产生，并提高拔长效率。圆料拔长工序如图 4-19 所示，当圆截面拔长成直径较小的圆截面时，要先锻成方形截面，直到接近需要的直径时，再锻成八角形，最后滚打成圆形。

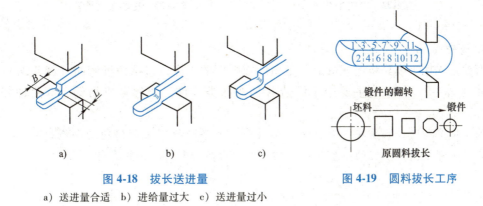

图 4-18 拔长送进量   图 4-19 圆料拔长工序
a）送进量合适 b）进给量过大 c）送进量过小

5）拔长后应进行修整，提高锻件的尺寸精度，减小锻件的表面粗糙度值。

3. 冲孔

冲孔是在坯料上锻出孔的工序，分为单面冲孔（图 4-20）和双面冲孔（图 4-21）。冲孔的操作要点为：

1）为防止坯料胀裂，冲孔的孔径一般要小于坯料直径的 1/3。

2）为保证孔位正确，应先试冲，即先用冲子压出孔位的凹痕。

3）为顺利拔出冲头，可在凹痕上撒一些煤粉，同时经常冷却冲头。

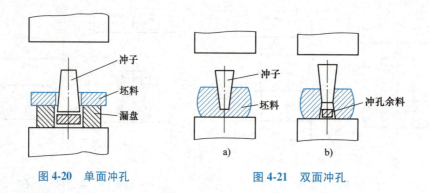

图 4-20　单面冲孔　　　　　　　　图 4-21　双面冲孔

4）冲孔前，坯料必须先镦粗，以减少冲孔深度，使端面平整，防止将孔冲斜。双面冲孔时，先将冲头冲至约坯料高度的 2/3，翻转坯料后将孔冲通，可避免孔的周围冲出飞边。

5）冲较大的孔时，要先用直径较小的开孔冲头冲出小孔，然后用直径较大的冲头逐步将孔扩大到所要求的尺寸（图 4-22），或在心轴上扩孔（图 4-23）。

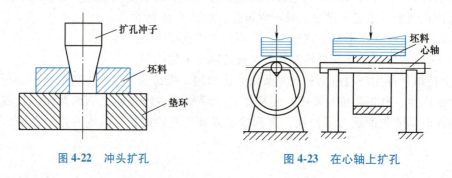

图 4-22　冲头扩孔　　　　　　　　　图 4-23　在心轴上扩孔

4. 弯曲

弯曲是采用工模具将毛坯弯成一定角度或弧度的工序，包括角度弯曲（图 4-24）和成形弯曲（图 4-25）。弯曲主要用于锻造各种弯曲类零件，如起重机吊钩、弯曲轴杆、链环等。

注意：弯曲时，只需在受弯部位加热坯料，但要进行弯曲部位的局部镦粗，并修出台肩，在锻造部分留出一定的多余金属，弥补弯曲后断面形状改变的需要。

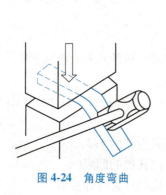

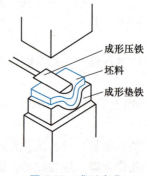

图 4-24　角度弯曲　　　　　　　　图 4-25　成形弯曲

5. 切削

切削是分割坯料或切除锻件余料的工序。切削的步骤是先将剁刀垂直切入工件，快要断开时翻转工件，再用剁刀或克棍截断，如图 4-26 所示。

注意：切削圆形工件时，需带有凹槽的剁垫，如图 4-27 所示。切削后残留在毛坯右端面上的飞边，应在较低温度下及时去除，以免锻造时陷入锻件内部造成夹层缺陷。

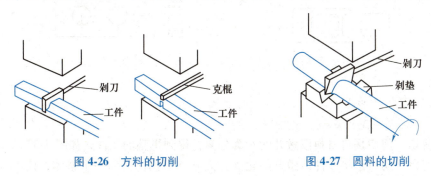

图 4-26　方料的切削　　　　　　　图 4-27　圆料的切削

6. 扭转

扭转是在保持坯料轴线方向不变的情况下，将坯料一部分相对于另一部分扭转一定角度的工序，如图 4-28 所示。操作时应注意受扭部分的横截面积要均匀一致，表面光滑无缺陷，面与面的相交处要有圆角过渡，以免扭裂。扭转工序主要用于锻造曲轴、麻花钻、地脚螺栓等。

7. 错移

错移是将坯料的一部分轴线相对于另一部分轴线平行错开的工序，如图 4-29 所示。错移工序主要用于锻造曲轴类零件。

注意：错移前应先在错移部位压肩（图 4-30），错移后还要进行修整。

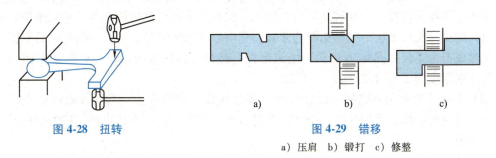

图 4-28　扭转　　　　　　　　　图 4-29　错移

a）压肩　b）锻打　c）修整

自由锻除了以上基本工序，有时还需要一些辅助工序和精整工序。辅助工序是指坯料预先产生少量变形以方便于后续加工的工序，如倒棱、压钳口、压肩等。精整工序是指为进一步修整锻件的形状和尺寸，消除表面凸凹不平，矫正弯曲和扭转等缺陷的工序，如滚圆、摔圆、平整、校直等。

4.2.3　冲压基本操作

板料冲压的基本工序一般分为两大类：分离工序和成形工序。

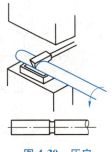

图 4-30　压肩

1. 分离工序

（1）冲裁　冲裁分为落料和冲孔。落料是将材料以封闭的轮廓分离，得到平整的零件，剩余部分为废料，如图 4-31 所示。冲孔是将零件内的材料以封闭的轮廓分离开，冲掉的部分是废料，如图 4-32 所示。

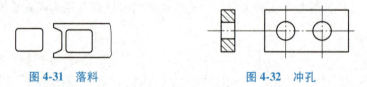

图 4-31　落料　　　　　　　　　　　图 4-32　冲孔

注意：冲裁间隙的大小非常关键，间隙过大，产品易产生飞边，但是模具寿命长；冲裁间隙过小，产品质量高，但模具寿命短。

（2）剪切　剪切是将材料以敞开的轮廓分离，得到平整的零件，如图 4-33 所示。

（3）切口　切口是将零件以敞开的轮廓分离开，但仍保持为一个整体，而不是两部分，如图 4-34 所示。

（4）切边　切边是将平的、空心的或立体实心件多余的外边切掉，如图 4-35 所示。

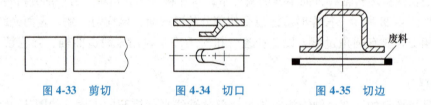

图 4-33　剪切　　　　　　图 4-34　切口　　　　　　图 4-35　切边

2. 成形工序

（1）拉深　拉深是将坯件压成任意形状的空心零件，或将其形状或尺寸作进一步改变，如减小坯件直径或壁厚等。如装饮料的铝罐和管状容器等都是带底的容器，它们采用的是后部压出式的拉深成形加工。又如铝制的牙膏管是前后通透的管料，它采用的是前后双面压出式的拉深成形加工，如图 4-36 所示，由圆形板料经拉深冲压成为出口、肩部和本体是一体的管料，壁厚度为 $1.1 \sim 1.3\text{mm}$。

（2）弯曲　弯曲是使坯件一部分与另一部分形成一定角度。变形区仅限曲率发生变化的部分，且内侧受压、外侧受拉，中间一层材料既不被压缩，也不被拉伸，称为中性层，如图 4-37 所示。

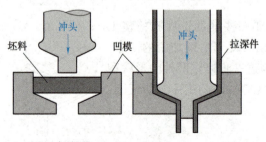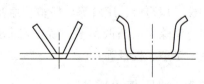

图 4-36　前后双面压出式拉深成形加工　　　　　　图 4-37　弯曲

思考与训练

4-1　与铸造相比，锻造在成形原理、工艺方法、特点和应用上有什么不同？

4-2　简述空气锤的工作原理。

4-3　锻造前，加热金属坯料的作用是什么？加热温度是不是越高越好？为什么？可锻铸铁加热后是否也可以锻造？为什么？

4-4　锻坯加热产生氧化有什么危害？氧化皮的多少与哪些因素有关？减少或防止锻坯氧化和脱碳的措施有哪些？

4-5　自由锻有什么特点？

4-6　什么是镦粗？锻件的镦歪、镦斜及夹层是怎么产生的？应如何防止和纠正？

4-7　坯料是在圆形截面下还是在方形截面下进行镦粗为好？为什么？

4-8　什么是拔长？加大拔长的送进量是否可以加速锻件的拔长过程？为什么？送进量过小又会造成什么危害？

4-9　锻造中哪些情况下要求先压肩？

4-10　冲孔前，为什么要进行镦粗？一般的冲孔件（除薄锻件外）为什么采用双面冲孔的方法？双面冲孔的操作要点有哪些？

4-11　实心圆截面光轴及空心光环锻件应选用哪些锻造工序进行锻造？

第5章 焊 接 训 练

【内容提要】 本章主要介绍焊接相关知识（焊接的概念，电弧焊的原理及焊接过程，焊接接头形式、坡口形式及不同空间位置的焊接特点，焊条电弧焊电源的种类、主要技术参数、焊条、埋弧焊，气焊特点及设备）及焊接实操训练（焊接安全操作规程、引弧、焊条角度与运条方法、焊缝的收尾等焊条电弧焊基本操作，点火、调节火焰与熄火等气焊基本操作，平焊操作）等内容。

【训练目标】 通过本章内容的学习，学生应对焊接的概念有所了解；理解电弧焊的原理及焊接过程；熟悉和掌握焊接接头形式、坡口形式及不同空间位置的焊接特点；掌握焊条电弧焊电源的种类、主要技术参数，焊条，埋弧焊，气焊特点及设备；了解焊接操作规程；熟悉引弧、焊条角度与运条方法、焊缝的收尾等焊条电弧焊基本工艺过程，以及点火、调节火焰与熄火等气焊基本工艺过程；掌握焊接操作基本技能。

5.1 焊接相关知识

5.1.1 焊接概述

焊接成形是通过加热或加压（或两者并用），用（或不用）填充材料，使工件产生原子间结合的一种加工方法。焊接不仅可以使金属材料永久地连接起来，而且可以使某些非金属材料达到永久连接的目的，如玻璃、塑料等。

焊接成形是现代工业用于制造或修理各种金属结构和机械零件、部件的主要方法之一。作为一种永久性连接的加工方法，它已基本取代铆接工艺。与铆接相比，它具有节省材料，减小结构质量，简化加工与装配工序，接头密封性好，能承受高压，易于实现机械化、自动化，提高生产率等一系列优点。焊接工艺已广泛应用于造船、航空航天、汽车、矿山机械、冶金、电子等行业。

焊接的种类很多，按焊接过程的工艺特点和母材金属所处的表面状态不同，通常把焊接方法分为熔焊、压焊和钎焊三类。

（1）熔焊 熔焊是通过一个集中的热源，产生足够高的温度，将工件接合处局部加热到熔化状态，凝固冷却后形成焊缝而完成焊接的方法。

（2）压焊 压焊是焊接过程中无论对工件加热与否，都必须通过对工件施加一定的压力，使两个接合面紧密接触，促进原子间产生结合作用，以获得两个工件牢固连接的焊接方法。

（3）钎焊 钎焊是采用比工件熔点低的金属材料作为钎料，将工件和钎料加热到高于钎料熔点且低于工件熔点的温度，利用液态钎料润湿母材，填充接头间隙，并与母材相互扩散，实现工件连接的方法。

常用焊接方法的分类如图 5-1 所示。

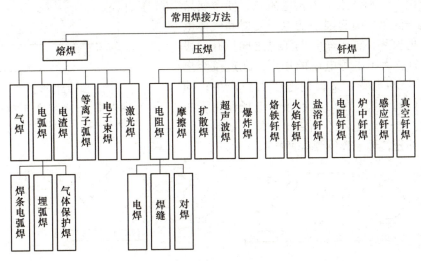

图 5-1　焊接方法的分类

5.1.2　电弧焊

电弧焊包括焊条电弧焊、埋弧焊和气体保护焊。它是利用电弧产生的热量使工件接合处的金属成熔化状态互相融合，冷凝后结合在一起的焊接方法。这种方法可以用直流电源，也可以用交流电源。它所需设备简单、操作灵活，是生产中使用最广泛的一种焊接方法。

1. 电弧焊原理

焊接电弧是在具有一定电压的两电极间，在局部气体介质中产生的强烈而持久的放电现象。产生电弧的电极可以是焊丝、焊条、钨棒及工件等。焊接电弧如图 5-2 所示。

引燃电弧后，弧柱中充满了高温电离气体，放出大量的热能和强烈的光。电弧的热量与焊接电流和电弧电压的乘积成正比，电流越大，电弧产生的总热量就越大。一般情况下，电弧热量在阳极区产生的较多，约占总热量的 43%；阴极区因放出大量的电子，消耗了一部分能量，所以产生的热量较少，约占总热量的 36%；其余 21% 左右的热量是由电弧中带电微粒相互摩擦产生的。焊条电弧焊只有 65%~85% 的热量用于加热和熔化金属，其余的热量则损失在电弧周围和飞溅的金属液滴中。

电弧中阳极区和阴极区的温度因电极材料性能（主要是电极熔点）不同而有所不同。用钢焊条焊接钢材时，阳极区温度约为 2600K，阴极区温度约为 2400K，电弧中心区温度较高，可达到 6000~8000K，因气体种类和电流大小而异。使用直流弧焊电源时，当工件厚度较大，要求较大热量、迅速熔化时，将工件接电源正极，焊条接电源负极的方法称为正接法；当要求熔深较小，焊接薄钢板及非铁金属时，将焊条接电源正极，工件接电源负极的方法称为反接法，如图 5-3 所示。

如果焊接时使用的是交流电焊机，因为电极正负变化达 100 次/s 之多，所以两极加热温度一样（约 2500K），因而不存在正接和反接的区别。

2. 电弧焊焊接过程

由于焊条（或焊丝）与工件之间有电压，当它们相互接触时，相当于电弧焊电源短接，由于接触点很大，短路电流很大，则产生了大量电阻热，使金属熔化，甚至蒸发、汽化，引起强烈的电子发射和气体电离。这时，再把焊条（或焊丝）与工件之间拉开一段距离（3~4mm），由于电源电压的作用，在这段距离内就形成了很强的电场，又促使电子发射产生；同时，会加速气体的电离，使带电粒子在电场作用下向两极定向运动。电弧焊电源不断供给电能，新的带电粒子不断得到补充，形成连续燃烧的电弧。

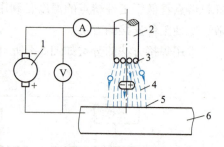

图 5-2　焊接电弧

1—电焊机　2—焊条　3—阴极区
4—弧柱　5—阳极区　6—工件

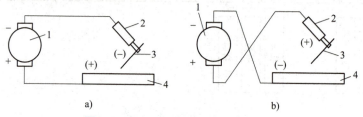

a)　　　　　　　　　　　b)

图 5-3　直流弧焊电源时的正接与反接

a）正接　b）反接

1—弧焊整流器　2—焊钳　3—焊条　4—工件

电弧热使工件和焊芯（或焊丝）发生熔化形成熔池。为防止或减轻周围有害气体或介质对熔池金属的损害，必须对熔池进行保护。在焊条电弧焊中，可通过焊条药皮对熔池进行保护。电弧热使焊条的药皮熔化和分解，药皮熔化后与液态金属发生物理化学反应，所形成的熔渣不断从熔池中浮起，对熔池加以覆盖保护；药皮受热分解产生大量 CO_2、CO 和 H_2 等保护气体，围绕在电弧周围并笼罩住熔池，防止空气中氧和氮的侵入。埋弧焊和气体保护焊中，则是通过焊剂和保护气体等对熔池进行保护的。

当电弧向前移动时，工件和焊条（焊丝）不断熔化汇成新的熔池。原来的熔池则不断冷却凝固构成连续的焊缝。焊条电弧焊的焊接过程如图 5-4 所示。

焊缝质量由很多因素决定，如工件基体金属和焊条的质量、焊前的清理程序、焊接时电弧的稳定情况、焊接参数、焊接操作技术、焊后冷却速度及焊后热处理等。

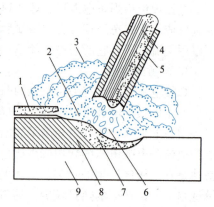

图 5-4　焊条电弧焊的焊接过程

1—固态渣壳　2—液态熔渣　3—气体
4—焊条芯　5—焊条药皮　6—金属熔滴
7—熔池　8—焊缝　9—工件

5.1.3　焊接接头与焊接位置

1. 焊接接头形式

常用的焊接接头形式有对接接头、角接接头、T 形接头及搭接接头四种，如图 5-5 所示。选择焊接接头形式，应从产品结构、受力条件及加工成本等方面考虑。对接接头的受力比较均匀，是最常见的接头形式，重要的受力焊缝应尽量选用此形式。搭接接头因两部分工件不在同一平面，受力时将产生附加弯矩，而且金属消耗量也大，一般应避免采用此形式；但搭接接头无需开坡口，装配时尺寸要求不高，对于某些受力不大的平面连接与空间构架，采用搭接接头可节省工时。角接接头与 T 形接头受力情况都比对接接头复杂，但当接头呈直角或一定角度连接时，必须采用这种接头形式。

2. 坡口形式

对厚度在 6mm 以下的工件进行焊接时，一般可不开坡口，直接焊成，即 I 形坡口。但当工件的厚度大于 6mm 时，为保证焊透，接头处应根据工件厚度预制出各种形式的坡口。常用的坡口形式及角度如图 5-5 所示。Y 形坡口和 U 形坡口用于单面焊，其焊接性较好，但焊后角变形较大，焊条消耗度也较大。双 Y 形坡口双面施焊，受热均匀，变形较小，焊条消耗量较小，但有时受结构形状限制。U 形坡口根部较宽，允许焊条深入，容易焊透，但因坡口形状复杂，一般只在重要的受动载作用的厚板结构中采用。双单边 V 形坡口（K 形坡

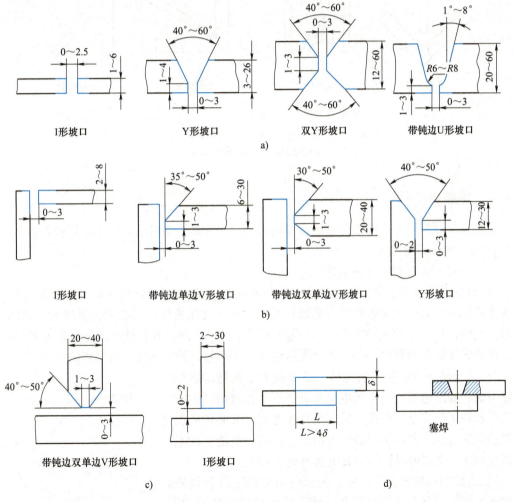

图 5-5　焊接接头形式与坡口形式

a）对接接头　b）角接接头　c）T 形接头　d）搭接接头

口）主要用于 T 形接头和角接接头的焊接结构中。

3. 焊接位置

实际生产中，一条焊缝可以在空间不同的位置施焊，按焊缝在空间所处的位置，可分为平焊、立焊、横焊和仰焊四种，如图 5-6 所示。平焊操作方便，劳动条件好，生产率高，焊缝质量容易保证，是最合适的位置；立焊、横焊位置次之；仰焊位置最差。

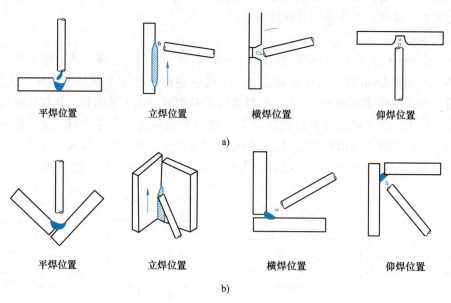

图 5-6　焊缝的空间位置

a）对接接头　b）角接接头

5.1.4　焊条电弧焊

焊条电弧焊是用手工操作焊条进行焊接的电弧焊方法，是目前最常用的焊接方法之一。

1. 焊条电弧焊电源与工具

（1）电弧焊对弧焊电源的要求

1）合适的外特性。焊接电源输出电压与输出电流之间的关系称为焊接电源的外特性。焊条电弧焊时，为保证电弧的稳定燃烧和引弧容易，电源的外特性必须是下降的，如图 5-7 所示。图中，U_0 为电焊机的空载电压，I_0 为短路电流。下降的外特性不但能保证电弧稳定燃烧，而且能保证在短路时不会产生过大的电流，从而起保护电焊机不被烧坏的作用。

2）适当的空载电压。从容易引燃电弧和电弧稳定燃烧的角度考虑，要求电焊机的空载电压越高越好，但过高的空载电压将危及焊工的安全。因此，从安全角度考虑，又必须限制电焊机的空载电压。我国生产的电焊机，直流电焊机的空载电压不高于 90V，交流电焊机的空载电压不高于 85V。

3）良好的动特性。焊接时，为适应不同的工件和各种焊接位置，有时要变化电弧的长短。为不使电弧因拉长而熄灭，则要求焊接电流和电压也要随着电弧长短的变化而变化，即弧

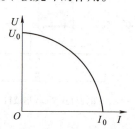

图 5-7　电源的外特性
曲线

焊电源的动特性。动特性良好的电焊机，引弧容易，电弧燃烧稳定，电弧突然拉长也不易熄灭，飞溅物少。

4）可以灵活调节焊接参数。为适应各种焊接工作的需要，焊接电源的输出电流应能在较宽的范围调节，一般最大输出电流应为最小输出电流的4~5倍以上，电流的调节应方便、灵活。

（2）弧焊电源的分类　焊条电弧焊所使用的弧焊电源有交流和直流两大类。

1）交流弧焊电源。交流弧焊电源是一种特殊的降压变压器。交流弧焊电源的特性：引弧后，随着电流的增加，电压急剧下降；当焊条与工件短路时，短路电流并不是很大。它能提供很大的焊接电流，并可根据需要进行调节。空载时，交流弧焊电源的电压为 60~70V；电弧稳定时，电压会下降到正常的工作电压范围内，即 20~30V。

弧焊变压器的焊接电流调节分为粗调和细调两种。粗调是通过改变线圈的抽头接法来调节的；细调是通过转动调节手柄来实现的。

2）直流弧焊电源。直流弧焊电源分为弧焊发电机、弧焊整流器和弧焊逆变器三种。

①弧焊发电机。其实际上是一种直流发电机，在电动机或柴油机的驱动下，直接发出焊接所需的直流电。弧焊发电机结构复杂、效率低、能耗高、噪声大，已逐渐被淘汰。

②弧焊整流器。其是一种通过整流元件（如硅整流器或晶闸管桥等）将交流电变为直流电的弧焊电源。弧焊整流器具有结构简单、坚固耐用、工作可靠、噪声小、维修方便和效率高等优点，已被大量应用。常用的弧焊整流器的型号有 ZX3-160、ZX5-250 等。其中，3和 5 分别为动线圈式和晶闸管式；160 和 250 为额定电流（单位为 A）。

③弧焊逆变器。其是一种新型、高效、节能的直流焊接电源，它将交流电整流后，又将直流变成中频交流电，再经整流后，输出所需的焊接电流和电压。弧焊逆变器具有电流波动小、电弧稳定、重量轻、体积小、能耗低等优点，已得到越来越广泛的应用。它不仅可用于焊条电弧焊，还可用于各种气体保护焊、等离子弧焊、埋弧焊等。常用的弧焊逆变器有 ZX7-315 等型号。其中，7 为逆变式；315 为额定电流（单位为 A）。

（3）焊条电弧焊工具　焊条电弧焊工具主要有焊钳、面罩、护目玻璃等。焊钳用来夹紧焊条和传导电流；护目玻璃用来保护眼睛，避免强光及有害紫外线的损害。辅助工具有尖头锤、钢丝刷、代号钢印等。

2. 焊条

焊条电弧焊使用的焊条由焊芯和药皮两部分组成，如图 5-8 所示。焊芯是一根金属棒，它既作为焊接电极，又作为填充焊缝的金属。药皮则用于保证焊接顺利进行，使焊缝具有一定的化学成分和力学性能。

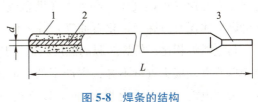

图 5-8　焊条的结构
1—药皮　2—焊芯　3—焊条夹持部分

（1）焊芯　焊芯是组成焊缝金属的主要材料，它的化学成分和非金属夹杂物的多少将直接影响焊缝的质量。焊芯直径即为焊条直径，最小为 1.6mm，最大为 8mm，常用焊条的直径和长度见表 5-1。

表 5-1　常用焊条的直径和长度

焊条直径 d/mm	2.0~2.5	3.2~4.0	5.0~5.8
焊条长度 L/mm	250~300	350~400	400~450

（2）药皮　焊芯外部涂有药皮，它是由矿物质、有机物、铁合金等的粉末和水玻璃（黏结剂）按一定比例配制而成，其作用是便于引弧及稳定电弧，保护熔池内的金属不被氧化，以及弥补被烧损的合金元素以提高焊缝的力学性能。药皮黏涂在焊芯上，经烘干后使用。

（3）焊条的种类及型号　按药皮类型不同，焊条可分为酸性焊条和碱性焊条两类。

1）酸性焊条。药皮成分以酸性氧化物（SiO_2、TiO_2、Fe_2O_3）为主的焊条，称为酸性焊条。常用的酸性焊条有钛钙型焊条等。使用酸性焊条时，电弧较稳定，适应性强，适用于交、直流弧焊电源，但焊缝的力学性能一般，抗裂性较差。

2）碱性焊条。药皮以碱性氧化物（CaO、FeO、MnO、Na_2O）为主的焊条，称为碱性焊条。常用的碱性焊条的药皮是以碳酸盐和氟石为主的低氢型焊条。碱性焊条引弧困难，电弧不够稳定，适应性较差，仅适用于直流弧焊电源，但焊缝的力学性能和抗裂性能较好，适用于较重要的或对力学性能要求较高的工件的焊接。

此外，根据被焊金属的不同，电焊条还可分为碳钢焊条、不锈钢焊条、铸铁焊条、铜及铜合金焊条、铝及铝合金焊条等。

3. 埋弧焊

埋弧焊有半自动焊和自动焊两大类，通常所说的埋弧焊均指后者。埋弧焊的焊接参数可以自动调节，是一种高效率的焊接方法。它可以采用大的焊接电流，熔深大，不开坡口一次可焊透 20~25mm 的钢板，而且焊缝接头质量高，成形美观，力学性能好，很适合中、厚板的焊接，但不适于薄板的焊接，在造船、锅炉、化工设备、桥梁及冶金机械制造中应用广泛。它可焊接的钢种包括碳素结构钢、低碳合金钢、不锈钢、耐热钢及复合钢材等。但是，埋弧焊只适用于平焊位置对接和角接的平、直、长焊缝或较大直径的环焊缝。

5.1.5　气焊

气焊是利用气体火焰作为热源，并使用焊丝来充当填充金属的焊接方法。气焊通常使用的气体是乙炔（可燃气体）和氧气（助燃气体），乙炔在纯氧中的燃烧温度可达3150℃，其他可燃气体还有丙烷（液化石油气）等。

与电弧焊相比，气焊热源的温度较低，热量分散，焊接热影响区约为电弧焊的3倍，焊接变形严重，接头质量不高，生产率低。但是气焊火焰温度易于控制，操作简便，灵活性强，无需电能。气焊适合焊接3mm以下的低碳钢薄板、铸铁、铜、铝等非铁金属及其合金等。

气焊所用设备主要有乙炔发生器或乙炔瓶、氧气瓶、减压器、回火防止器和焊炬等，如图5-9所示。

焊炬又称焊枪，是气焊的主要工具之一。焊炬的作用是将氧气和乙炔气按比例均匀混合，然后从焊嘴喷出，点火后形成氧乙炔焰。各种型号的焊炬均备有3~5个不同规格的焊嘴，以便在焊接不同厚度工件时进行更换。按气体混合方式不同，焊炬分为射吸式和等压式两种，其中射吸式焊炬（图5-10）应用较为广泛。

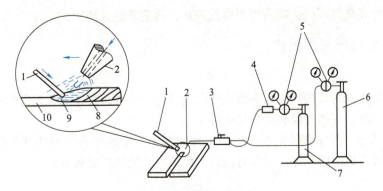

图 5-9　气焊原理及设备连接示意图

1—焊丝　2—焊嘴　3—焊炬　4—回火防止器　5—减压器

6—氧气瓶　7—乙炔瓶　8—焊缝　9—熔池　10—工件

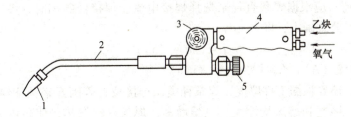

图 5-10　射吸式焊炬

1—焊嘴　2—混合管　3—乙炔阀门　4—手柄　5—氧气阀门

5.2　焊接实操训练

5.2.1　焊接安全操作规程

1. 焊条电弧焊操作规程

1）防止触电。操作前应检查焊机是否接地，焊钳、电缆和绝缘鞋是否绝缘良好，不允许用手直接接触导电部分等。

2）防止弧光伤害和烫伤。焊接时，必须戴好手套、面罩、护脚套等防护用品，不得用眼直接观察电弧。工件焊完后，应用手钳夹持，不允许直接用手拿。除渣时，应防止焊渣烫伤。

3）保证设备安全。焊钳严禁放在工作台上，以免短路烧坏焊机。焊机或线路发热烫手时，应立即停止工作。焊接现场不得堆放易燃易爆物品。

2. 气焊操作规程

1）操作前，应戴好防护眼镜和手套。

2）点火前，应检查气路各连接处是否畅通，有无堵塞。若有堵塞，应及时排除。

3）氧气瓶及各个气路部分均不得沾染油脂，以防燃烧爆炸。

4）严格按规定程序进行点火及关闭气焊设备。

5）若发生回火，应立即关闭乙炔阀门，然后关闭氧气阀门。待回火熄灭后，将焊嘴用水冷却，然后打开氧气阀门，吹去焊炬内的烟灰，再重新点火使用。

5.2.2 焊条电弧焊基本操作

1. 焊接工艺

为获得质量优良的焊接接头，必须选择合理的焊接参数。焊条电弧焊的焊接参数包括焊条直径、焊接电流、焊接速度和电弧长度等。

（1）焊条直径　焊条直径主要取决于工件的厚度。影响焊条直径的其他因素还有接头形式、焊接位置和焊接层数等。平焊对接时，焊条直径的选择见表5-2。

表 5-2　焊条直径的选择

工件厚度/mm	<4	4～12	>12
焊条直径/mm	2～3.2	3.2～4	>4

（2）焊接电流　应根据焊条直径来选择焊接电流。焊接低碳钢时，焊接电流和焊条直径的关系可由经验公式确定，即

$$I = (30 \sim 55)d$$

式中，I 为焊接电流（A）；d 为焊条直径（mm）。

实际工作时，还要根据工件厚度、焊条种类、焊接位置等因素来调整焊接电流的大小。焊接电流过大时，熔宽和熔深均增大，飞溅增多，焊条发红发热，使药皮失效，易造成气孔、焊瘤和烧穿等缺陷；焊接电流过小时，电弧不稳定，熔宽和熔深均减小，易造成未熔合、未焊透及夹渣等缺陷。

选择焊接电流的原则：在保证焊接质量的前提下，尽量采用较大的焊接电流，并配以较大的焊接速度，以提高生产率。焊接电流初步确定后，要经过试焊，检查焊缝质量和缺陷，才能最终确定。

（3）焊接速度　焊接速度指焊条沿焊接方向移动的速度，它与焊接生产率有直接关系。为获得最大的焊接速度，应在保证质量的前提下，采用较大的焊条直径和焊接电流。要注意避免焊接速度太快。

（4）电弧长度　电弧长度指焊芯端部与熔池之间的距离。电弧过长时，燃烧不稳定，熔深减小，容易产生缺陷。因此，操作时应采用短电弧，一般要求电弧长度不超过焊条直径。

2. 焊条电弧焊基本操作

（1）引弧　焊条电弧焊常用的引弧方法有两种，如图5-11所示。

1）敲击法（图5-11a）。该方法不会损坏工件表面，是生产中常用的引弧方法，但是引弧的成功率较低。

2）摩擦法（图5-11b）。该方法操作方便，引弧效率高，但是容易损坏工件表面，故较少采用。

引弧时，若发生焊条与工件粘在一起，

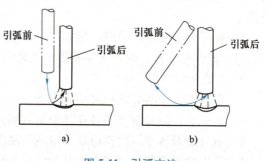

图 5-11　引弧方法

a）敲击法　b）摩擦法

可将焊条左右摇动后拉开。焊条的端部如果存有药皮，则会妨碍导电，应在引弧前将其敲去。

（2）焊条角度与运条方法 焊接操作中，必须掌握好焊条角度和运条的基本动作，如图 5-12 和图 5-13 所示。

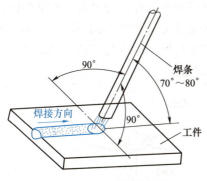

图 5-12 平焊的焊条角度

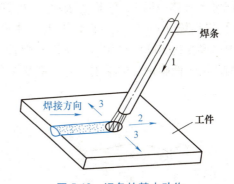

图 5-13 运条的基本动作

1—向下送进 2—沿焊接方向移动 3—横向移动

如图 5-13 所示，运条时，焊条有 1、2、3 三个基本动作，这三个动作组成各种形式的运条，如图 5-14 所示。实际操作时，不可限于这些图形，而要根据熔池形状和大小灵活调整运条动作。焊薄板时，焊条可做直线移动；焊厚板时，焊条除了做直线移动，同时还要做横向移动，以保证得到一定的熔宽和熔深。

（3）焊缝的收尾 焊缝收尾时，焊缝末尾的弧坑应当填满。通常是将焊条压进弧坑，在其上方停留片刻，将弧坑填满后，再逐渐抬高电弧，使熔池逐渐缩小，最后拉断电弧。常见的焊缝收尾方法如图 5-15 所示。

1）划圈收尾法。该方法是利用手腕动作做圆周运动，直到弧坑填满后再拉断电弧。

2）反复断弧收尾法。该方法是在弧坑处，连续反复地熄弧和引弧，直到填满弧坑为止。

3）回焊收尾法。该方法是当焊条移到收尾处，即停止移动，但不熄弧，仅适当地改变焊条的角度，待弧坑填满后，再拉断电弧。

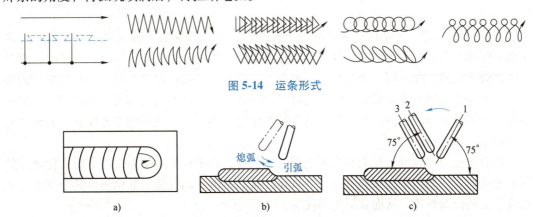

图 5-14 运条形式

图 5-15 常见的焊缝收尾法

a）划圈收尾法 b）反复断弧收尾法 c）回焊收尾法

5.2.3 气焊基本操作

1. 气焊工艺

（1）气焊火焰　氧乙炔焰由三个部分组成，即焰心、内焰和外焰。控制氧气和乙炔气的体积比（其体积以 $V_{氧}$ 与 $V_{乙炔}$ 表示），可得到以下三种不同性质的火焰，如图 5-16 所示。

1）中性焰（$V_{氧}/V_{乙炔} = 1.1 \sim 1.2$）。中性焰又称正常焰。中性焰的温度分布如图 5-17 所示，内焰温度达 $3000 \sim 3150℃$。所以，焊接时，熔池和焊丝的端部应位于焰心前 $2 \sim 4mm$。中性焰适用于低碳钢、中碳钢、合金钢及铜合金的焊接。

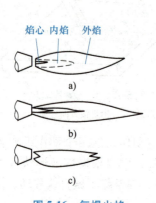

图 5-16　气焊火焰
a）中性焰　b）碳化焰　c）氧化焰

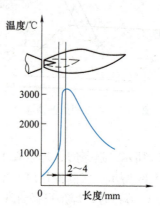

图 5-17　中性焰的温度分布

2）碳化焰（$V_{氧}/V_{乙炔} < 1.0$）。碳化焰中氧气偏少而乙炔气过多，故燃烧不完全。碳化焰的火焰长度大于中性焰，温度稍低，最高温度为 $2700 \sim 3000℃$。碳化焰的内焰中有过多的 CO，具有一定的还原作用。碳化焰适用于高碳钢、铸铁和硬质合金等材料的焊接。碳化焰焊接其他材料时，会使焊缝金属增碳，变得硬而脆。

3）氧化焰（$V_{氧}/V_{乙炔} > 1.2$）。氧化焰中氧气较多，燃烧较剧烈。氧化焰的火焰长度较短，但温度可达 $3100 \sim 3300℃$。氧化焰对熔池有氧化作用，一般不采用，仅适于黄铜的焊接。

（2）焊丝和焊剂　气焊时，使用不带涂料的焊丝作为焊缝的填充金属，并根据工件厚度来选择焊丝直径，根据不同的工件分别选择低碳钢、铸铁、铜、铝等焊丝。焊接时，焊丝在气体燃烧火焰的作用下熔化成滴状，过渡到焊接熔池中，形成焊缝金属。气焊对焊丝的要求为：保证焊缝金属的化学成分和性能与母材金属相当，所以有时会直接从母材上切下条料作为焊丝；焊丝表面应光洁，无油脂、锈斑和油漆等污物；具有良好的工艺性能，流动性适中，飞溅小。

气焊有时还需加焊剂，焊剂相当于电焊条的药皮，用于溶解和清除工件上的氧化膜，并在熔池表面形成一层熔渣，保护熔池不被氧化，排除熔池中的气体、氧化物及其他杂质，改善熔池金属的流动性等，从而获得优质接头。

2. 气焊操作方法

（1）点火、调节火焰与熄火　点火前，先微开氧气阀门，再打开乙炔阀门，然后点燃火焰。开始时的火焰是碳化焰，然后逐步开大氧气阀门，将碳化焰调节成中性焰。熄火时，应先关闭乙炔阀门，后关闭氧气阀门。

（2）平焊的操作　气焊时，一般左手拿焊丝，右手拿焊炬，两手动作应协调，沿焊缝向左或向右焊接。焊嘴轴线的投影应与焊缝重合，同时要注意掌握好焊炬与工件的夹角 α，如图 5-18 所示，工件越厚，α 越大。焊接开始时，为较快地加热工件和迅速形成熔池，α 应大些；正常焊接时，一般保持 α 为 $30° \sim 50°$；当焊接结束时，α 应适当减小，以保证填满弧坑和避免焊穿。

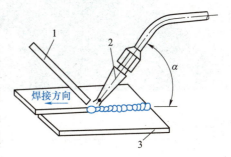

图 5-18　焊炬角度
1—焊丝　2—焊嘴　3—工件

焊接时，应先将工件熔化形成熔池，再将焊丝适量地融入熔池内，形成焊缝。焊炬移动的速度以能保证工件熔化并使熔池具有一定的形状为准。

 思考与训练

5-1　焊接接头有哪些形式？各有何特点？

5-2　焊接坡口形式有哪几种？各有什么特点？

5-3　常用焊条电弧焊电源有哪几种？说明在实习中使用的焊条电弧焊电源的主要参数。

5-4　画出焊条电弧焊操作时焊接设备的线路连接示意图，说明各组成部分的名称。

5-5　焊条分为哪几个部分？各部分有什么作用？

5-6　焊条电弧焊的工艺规范包括哪些内容？应怎样选择？

5-7　什么是酸性焊条和碱性焊条？常用的酸性焊条和碱性焊条分别有哪些？

5-8　画简图表示气焊操作时所用设备及连接情况，说明所用设备的名称和作用。

5-9　简述焊条电弧焊和气焊的安全操作技术要求。

5-10　气焊火焰分哪几种？怎样区别？怎样获得？各种火焰分别适合于什么材料？

5-11　气焊对焊丝有哪些要求？

传统制造技术训练篇

第6章 切削加工基础

【内容提要】 本章主要介绍零件表面的成形及切削运动、工件加工表面、切削用量、切削层的几何参数、刀具材料、刀具结构、刀具角度、切屑的形成、切屑的类型等切削加工基础方面的内容。

【训练目标】 通过本章内容的学习，学生应对零件表面的形成及切削运动、切削用量、切削层的几何参数、刀具材料、刀具结构、刀具角度、切屑的形成、切屑的类型等切削加工基础方面的知识有基本了解和掌握。

6.1 切削运动与切削要素

6.1.1 零件表面的形成及切削运动

1. 零件表面的形成

虽然机器零件的形状千差万别，但分析起来都是由简单的表面组成的，即外圆面、内圆面（孔）、平面和成形面。因此，只要能对这几种表面进行加工，就基本上能完成所有机器零件表面的加工。

1）外圆面和内圆面（孔）是以某一直线或曲线为母线，以圆为轨迹，做旋转运动所形成的表面。

2）平面是以一直线为母线，以另一直线为轨迹，做平移运动所形成的表面。

3）成形面是以曲线为母线，以圆、直线或曲线为轨迹，做旋转或平移运动所形成的表面。

2. 切削运动

零件的不同表面分别由相应的加工方法获得，而这些加工方法是通过零件与不同刀具之间的相对运动来实现。我们称这些刀具与零件之间的相对运动称为切削运动。

下面以车床加工外圆柱面为例来介绍切削的基本运动，如图6-1所示。切削运动可分为主运动和进给运动两种类型。

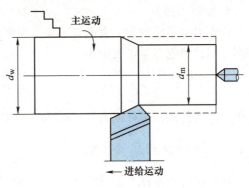

（1）主运动　使零件与刀具之间产生相对运动以进行切削的最基本运动，称为主运动，如图 6-1 中由车床主轴带动零件的回转运动。主运动的速度最高，消耗功率最大。在切削运动中，主运动只有一个。它可由零件完成，也可以由刀具完成；可以是旋转运动，也可以是直线运动。

（2）进给运动　不断把被切削层投入切削，以逐渐切削出整个零件表面的运动，称为进给运动，如图 6-1 中刀具相对于零件轴线的

图 6-1　切削运动

平行直线运动。进给运动一般速度较低、消耗功率较少，可由一个或多个运动组成。它可以是连续的，也可以是间断的。

6.1.2　工件加工表面

切削过程中，零件上形成了以下三个表面：

（1）已加工表面　该表面是零件上切除切屑后留下的表面。

（2）待加工表面　该表面是零件上将被切除切削层的表面。

（3）切削表面（过渡表面）　该表面是零件上正在切削的表面，即已加工表面和待加工表面之间的表面。

6.1.3　切削用量

在一般的切削加工中，切削要素（即切削用量）包括切削速度、进给量和背吃刀量三个要素。

1. 切削速度 v

切削速度是指在单位时间内，刀具相对零件沿主运动方向的相对位移，单位为 m/s。当主运动是回转运动时，则其切削速度 v 的计算公式为

$$v = \frac{\pi d n}{1000} \tag{6-1}$$

式中，d 为零件待加工表面直径 d_w 或刀具直径 d_o（mm）；n 为零件或刀具的转速（r/min）。

若主运动是往复运动，则其切削速度 v 的计算公式为

$$v = \frac{2 L n_r}{1000} \tag{6-2}$$

式中，L 为往复运动行程长度（mm）；n_r 为主运动每分钟的往复次数（次/min）。

2. 进给量 f

进给量是指在单位时间内，刀具相对零件沿进给运动方向的相对位移。例如车削时，零件每转一转刀具所移动的距离，即为（每转）进给量，单位为 mm/r。又如，在牛头刨床上刨平面时，刀具往复一次零件移动的距离，单位为 mm/str（即毫米/双行程）。铣削时由于铣刀是多齿刀具，还常用每齿进给量表示，单位为 mm/z（即毫米/齿）。

3. 背吃刀量 a_p

背吃刀量是指待加工表面与已加工表面间的垂直距离，单位为 mm。对于图 6-1 所示的外圆车削，背吃刀量可表示为

$$a_p = \frac{d_w - d_m}{2} \tag{6-3}$$

式中，d_w 为待加工圆柱面直径；d_m 为已加工圆柱面直径。

6.1.4 切削层的几何参数

切削层是指零件上正被切削刃切削的一层金属，即两个相邻加工表面间的那层金属，也可理解为零件转一周，主切削刃移动一个进给量 f 所切除的金属层。

切削层的几何参数对切削过程中切削力的大小、刀具的载荷和磨损，零件加工的表面质量和生产率都有决定性的影响。切削层的几何参数通常在垂直于切削速度的平面内观察和度量，它们包括切削层公称厚度、切削层公称宽度和切削层公称横截面积，如图 6-2 所示。

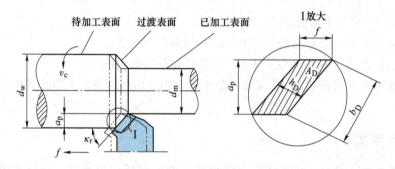

图 6-2 切削层的几何参数

1. 切削层公称厚度 h_D

切削层公称厚度是指相邻两加工表面间的垂直距离，单位为 mm。车外圆时，若车刀主切削刃为直线，则

$$h_D = f\sin\kappa_r \tag{6-4}$$

式中，κ_r 为主偏角。

由式（6-4）可见，切削层公称厚度与进给量及刀具和零件间的相对角度有关。

2. 切削层公称宽度 b_D

切削层公称宽度是指沿主切削刃度量的切削层尺寸，单位为 mm。车外圆时，切削层公称宽度 b_D 为

$$b_D = \frac{a_p}{\sin\kappa_r} \tag{6-5}$$

3. 切削层公称横截面积 A_D

切削层在垂直于切削速度截面内的面积，单位为 mm²。车外圆时，切削层公称横截面积 A_D 为

$$A_D = h_D b_D = f a_p \tag{6-6}$$

6.2　刀具材料及刀具角度

刀具一般是由夹持部分和切削部分组成。夹持部分是将刀具夹持在机床上的部分，要求它能保证刀具具有正确的工作位置，传递所需的运动和动力，并且夹持可靠，装卸方便。切削部分是刀具上直接参与切削工作的部分，刀具的切削性能取决于刀具切削部分的性能和几何形状。

6.2.1　刀具材料

1. 刀具材料应具备的性能

刀具材料是指切削部分的材料。它在高温下工作，并要承受较大的压力、摩擦力、冲击力和振动力等。由于刀具工作环境的特殊性，为保证切削的正常进行，刀具材料必须具备以下基本要求。

（1）高硬度　刀具硬度必须高于被切削零件材料的硬度，才能切下金属切屑。常温下，刀具的硬度一般在 60HRC 以上。

（2）足够的强度和韧度　刀具在切削力作用下工作，应具有足够的强度和韧度，才能承受切削时的冲击载荷（如断续切削时产生的冲击）和振动。

（3）高耐磨性　刀具材料应具有高耐磨性，以保持切削刃的锋利。一般来说，材料的硬度越高，耐磨性越好。

（4）高热硬性　由于切削区温度很高，因此刀具材料应具有在高温下仍能保持高硬度的性能，热硬性用刀具材料能承受的最高切削温度来表示。高温时刀具材料的硬度高，则热硬性高。热硬性是评价刀具材料切削性能的主要指标之一。

（5）良好的工艺性　为便于刀具的制造，刀具材料应具有良好的工艺性。工艺性包括锻、轧、焊、切削加工、磨削加工和热处理性能等。

2. 常用的刀具材料

虽然已开发使用的刀具材料各有其特性，但都不能完全满足上述要求。在生产中，常根据被加工对象的材料性能及加工要求，选用相应的刀具材料。

（1）碳素工具钢　碳素工具钢是碳的质量分数为 0.7%~1.3% 的优质碳钢，淬火后硬度为 61~65HRC。它的热硬性差，在 200~500℃ 时会失去原有硬度，且淬火后易变形和开裂，不宜制作复杂刀具。常用于制造低速、简单的手工工具，如锉刀、锯条等。常用牌号有 T10A 和 T12A。

（2）合金工具钢　合金工具钢是在碳素工具钢中加入少量的铬、钨、锰、硅等合金元素的钢，可提高钢的热硬性和耐磨性，并能减少热处理变形。它的耐热温度为 300~400℃，常用于制造形状复杂、要求淬火变形小的刀具，如绞刀、丝锥、板牙等。常用牌号有 9SiCr 和 CrWMn。

（3）高速钢　高速钢是含 W、Cr、V 等合金元素较多的合金工具钢。它的热硬性（500~600℃）和耐磨性虽低于硬质合金，但强度和韧度高于硬质合金，工艺性比硬质合金好，且价格也比硬质合金低。由于高速钢工艺性能较好，所以高速钢除了以条状刀坯直接刃磨切削刀具，还广泛用于制造形状较为复杂的刀具，如麻花钻、铣刀、拉刀、齿轮刀具和其他成形刀具等。

常用高速钢有普通型高速钢、高性能高速钢和粉末冶金高速钢。

1）普通型高速钢。有钨钢类和钨钼钢类。钨钢类的常用牌号为 W18Cr4V。钨钼钢类（如 W6Mo5Cr4V2）的热塑性比钨钢类好，可通过热轧工艺制造刀具，韧度也比钨钢高。

2）高性能高速钢。在普通高速钢的基础上增加 C 和 V 的含量，并加入 Co、Al 等合金元素，以提高其热稳定性和耐热性，所以也称为高热稳定性高速钢。在 630~650℃时，高性能高速钢也能保持 60HRC 的硬度。典型牌号有 9W18Cr4V（高碳高速钢）、W6Mo5Cr4V3（高钒高速钢）、W6Mo5Cr4V2Co8（钴高速钢）、W2Mo9Cr4VCo8（超硬高速钢）等。

3）粉末冶金高速钢。由超细的高速钢粉末，通过粉末冶金方式制造的刀具材料称为粉末冶金高速钢。它的强度、韧度和耐磨性与普通高速钢相比都有较大程度的提高，但价格也较高。

（4）硬质合金 硬质合金是以 WC、TiC 等高熔点的金属碳化物粉末为基体，用 Co 或 Ni、Mo 等作黏结剂，用粉末冶金的方法烧结而成的。它的硬度高达 87~92HRA（相当于 70~75HRC），热硬性很高，在 850~1000℃高温时，尚能保持良好的切削性能。

硬质合金刀具的切削效率是高速钢刀具的 5~10 倍，广泛使用硬质合金刀具是提高切削加工经济性最有效的途径之一。硬质合金刀具能切削一般钢刀具无法切削的材料，如淬火钢。硬质合金刀具的缺点是性脆、抗弯强度和冲击韧度均比高速钢刀具低，刃口不锋利，工艺性较差，难加工成形，不宜制造形状较复杂的整体刀具，因此还不能完全代替高速钢刀具。

硬质合金是重要的刀具材料，车刀和端铣刀大多使用硬质合金。钻头、深孔钻、绞刀、齿轮滚刀等刀具中，使用硬质合金的也日益增多。

1）国产硬质合金一般分为钨钴硬质合金、钨钛钴硬质合金和通用硬质合金三类。

①钨钴硬质合金，代号为 YG，由 WC 和 Co 组成。这类合金的韧度较好，抗弯强度较高，热硬性稍差，适合加工铸铁、有色金属及合金等脆性材料。常用的牌号有 YG3、YG6、YG8、YG3X、YG6X 等。牌号中的数字代表钴的质量分数，X 表示细晶粒合金。含钴越多，韧度与强度越高，而硬度和耐磨性较低。故 YG8 刀具可用于粗加工，YG3 刀具可用于精加工，YG6 刀具可用于半精加工。细晶粒合金刀具的耐磨性稍高且切削刃可磨得较尖锐，用于脆性材料的精加工，如用 YG6X 制成的车刀，加工零件的表面粗糙度值 Ra 为 0.1~0.2μm，刀具寿命比高速钢高 7~8 倍。

②钨钛钴硬质合金，代号为 YT，由 WC、TiC 和 Co 组成。由于 TiC 的熔点和硬度都比 WC 高，故这类合金的热硬性比钨钴硬质合金高，耐磨性也较好，适于加工碳钢等塑性材料。常用的牌号有 YT5、YT14、YT15、YT30。牌号中的 T 表示 TiC，数字表示碳化钛的质量数。含 TiC 量越多，热硬性越高；相应地，含钴量越少，韧度越差。故 YT30 刀具常用于精加工，YT5 刀具常用于粗加工。

③通用硬质合金，代号为 YW，它是在 YT 类合金中，加入 TaC 或 NbC 而成。这类合金的韧性和抗黏附性较高，耐磨性也较好，适应范围广，既能切削铸铁，又能切削钢材，特别适于加工各种难加工的合金钢，如耐热钢、高锰钢、不锈钢等，故称为通用硬质合金。常用的牌号有 YW1 和 YW2。

2）ISO 标准硬质合金可分为 P 类、M 类和 K 类硬质合金三类。

①P 类硬质合金（蓝色）。这类硬质合金制成的刀具适合加工长切屑的黑色金属，如钢、铸钢等。常用的牌号有 P01、P10、P20、P30、P40、P50 等。牌号中的数字越大，耐磨性越低，韧度越高。P01 刀具可用于精加工，P10、P20 刀具可用于半精加工，P30 刀具可用于粗加工。

②M 类硬质合金（黄色）。这类硬质合金制成的刀具适合加工短切屑的金属材料，如钢、铸钢、不锈钢等。常用的牌号有 M10、M20、M30、M40 等。牌号中的数字越大，耐磨性越低，韧度越高。M10 刀具可用于精加工，M20 刀具可用于半精加工，M30 刀具可用于粗加工。

③K 类硬质合金（红色）。这类硬质合金制成的刀具适合加工短切屑的金属或非金属材料，如淬硬钢、铸铁、铜铝合金、塑料等。常用的牌号有 K01、K10、K20、K30、K40 等。牌号中的数字越大，耐磨性越低，韧度越高。K01 刀具可用于精加工，K10、K20 刀具可用于半精加工，K30 刀具可用于粗加工。

（5）陶瓷　陶瓷的主要成分是 Al_2O_3，加少量添加剂，经高压压制、烧结而成，它的硬度、耐磨性和热硬性均比硬质合金好，用陶瓷制成的刀具，适合加工高硬度材料。刀具硬度为 93~94HRA，在 1200℃的高温下仍能继续切削。陶瓷与金属的亲和力小，用陶瓷刀具切削不易粘刀，不易产生积屑瘤，被切削件加工表面粗糙度值小，加工钢件时的刀具寿命是硬质合金的 10~12 倍。但陶瓷刀片性脆，抗弯强度与冲击韧度低，一般用于钢、铸铁及高硬度材料（如淬火钢）的半精加工和精加工。

为提高陶瓷刀片的强度和韧度，可在矿物陶瓷中添加高熔点、高硬度的碳化物（如 TiC）和一些其他金属（如镍、钼）以构成复合陶瓷。如我国陶瓷刀片（牌号 AT6）就是复合陶瓷，其硬度为 93.5~94.5HRA，抗弯强度 R_m>900MPa。

我国的陶瓷刀片牌号有 AM、AMF、AT6、SG3、SG4、LT35、LT55 等。

3. 其他刀具材料

（1）涂层刀具　涂层刀具是在韧度较好的硬质合金或高速钢刀具基体上，涂覆一薄层耐磨性高的难熔金属化合物而获得。

常用的涂层材料有 TiC、TiN、Al_2O_3 等。TiC 的硬度比 TiN 高，抗磨损性能好，对于会产生剧烈磨损的刀具，TiC 涂层较好。TiN 与金属的亲和力小，湿润性能好，在易产生黏结的条件下，使用 TiN 涂层较好。在高速切削产生大量热量的场合，宜采用 Al_2O_3 涂层，因为 Al_2O_3 在高温下有良好的热稳定性能。

涂层硬质合金刀具的寿命比普通硬质合金刀具高 1~3 倍，涂层高速钢刀具的寿命比普通高速钢刀具高 2~10 倍。加工材料的硬度越高，则涂层刀具的效果越好。

（2）人造金刚石　人造金刚石是通过金属催化剂的作用，在高温高压下由石墨转化而成。人造金刚石具有极高的硬度（显微硬度可达 10000HV）和耐磨性，其摩擦系数小，切削刃可以非常锋利。因此，用人造金刚石做刀具可以获得很高的加工表面质量。但人造金刚石的热稳定性差（温度不得超过 700℃），特别是它与铁元素的化学亲和力很强，因此它不宜加工钢铁件。人造金刚石主要用于制作磨具和磨料，用作刀具材料时，多用于在高速下精细车削或镗削有色金属及非金属材料。尤其是用它切削加工硬质合金、陶瓷、高硅铝合金及耐磨塑料等高硬度、高耐磨性的材料时，具有很大的优越性。

（3）立方氮化硼　立方氮化硼是由六方氮化硼在高压下加入催化剂转变而成的。它是

20 世纪 70 年代发展起来的一种刀具材料，立方氮化硼的硬度很高（可达到 800~900HV），并具有很高的热稳定性（1300~1400℃），它最大的优点是高温（1200~1300℃）时也不易与铁族金属发生反应。因此，它不但能胜任淬火钢、冷硬铸铁的粗车和精车，还能高速切削高温合金、热喷涂材料、硬质合金及其他难加工材料。

6.2.2　刀具结构

刀具的结构形式对刀具的切削性能、切削加工的生产率和经济性有着重要的影响，下面以车刀为例，说明刀具结构的演变和改进。

车刀由刀头（切削部分）和刀杆（夹持部分）组成。刀头用于切削，刀杆用于安装。常用车刀的结构形式有整体式、焊接式、机夹重磨式和机夹可转位式等，如图 6-3 所示。

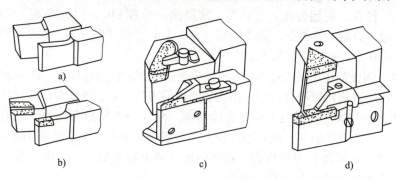

图 6-3　车刀结构形式
a）整体式　b）焊接式　c）机夹重磨式　d）机夹可转位式

1. 整体式车刀

早期使用的车刀多半是整体结构，即刀头和刀杆用同一种材料制成一个整体，消耗较多贵重的刀具材料。

2. 焊接式车刀

焊接式车刀是将硬质合金刀片用钎料焊接在刀杆上，然后刃磨使用。它的结构简单、紧凑、刚性好，而且灵活性较大，可根据加工条件和加工要求磨出所需角度，应用十分普遍。然而，焊接式车刀的硬质合金刀片经高温焊接和刃磨后，易产生内应力和裂纹，使刀具切削性能下降，对提高生产率很不利。

3. 机夹重磨式车刀

为避免高温焊接带来的缺陷，提高刀具切削性能，并使刀杆重复使用，可采用机夹重磨式车刀。它的主要特点是刀片与刀杆是两个可拆开的独立元件，工作时靠加紧元件把它们紧固在一起。车刀磨钝后将刀片卸下刃磨，然后重新装上继续使用。这类车刀与焊接式车刀相比，提高了刀具寿命和生产率，降低了刀具成本，但其结构较复杂，刀片重磨时仍有可能产生应力和裂纹。

4. 机夹可转位式车刀

机夹可转位式车刀是将预先加工好的有一定几何角度的多边形硬质合金刀片，用机械的方法装夹在特制的刀杆上的车刀。由于刀具的几何角度是由刀片形状及其在刀杆槽中的安装位置来确定的，故不需要刃磨。使用中，当一个切削刃磨钝后，只要松开刀片夹紧元件，将刀片转位，改用另一个新切削刃，重新夹紧后就可继续切削。待全部切削刃磨钝，再装上新刀片继续使用。

机夹可转位式车刀的主要优点如下：

1）避免了因焊接而引起的缺陷，在相同的切削条件下，刀具切削性能大为提高。

2）在一定条件下，卷屑、断屑稳定可靠。

3）刀片转位后，仍可保证切削刃与零件的相对位置，减少了调刀停机时间，提高了生产率。

4）刀片一般不需要重磨，利于涂层刀片的推广应用。

5）刀体使用寿命长，可节约刀体材料及其制造成本。

6.2.3　刀具角度

金属切削刀具的种类很多，形状、结构各不相同，但是它们的基本功用都是在切削过程中，从零件毛坯上切下多余的金属。因此在结构上基本相同，尤其是它们的切削部分。

外圆车刀是最基本、最典型的切削刀具，故下面以外圆车刀为例说明刀具切削部分的组成，并给出切削部分几何参数的定义。

1. 车刀切削部分的组成

刀具各组成中承担切削工作的部分为刀具的切削部分。外圆车刀切削部分的组成要素如图 6-4 所示。

（1）前面　前面是指切屑被切下后，从刀具切削部分流出所经过的表面。

（2）主后面　主后面是指在切削过程中，刀具上与零件过渡表面相对的表面。

（3）副后面　副后面是指在切削过程中，刀具上与零件已加工表面相对的表面。

（4）主切削刃　主切削刃是指前面与主后面的交线，切削时承担主要的切削工作。

（5）副切削刃　副切削刃是指前面与副后面的交线，也起一定的切削作用，但不明显。

（6）刀尖　刀尖是指主切削刃与副切削刃相交之处。刀尖并非绝对尖锐，而是一段过渡圆弧或直线。

2. 定义车刀角度的参考系

为表示刀具几何角度的大小以及刃磨和测量刀具角度的需要，必须表示上述刀面和切削刃的空间位置。而要确定它们的空间位置，就应建立假想的参考系，如图 6-5 所示。它是在不考虑进给运动的大小、假定车刀刀尖与主轴轴线等高、刀杆中心线垂直于进给方向的情况下建立的。它是由 3 个互相垂直的平面组成的。

（1）基面　基面（p_r）是指通过主切削刃上的某一点，与该点的切削速度方向垂直的平面。

（2）切削平面　切削平面（p_s）是指通过主切削刃上的某一点，与该点过渡表面相切的平面。该点的切削速度矢量在该平面内。

（3）主剖面　主剖面（p_o）是指通过主切削刃上的某一点，且与主切削刃在基面上的投影相垂直的平面。

3. 车刀角度

在假想的参考系中，可以测量出车刀的 6 个独立角度：前角 γ_o、主后角 α_o、副后角 α_o'、主偏角 κ_r、副偏角 κ_r' 和刃倾角 λ_s。

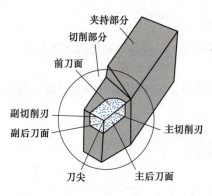

图 6-4　车刀切削部分的组成要素

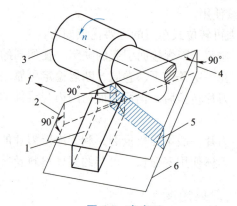

图 6-5　参考系

1—车刀　2—基面（p_r）　3—零件　4—切削平面（p_s）

5—主剖面（p_o）　6—底平面

（1）前角 γ_o。　前角是指前面与基面之间的夹角，表示前面的倾斜程度。前面在基面之下则前角为正值，反之为负值，与基面重合为零。

1）作用。增大前角可使切削刃锋利、切削力降低、切削温度降低、刀具磨损减小、表面加工质量提高。但过大的前角会使刃口强度降低，容易造成刃口损坏。

2）选择原则。用硬质合金车刀加工钢件（塑性材料等），一般选取 $\gamma_o = 10° \sim 20°$；加工灰铸铁（脆性材料等），一般选取 $\gamma_o = 5° \sim 15°$。精加工时，可取较大的前角，粗加工应取较小的前角。工件材料的强度和硬度大时，前角取较小值，有时甚至取负值。

（2）后角 α_o。　后角是指主后面与切削平面之间的夹角，表示主后面的倾斜程度。

1）作用。减少主后面与工件之间的摩擦，并影响刃口的强度和锋利程度。

2）选择原则。一般后角可取 $\alpha_o = 6° \sim 8°$。

（3）主偏角 κ_r。　主偏角是指主切削刃与进给方向在基面上投影间的夹角。

1）作用。影响切削刃的工作长度、切深抗力、刀尖强度和散热条件。主偏角越小，切削刃工作长度越长，散热条件越好，但切深抗力越大。

2）选择原则。车刀常用的主偏角有 45°、60°、75°、90° 等。工件粗大、刚性好时，可取较小值。车细长轴时，为减小径向力引起的工件弯曲变形，宜选取较大值。

6.3　金属切削过程

金属切削过程不是将金属劈开去除金属层，而是靠刀具的前面与零件间的挤压，使零件表层材料产生以剪切滑移为主的塑性变形，从而成为切屑去除。从这个意义上讲，切削过程即切屑的形成过程。

6.3.1　切屑的形成

当刀具刚与零件接触时，接触处的压力使零件产生弹性变形，由于刀具与零件间的相对运动，使零件材料的内应力逐渐增大，当剪切应力 τ 达到屈服点 τ_s 时，材料开始滑移而产生塑性变形，如图 6-6 所示。OA 线表示材料各点开始滑移的位置，称为始滑移线（$\tau = \tau_s$），OM 为终滑移线。OA 与 OM 间的区域称为第 I 变形区。

切屑沿前面流出时还需要克服前面挤压切屑而产生的摩擦力，切屑受到前面的挤压和摩擦，继续产生塑性变形，切屑底面的这一层薄金属区称为第 II 变形区。

零件已加工表面受切削刃钝圆部分和后面的挤压、回弹与摩擦，产生塑性变形，导致金属表面的纤维化和加工硬化。零件已加工表面的变形区域称为第 III 变形区。

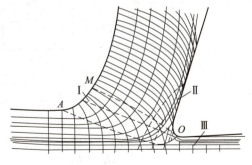

图 6-6　切削过程中的三个变形区

第 I 变形区和第 II 变形区相互关联，第 II 变形区内前面的摩擦情况与第 I 变形区内金属滑移方向有很大关系，当前面上的摩擦力大时，切屑排除不通畅，挤压变形加剧，使第 I 变形区的剪切滑移增大。

6.3.2　切屑的类型

切削加工时，由于材料、切削速度和刀具角度的不同，导致滑移变形的程度差异很大，产生的切屑形态也是多样的。一般来说，可分为以下四种类型，如图 6-7 所示。

（1）带状切屑　如图 6-7a 所示，带状切屑连续不断呈带状，内表面光滑，外表面是毛茸状的。一般加工塑性金属材料时，当切削厚度较小，切削速度较快，刀具前角较大时，往往得到这类切屑。形成带状切屑时，切削过程较平稳，切削力波动较小，已加工表面的表面粗糙度值较小。

（2）节状切屑（挤裂切屑）　如图 6-7b 所示，节状切屑的外表面呈锯齿形，内表面有时有裂纹，这是由于材料在剪切滑移过程中滑移量较大，由滑移变形所产生的加工硬化使剪切应力增大，局部达到材料的断裂强度而引起的。这种切屑大多在加工较硬的塑性金属材料且所用的切削速度较低、切削厚度较大、刀具前角较小的情况下产生的。切削过程中的切削力波动较大，已加工表面的表面粗糙度值较大。

（3）粒状切屑（单元切屑）　如图 6-7c 所示，切削塑性材料时，如果被剪切面上的应力超过零件材料的强度极限时，裂纹扩展到整个面上，则切屑被分成梯形形状的粒状切屑。加工塑性金属材料时，当切削厚度较大，切削速度较低，刀具前角较小时，易成为粒状切屑，粒状切屑的切削力波动最大，已加工表面粗糙。

（4）崩碎切屑　如图 6-7d 所示，崩碎切屑的形状不规则，加工表面凹凸不平。切屑在破裂前变形很小，它的脆断主要是由于材料所受应力超过了它的抗拉极限。崩碎切屑发生在加工脆性材料时（如铸铁），零件材料越硬脆，刀具前角越小，切削厚度越大时，越易产生这类切屑。形成崩碎切屑的切削力波动大，已加工表面粗糙，且切削力集中在切削刃附近，切削刃容易损坏，故应力求避免。提高切削速度、减小切削厚度、适当增大前角，可使切屑成针状或片状。

生产实践表明，刀具切下切屑的外形尺寸比零件上的切削层短而厚，这种现象称为切屑的收缩，如图 6-8 所示。通常用切削层长度（l）与切屑长度（l_C）之比，或切屑厚度（h_C）与切削层厚度（h_D）之比表示切屑的变形程度，其比值称为变形系数 ξ，即

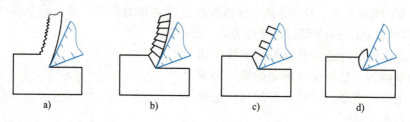

图 6-7　切屑类型

a）带状切屑　　b）节状切屑　　c）粒状切屑　　d）崩碎切屑

$$\xi = \frac{l}{l_{\mathrm{C}}} = \frac{h_{\mathrm{C}}}{h_{\mathrm{D}}}$$

$\xi > 1$，ξ 值越大，表示切屑变形越大。切屑的变形程度直接影响切削力、切削热和刀具的磨损。它与切削加工的质量、生产率和经济性关系很大，是判断切削过程顺利与否的一个重要的物理量。加工中等硬度钢材时，ξ 值一般为 2~3。

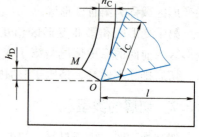

图 6-8　切屑的收缩

6.4　常用量具

机械加工常用的量具有钢直尺、游标卡尺、深度游标卡尺、高度游标卡尺、游标万能角度尺、千分尺、直角尺、百分表、刀口尺、塞尺、量块等，下面简要介绍部分量具的用法。

1. 钢直尺

钢直尺是最简单的长度量具，它的长度有 150mm、300mm、500mm 和 1000mm 四种规格。图 6-9 所示为常用的 150mm 钢直尺。

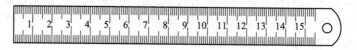

图 6-9　150mm 钢直尺

钢直尺用于测量零件的长度尺寸，它的测量结果不太准确。这是由于钢直尺的刻线间距为 1mm，而刻线本身的宽度就有 0.1~0.2mm，所以测量时读数误差比较大，只能读出毫米数，即它的最小读数值为 1mm，比 1mm 小的数值只能估计。

如果用钢直尺直接测量零件的直径尺寸（轴径或孔径），则测量精度更差，其原因是：除了钢直尺本身的读数误差比较大，钢直尺还无法正好放在零件直径的位置。所以，零件直径尺寸也可以利用钢直尺和内外卡钳配合测量。

2. 游标卡尺

游标卡尺是一种常用的量具，具有结构简单、使用方便、精度中等和测量的尺寸范围大等特点，可以用它来测量零件的外径、内径、长度、宽度、厚度、深度和孔距等，应用范围很广。

（1）结构型式　游标卡尺有如下三种结构型式：

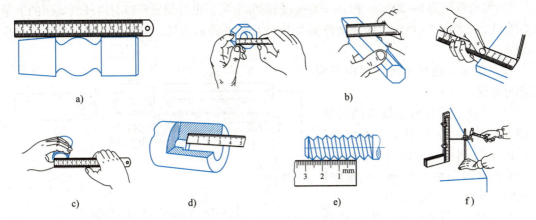

图 6-10　钢直尺的使用方法

a）量长度　b）量宽度　c）量内孔　d）量深度　e）量螺距　f）划线

1）测量范围为 0～125mm 的游标卡尺，制成带有刀口形的上、下量爪和带有深度尺的型式，如图 6-11 所示。

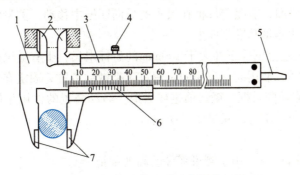

图 6-11　游标卡尺的结构型式一

1—尺身　2—上量爪　3—尺框　4—紧固螺钉　5—深度尺　6—游标　7—下量爪

2）测量范围为 0～200mm 和 0～300mm 的游标卡尺，可制成带有内外测量面的下量爪和带有刀口形上量爪的型式，如图 6-12 所示。

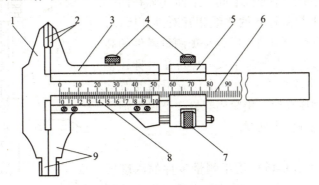

图 6-12　游标卡尺的结构型式二

1—尺身　2—上量爪　3—尺框　4—紧固螺钉　5—微动装置
6—主尺　7—微动螺母　8—游标　9—下量爪

3）测量范围为 0~200mm 和 0~300mm 的游标卡尺，也可制成只带有内外测量面的下量爪的型式，如图 6-13 所示。而测量范围大于 300mm 的游标卡尺，只制成这种仅带有下量爪的型式。

（2）组成　游标卡尺主要由下列几部分组成：

1）尺身。具有固定量爪的尺身，如图 6-12 中的 1。尺身上有类似钢尺一样的主尺刻度，如图 6-12 中的 6。尺身上的刻线间距为 1mm。尺身的长度决定于游标卡尺的测量范围。

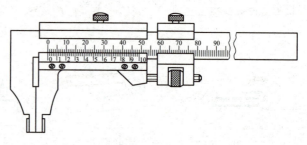

图 6-13　游标卡尺的结构型式三

2）尺框。具有活动量爪的尺框，如图 6-12 中的 3。尺框上有游标，如图 6-12 中的 8，游标卡尺的分度值可制成为 0.1mm、0.05mm 和 0.02mm 三种。分度值是指使用这种游标卡尺测量零件尺寸时，卡尺上能够读出的最小数值。

3）深度尺。在 0~125mm 的游标卡尺上，还带有测量深度的深度尺，如图 6-11 中的 5。深度尺固定在尺框的背面，能随着尺框在尺身的导向凹槽中移动。测量深度时，应把尺身尾部的端面靠紧在零件的测量基准平面上。

4）微动装置。测量范围等于和大于 200mm 的游标卡尺，带有随尺框做微动调整的微动装置，如图 6-12 中的 5。使用时，先用固定螺钉 4 把微动装置 5 固定在尺身上，再转动微动螺母 7，活动量爪就能随同尺框 3 微量前进或后退。微动装置的作用是使游标卡尺在测量时用力均匀，便于调整测量压力，减少测量误差。

3. 高度游标卡尺

高度游标卡尺（图 6-14）用于测量零件的高度和精密划线。它的结构特点是用质量较大的基座 4 代替固定量爪 5，而动的尺框 3 则通过横臂装有测量高度和划线用的量爪，量爪的测量面上镶有硬质合金，可提高量爪的使用寿命。高度游标卡尺的测量应在平台上进行。当量爪的测量面与基座的底平面位于同一平面（如在同一平台上）时，尺身 1 与游标 6 的零线相互对准。所以，在测量高度时，量爪测量面的高度就是被测量零件的高度尺寸，它的具体数值，与游标卡尺一样可在尺身（整数部分）和游标（小数部分）上读出。应用高度游标卡尺划线时，调好划线高度，用紧固螺钉 2 把尺框锁紧后，也应在平台上先调整再划线。

4. 深度游标卡尺

深度游标卡尺（图 6-15）用于测量零件的深度尺寸、台阶高低和槽的深度。它的结构特点是尺框 3 的两个量爪连在一起成为一个带游标测量基座 1，基座的端面和尺身 4 的端面是它的两个测量面。如测量内孔深度

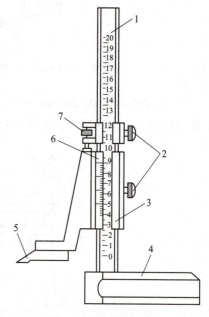

图 6-14　高度游标卡尺

1—尺身　2—紧固螺钉　3—尺框　4—基座
5—量爪　6—游标　7—微动装置

时，应把基座的端面紧靠在被测孔的端面上，使尺身与被测孔的中心线平行伸入尺身，则尺身端面至基座端面之间的距离，就是被测零件的深度尺寸，它的读数方法和游标卡尺完全一样。

5. 游标万能角度尺

游标万能角度尺（图 6-16）是测量精密零件内外角度或进行角度划线的角度量具，具体有游标量角器、角度尺等。

游标万能角度尺的读数机构。是由刻有基本角度刻线的主尺 1 和固定在扇形板 6 上的游标 3 组成。扇形板可在尺座上回转移动（有制动器 5），形成了和游标卡尺相似的游标读数机构。

游标万能角度尺尺座上的刻度线每格为 1°。由于游标上刻有 30 格，所占的总角度为 29°，因此，两者每格刻线的度数差是 2′，即游标万能角度尺的分度值为 2′，具体计算公式为：

$$1° - \frac{29°}{30} = \frac{1°}{30} = 2′$$

游标万能角度尺的读数方法和游标卡尺相同，先读出游标零线前的角度，再从游标上读出角度"分"的数值，两者相加就是被测零件的角度数值。

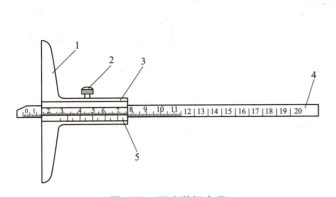

图 6-15　深度游标卡尺

1—测量基座　2—紧固螺钉　3—尺框　4—尺身　5—游标

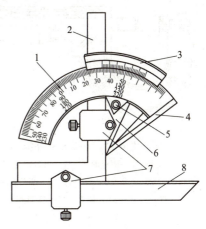

图 6-16　游标万能角度尺

1—主尺　2—直角尺　3—游标　4—基尺
5—紧固螺钉　6—扇形板　7—卡块　8—直尺

6. 千分尺

各种千分尺的结构大同小异，常用的外径千分尺是测量或检验零件的外径、凸肩厚度及板厚或壁厚等，测量孔壁厚度的千分尺，其测量面呈球弧形。千分尺由尺架、测微头、测力装置和制动器等组成。图 6-17 所示为测量范围为 0～25mm 的外径千分尺。尺架 1 的一端装有固定测砧 2，另一端装着测微螺杆 3。固定测砧和测微螺杆的测量面上都镶有硬质合金，以提高测量面的使用寿命。尺架的两侧面覆盖着绝热板 12，使用千分尺时，手拿在绝热板上，防止人体热量影响千分尺的测量精度。

（1）千分尺的工作原理　千分尺是应用螺旋副传动原理将回转运动变为直线运动的一种量具。如外径千分尺就是应用螺旋读数机构把被测零件置于千分尺的两个测量面之间，两测砧面之间的距离，就是零件的测量尺寸。螺旋读数机构包括一对精密的螺纹（测微螺杆 3 与螺纹轴套 4）和一对读数套筒（固定套筒 5 与微分筒 6）。

（2）千分尺的读数方法　在千分尺的固定套筒上刻有轴向中线，作为微分筒读数的基准线。另外，为计算测微螺杆旋转的整数转，在固定套筒中线两侧，刻有两排刻线，标尺间距均为 1mm，上下两排相互错开 0.5mm。

千分尺的具体读数方法可分为三步：

1）读出固定套筒上露出的尺寸。一定要注意不能遗漏应读出的 0.5mm 的分度值。

2）读出微分筒上的尺寸。要看清微分筒圆周上哪一格与固定套筒的中线基准对齐，将格数乘 0.01mm 即得微分筒上的尺寸。

3）将上面两个数相加，即为千分尺上测得尺寸。

如图 6-18a 所示，在固定套筒上读出的尺寸为 8mm，微分筒上读出的尺寸为 27（格）× 0.01mm＝0.27mm，上两数相加即得被测零件的尺寸为 8.27mm。如图 6-18b 所示，在固定套筒上读出的尺寸为 8.5mm，在微分筒上读出的尺寸为 27（格）×0.01mm＝0.27mm，两数相加即得被测零件的尺寸为 8.77mm。

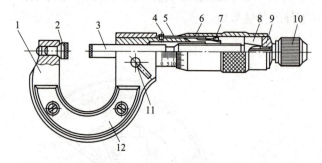

图 6-17　0~25mm 外径千分尺

1—尺架　2—固定测砧　3—测微螺杆　4—螺纹轴套
5—固定套筒　6—微分筒　7—调节螺母　8—接头
9—垫片　10—测力装置　11—锁紧螺钉　12—绝热板

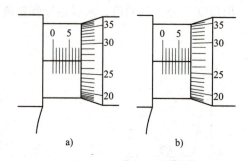

a)　　　　　b)

图 6-18　千分尺的读数

思考与训练

6-1　试分析车、钻、铣、刨、磨等常用加工方法的主运动和进给运动，并指出它们的活动件（工件或刀具）及运动形式（转动或移动）。

6-2　切削过程中，零件上形成的表面有哪些？

6-3　切削用量三要素是什么？它们的具体含义是什么？试用简图表示刨平面和钻孔的切削用量三要素。

6-4　刀具材料应具备哪些性能？硬质合金的耐热性远高于高速钢，为什么不能完全取而代之？

6-5　常用的刀具材料有哪些？各有何特点？

6-6　常用的刀具结构有哪些？各有何特点？

6-7　切屑有哪些类型？分别有什么特点？

6-8　常用的量具有哪几种？试选择测量下列尺寸的量具：①未加工 $\phi50$mm 孔；②已加工 $\phi30$mm 外圆、$\phi(25\pm0.2)$mm 外圆、$\phi(22\pm0.01)$mm 孔。

6-9　游标卡尺和千分尺的测量准确度各是多少？怎样正确使用？能否利用它们测量铸件毛坯？

第7章 钳工训练

【内容提要】 本章主要介绍钳工相关知识（钳工的概念、特点和应用范围，钳工的专业分工及基本操作，钳工的常用设备）及钳工实操训练（钳工安全操作规程，划线、錾削、锉削、锯削、钻孔、扩孔、锪孔、铰孔等基本操作）等内容。

【训练目标】 通过本章的学习，学生应对钳工的概念、特点和应用范围，钳工的专业分工及基本操作有所了解；熟悉钳工的常用设备及使用方法；了解钳工操作规程；熟悉划线、錾削、锉削、锯削、钻孔、扩孔、锪孔、铰孔等钳工基本工艺过程，所用量具、工具或刀具的使用方法及注意事项；掌握钳工操作基本技能。

7.1 钳工相关知识

7.1.1 钳工概述

钳工主要是用手工工具以手工操作为主的一种工种。它是用钳工工具或设备，从事工件的划线与加工、机械的装配与调试、设备的安装与维修，以及工具的制造与维修等工作。钳工在机械制造中历史悠久，对机械制造行业的发展做出了巨大的贡献，有着"万能钳工"的美誉。

随着生产技术的发展，机械加工逐步从使用各种手工工具制造发展到机械化制造和装配。然而，钳工是工业生产中一个独立、不可缺少的工种，钳工工具简单，操作灵活，可以完成其他机械加工方法不方便或难以加工的工作，在自动化生产的今天，钳工地位依然重要。

19 世纪以后，各种机器的发展和普及，虽然使大部分钳工作业实现了机械化和自动化，但在机械制造过程中，钳工仍是广泛应用的基本技术，其原因是：划线、刮削、研磨和机械装配等钳工作业，至今尚无适当的机械化设备可以完全代替；某些精密的样板、模具、量具和配合表面，仍需手工精密加工；在单件小批量生产、修配或缺乏制造条件的情况下，采用钳工制造某些零件仍是一种经济实用的方法。

7.1.2 钳工特点和应用范围

1. 钳工的特点

1）加工灵活、方便，能够加工形状复杂、质量要求较高的零件。

2）工具简单，制造、刃磨方便，材料来源充足，成本低。

3）劳动强度大、生产率低，对工人技术水平要求较高。

2. 钳工的应用范围

1）加工前的准备工作。如清理毛坯、在工件上划线等。

2）加工精密零件。如锉样板、刮削或研磨机器量具的配合表面等。

3）机器的调整。如将零件装配成机器时，互相配合零件的调整，整台机器的组装、试车、调试等。

4）机器设备的保养维护。

7.1.3 钳工的专业分工及基本操作

1. 钳工的专业分工

钳工主要分为普通钳工、机修钳工和工具钳工。

1）装配钳工。主要从事零件装配、修整和加工。

2）机修钳工。主要从事各种机械设备的维修修理工作。

3）工具钳工。主要从事工具、模具、刀具的制造和修理。

无论是哪一种钳工，要想完成好本职工作，首先应该掌握钳工的基本操作。

2. 钳工的基本操作

钳工的基本操作包括：划线、锉削、錾削、锯削、钻孔、扩孔、锪孔、铰孔、攻螺纹、套螺纹、刮削、研磨、装配。

7.1.4 钳工的常用设备

1. 钳工台

钳工台（图 7-1）是钳工工作的主要设备，也称钳桌，用木材、钢材制作，其上安装台虎钳，可放工具、量具等。钳台的高度为 800~900mm，长度和宽度可随工作的需要而定。

2. 台虎钳（简称虎钳）

台虎钳（图 7-2）用螺栓固定在钳台上，是专门用来夹持工件的，其规格以钳口的宽度表示，有 100mm、125mm、150mm 等。

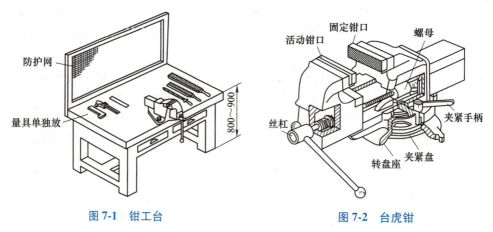

图 7-1 钳工台　　　　　图 7-2 台虎钳

台虎钳有固定和回转式两种，回转式可以满足不同方位的加工需要，使用方便，应用广泛。

台虎钳的使用应注意以下几点。

1）工件尽量夹在钳口中部，使钳口受力均匀。

2）夹紧后的工件应稳定可靠、便于加工，并不产生变形。

3）夹紧工件时，一般只允许依靠手的力量扳动手柄，不能用锤子敲击手柄或随意套上长管子来扳手柄，以免丝杠、螺母或钳身损坏。

4）不要在活动钳身的光滑表面进行敲击作业，以免降低配合性能。

3. 砂轮机

砂轮机有台式和立式两种，如图7-3所示。砂轮机所用电源有 220V 和 380V 两种。砂轮机主要用于磨削钳工用的各种刀具或其他工具，也可以用来磨去工件或材料的毛刺、锐边等。

由于砂轮机较脆，转速又高，如果使用不当，容易使砂轮机破碎飞出伤人，因此必须保证砂轮机旋转方向正确，使磨屑向下方飞离砂轮。

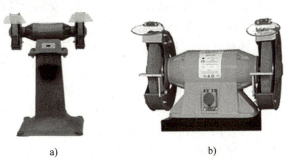

a)　　　　　　　　b)

图 7-3　砂轮机

a）立式砂轮机　b）台式砂轮机

使用砂轮时，必须严格遵守安全操作规程。应特别注意以下几点：

1）砂轮启动后，待砂轮转速正常后再磨削。

2）磨削时，应避免使刀具或工件对砂轮发生剧烈撞击或施加过大的压力。

3）砂轮表面跳动严重时，应及时停机修正。

4）砂轮机的搁架与砂轮之间的距离应保持在 3mm 以内，以防磨削件扎入，造成事故。

5）磨削时，操作者应站在砂轮机的侧面或斜对面。

4. 钻孔设备

（1）钻床　钻床是加工孔的设备。钳工常用的钻床有台式钻床、立式钻床和摇臂钻床，如图7-4所示。

1）台式钻床。主要用于加工小型工件上的小孔，小孔一般在 ϕ13mm 以下。

2）立式钻床。主要用于加工中型工件上的孔，孔一般在 ϕ50mm 以下。

3）摇臂钻床。主要用于加工大型工件上的各种孔。由于它的主轴可以在摇臂上做水平移动，摇臂又可以绕立柱做旋转摆动，所以在钻不同位置的孔时，工件不需要移动，钻床主轴可以很方便地调整到需要钻孔的中心位置。

图 7-4　钻床

a）台式钻床　b）立式钻床　c）摇臂钻床

（2）手电钻　其他钻床不方便钻孔时，可用手电钻钻孔。另外，市场上有许多先进的钻孔设备，如数控钻床、磁力钻床等，减少了钻孔划线及钻孔偏移的烦恼。

7.2 钳工实操训练

7.2.1 钳工安全操作规程

1）进入工作场地必须穿戴工作服，女同学须戴工作帽。

2）錾削时，錾子和锤子不准对准他人，握锤的手不准戴手套，以免手锤滑落伤人。

3）锤柄严防沾上油污，否则手锤会从手中滑出伤人，发现手锤柄松动或损坏时，应立即装牢或更换。

4）不准用无木柄或锉柄已经裂开的锉刀工作，锉刀木柄应装紧不松动。

5）不准用手摸锉削后的工件表面，以免锉刀打滑时身体失去平衡而出现危险。

6）禁止用嘴吹锉屑和用手清除锉屑。

7）不准将划线针装入所穿衣服口袋内，以免扎伤。

8）支撑大工件的窄面时，要用绳子吊住，以防工件倒下。

9）钻孔时不准戴手套，不准用手去拉铁屑，把钻头退出或暂停进刀时方可断屑。

10）不许用嘴去吹铁屑，主轴未停不许用手去握钻卡头。

11）松紧钻卡头必须用钥匙，不许用其他物件敲打。

12）钻较大的孔时，要将工件和虎钳夹紧。

13）工作完毕，清扫工作场地，保持干净整洁。

7.2.2 钳工基本操作

1. 划线

根据图样或技术文件的要求，在毛坯或成品上用划线工具划出待加工部分的轮廓线，或作为基准线的点、线，称为划线，如图 7-5 所示。

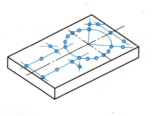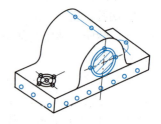

图 7-5 划线图

（1）划线的作用 通过划线，可以剔除和检查不合格的毛坯，合理分配各表面的加工余量，确定零件孔的加工位置，划出找正线；还可以处理不合格的毛坯，避免造成损失，毛坯误差不太大时，往往又可依靠划线的借料法予以补救，使零件加工表面仍符合要求。

（2）划线的工具

1）划线平台。划线平台要求平直度要好，划线用的工具和零件均放置在上面。划线平台是划线的基本工具，一般由铸铁制成，工作表面经精刨或刮削加工，如图 7-6 所示。由于平板表面是划线的基本平面，其平整性直接影响划线质量，所以安装时必须使工作平面（即平板面）保持水平位置。在使用过程中

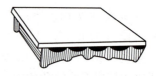

图 7-6 划线平台

要保持清洁，防止铁屑、灰砂等在划线工具或工件移动时划伤平板表面。划线时工件和工具在平板上要轻放，防止台面受撞击，更不允许在平板上进行任何敲击工作，划线平板各处要

平均使用，避免局部凹陷。平板使用后应擦净，涂防锈油。

2）划针。划针是划线时用来在工件上划线条的。划线时一般要与钢直尺、直角尺或样板等导向工具配合使用。划针通常用工具钢或弹簧钢丝制成，其长度约为 200~300mm，直径 3~6mm，尖端磨成 10°~20°，并经淬火处理。为使针尖更锐利耐磨，划出的线条更清晰，可以焊接上硬质合金后磨锐，如图 7-7a 所示。划线时，划针尖端要紧贴导向工具移动，上部分向外倾斜 15°~20°，向划线方向倾斜 45°~75°，如图 7-7b 所示。

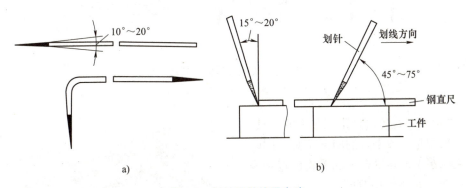

图 7-7　划针及其使用方法

a）划针　b）使用方法

3）划针盘。划线盘一般是立体划线和校正工件位置的工具。它由底座、立柱、划针和夹紧螺母等组成，如图所示 7-8a 所示。夹紧螺母可以将划针固定在立柱的任何位置上。划针的直头端用来划线，为增加划线时划针的刚度，划针不宜伸出过长。划针的弯头端用来找正工件的位置，如找正工件表面与划线平板平行等。

划线时，调节划针到一定高度，并在平板上移动划针盘，即可在工件上划出与平板平行的线条，如图 7-8b 所示。

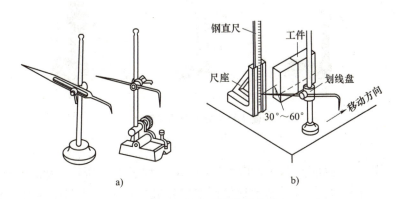

图 7-8　划针盘及其使用方法

a）划针盘　b）使用方法

4）划规。划线中划规主要用来划圆或划圆弧、等分线、角度及量取尺寸等，如图 7-9 所示。钳工用划规有普通划规、弹簧划规和大尺寸划规。划规的脚尖必须坚硬，才能在金属表面上画出清晰的线条。一般的划规用工具钢制成，脚尖经淬火处理，有的划规还在脚尖上加焊硬质合金钢，目的是使其更加锋利和耐磨。

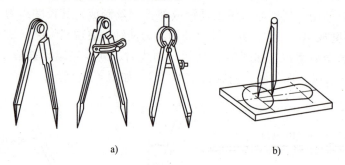

图 7-9 划规及其使用方法

a）划规 b）使用方法

5）直角尺。直角尺是钳工常用的工具，划线时用来划垂直或平行的向导工具，同时也可用来找正工件在平台上的垂直位置和表面的平行度，如图 7-10 所示。

6）高度游标卡尺。高度游标卡尺是高度尺和划线盘的组合，如图 7-11 所示。它的划线量爪前镶有硬质合金，用于在已加工表面上划线。它是精密工具，分度值一般为 0.02mm，不允许在毛坯上划线。

图 7-10 直角尺

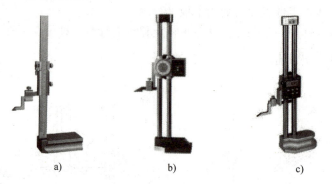

图 7-11 高度游标卡尺

a）游标式 b）表盘式 c）数显式

7）样冲。样冲是在划好的线上冲眼所用的工具，如图 7-12 所示。冲眼的目的是使划出来的线条有永久性的标记，同时用划规划圆和定钻孔中心时也需打上样冲眼作为圆心的定点。

样冲的使用注意事项：

①样冲位置要准，冲尖要对准线条中间。若有偏离或歪斜，必须校正重打。

②冲眼距离须根据线条的长短、曲直而定；对于长的直线条，应均匀布点且距离可大些；对于短的曲线条，冲眼距离可以小些。在线条的交叉转折处必须冲眼。

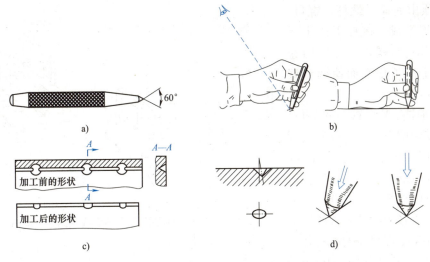

图 7-12 样冲

a) 样冲　b) 冲眼的正确方法　c) 正确的样冲眼形状　d) 纠正打歪的样冲眼

③冲眼深度要根据零件表面质量情况而定，粗糙毛坯表面应深些，光滑表面应浅些。精加工表面禁止冲眼。

（3）各种支撑工具

1）方箱。方箱是用灰铸铁制成的空心立方体或长方体，相对平面互相平行，相邻平面互相垂直。划线时，可用 C 形夹头将工件夹于方箱上（图 7-13a），再通过翻转箱体，可在一次安装的情况下，将工件上相互垂直的线划出来（图 7-13b）。方箱上的 V 形槽平行于相应的平面，是装夹圆柱形工件用的。

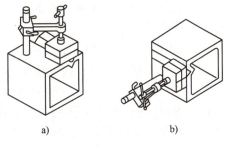

图 7-13　方箱及其使用方法

a) 方箱　b) 使用方法

2）千斤顶。千斤顶是用来支撑毛坯或不规则工件进行立体划线的，可以调整工件的高度，如图 7-14a 所示。这些工件如果直接放在方箱或 V 形铁上，不能直接达到所要求的高低位置，而利用三个为一组的千斤顶就可方便调整，直至工件各处的高低符合要求，如图7-14b 所示。

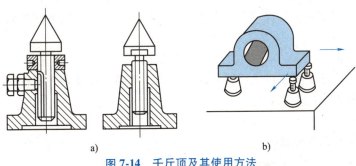

图 7-14　千斤顶及其使用方法

a) 千斤顶　b) 使用方法

千斤顶由底座、螺杆、螺母、锁紧螺母等组成。螺杆可以上下升降。拧紧锁紧螺母，可以防止已调好的千斤顶松动而使调整好的高度发生变动。

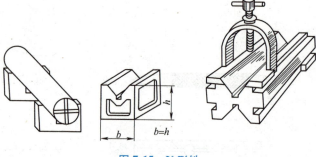

图 7-15　V 形铁

3）V 形铁。V 形铁（图 7-15）主要用来安装圆形工件，以便用划针盘划出中心线或划出中心等。V 形铁用铸铁或碳钢制成，相邻各边互相垂直，V 形槽一般呈 90°或 120°。

装夹大直径的零件时，如果工件直径大且很长，则同时用三个 V 形铁，但 V 形铁高度要相等。如果零件直径大但较短，可用一个 V 形铁。

4）角铁。角铁（图 7-16a）是用来支持划线的工件，一般常与压板或 C 形夹头配合使用（图 7-16b）。它有两个互相垂直的平面，通过角尺对工件的垂直度进行找正后，再用划针盘划线，可使划线线条与原来找正的直线或平面保持垂直。

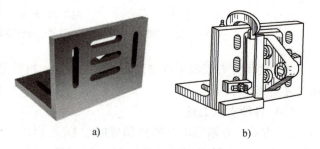

a)　　　　　　　　　　b)

图 7-16　角铁及其使用方法
a）角铁　b）使用方法

（4）划线基准　零件的许多点、线、面中，用少数点、线、面能确定其他点、线、面的相互位置，这些少数的点、线、面被称为划线基准。基准是确定其他点、线、面位置的依据，因此划线时都应从基准开始。在零件图中确定其他点、线、面位置的基准为设计基准，零件图的设计基准和划线基准是一致的。

1）划线基准的类型。
①以两个相互垂直的平面（或线）为基准。
②以一个平面与一个对称平面为基准。
③以两个相互垂直的中心平面为基准。

2）划线基准的选择。划线基准应尽量与设计基准一致，毛坯基准一般选其轴线或安装平面作基准。如图 7-17 所示，支承座高度方向的尺寸是以底面为依据的，即底面为高度方向的划线基准；而宽度方向的尺寸对称于中心线，故中心线为宽度方向的划线基准。

（5）划线的方法
1）划线的步骤。
①看清图样，详细了解工件上需要划线的部位，明确工件及划线各有关部分在机械中的作用和要求，了解相关的加工工艺。
②选定划线基准。
③初步检查毛坯的误差情况。
④正确安放工件和选用工具。
⑤划线。

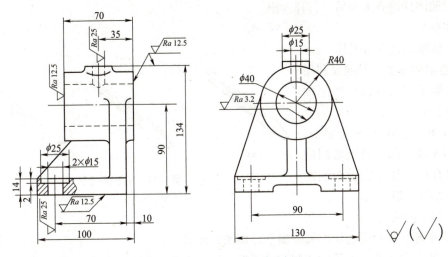

图 7-17 划线基准的选择

⑥详细检查划线的准确性，以及是否有线条漏划。

⑦在线条上冲眼。

2）划线操作注意事项。

①工件支承要稳固，以防滑倒或移动。

②在一次支承中，应把需要划出的平行线全部划出，以免再次支承补画，造成误差。

③应准确使用划针、划线盘、高度游标卡尺及直角尺等划线工具，以免产生误差。

3）划线实例。

如图 7-18 所示，平面划线的具体过程如下：

①分析图样尺寸。

②准备所用划线工具，并对工件进行清理和在划线表面涂色。

③如图 7-18 所示，划图样的轮廓线，具体步骤如下。

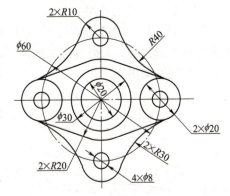

图 7-18 平面划线实例

a. 划出两条相互垂直的中心线，作为基准线。

b. 以两中心线交点为圆心，分别作 $\phi 20$mm、$\phi 30$mm 圆线。

c. 以两中心线交点为圆心，作 $\phi 60$mm 点画线圆，与基准线相交于 4 点。

d. 分别以与基准线相交的 4 点为圆心作 $\phi 8$mm 圆 4 个，再在图示水平位置作 $\phi 20$mm 圆 2 个。

e. 在划线基准线的中心划上下两段 $R20$mm 的圆弧线。作 4 条切线分别与两个 $R20$mm 圆弧线和 $\phi 20$mm 圆外切。

f. 在垂直位置上以 $\phi 8$mm 圆心为中心，划两个 $R10$mm 半圆。

g. 用 $2 \times R40$mm 圆弧外切连接 $R10$mm 和 $2 \times \phi 20$mm 圆弧，用 $2 \times R30$mm 圆弧外切连接 $R10$mm 和 $2 \times \phi 20$mm 圆弧。

h. 对照图样检查无误后，打样冲眼。

2. 錾削

（1）錾削的概念与工具

1）錾削的概念。錾削是利用锤子敲击錾子对工件进行切削加工的一种工作。

2）工具。錾削工具为錾子，材料为 T7A 或 T8A，钳工常用的錾子类型有扁平錾、尖錾和油槽錾三种，如图 7-19 所示。

图 7-19　錾子的类型

a）扁平錾　b）尖錾　c）油槽錾

（2）錾子的用途

1）扁平錾。扁平錾的切削部分扁平，切削刃较长。

2）尖錾。尖錾切削刃段的两侧有内弧形，保证工作时切削刃不被卡住，其作用主要是錾槽和分割曲线形状板料。

3）油槽錾。油槽錾的切削刃呈半圆形，工作部分制成弯曲形状，其作用是加工储油槽。

4）锤子。锤子是常用的敲击工具，由锤头和木柄组成，如图 7-20 所示。锤子的规格以锤头的质量表示，有 0.25kg、0.5kg、1kg 等。锤头用 T7 钢制成，并经热处理淬硬。木柄用比较坚韧的木材制成，装入锤孔后用楔子楔紧，以防锤头脱落。常用的锤子为 0.5kg，其柄长约为 350mm。

（3）錾削工具的使用

1）錾子握法。有正握法、反握法和立握法三种，如图 7-21 所示。錾子用左手的中指、无名指和小指握持，大拇指与食指自然合拢，錾子头部伸出 20～25mm。錾子不要握得太紧，以免手受到振动伤害。

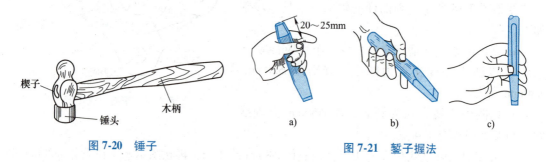

图 7-20　锤子　　　　　　　图 7-21　錾子握法

2）锤子握法。锤子的握法如图 7-22 所示。

①紧握法。用右手五指紧握手柄，大拇指合在食指上，虎口对准锤头方向，手柄尾部露出 15～30mm。在挥锤和锤击过程中，五指始终紧握。

②松握法。用大拇指和食指始终握紧锤柄。

3）挥锤方法。挥锤有腕挥、肘挥和臂挥三种方法，如图 7-23 所示。

①腕挥是用手腕的动作进行锤击，采用紧握法握锤，一般用于錾削余量较少及錾削开始

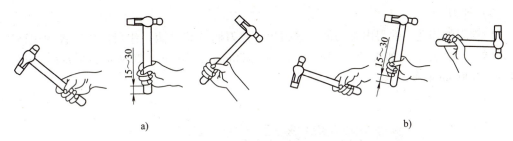

图 7-22　锤子握法

a) 紧握法　b) 松握法

和结尾时。

②肘挥是用手腕和肘部一起动作进行锤击,可采用松握法握锤,挥动幅度大,锤击力大,这种方法应用最广。

③臂挥是手腕、肘和全臂一起挥动,其锤击力更大,用于需要大力錾削的工件。

注意:锤击时,锤子在右上方画弧形做上下运动,眼睛要看在切削刃和工件之间,锤击要稳、准、狠,其动作要一下接一下有节奏地进行。锤击速度一般控制在肘挥时约 50 次/min,腕挥时约 50 次/min。

4) 錾削站姿。如图 7-24 所示,双脚互成一定角度,左前右后,重心在右脚,眼睛注意切削刃,不应注意錾子的尾部,右手挥锤,左手握錾子。

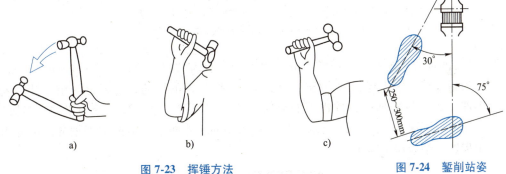

图 7-23　挥锤方法

a) 腕挥　b) 肘挥　c) 臂挥

图 7-24　錾削站姿

(4) 錾削注意事项

1) 发现锤子木柄有松动或磨损时,要立即装牢或更换,以防锤头脱落,飞出伤人。

2) 錾子头部有明显毛刺时要及时除掉,以免碎裂伤手。

3) 要防止錾切碎屑飞出伤人,工作地点周围应装有安全网,网前不准站人,操作时可戴上防护镜。

4) 錾削时要防止錾子滑出划伤手部,要经常把錾子刃部磨锋利,并保证正确的后角。

5) 錾子的头部、手锤的头部和手柄都不应沾油,以防打滑。

3. 锉削

(1) 概念　利用锉刀将零件锉去一层很薄的金属,使零件的几何形状、尺寸表面粗糙度均符合图样的要求,这种操作方法叫锉削。它可以加工零件的内外表面、沟槽、曲面,以及各种复杂的表面。

（2）锉刀

1）锉刀的构造。锉刀由锉刀面、锉刀边、锉刀柄（装手柄）组成。钳工锉的规格以工作部分的长度表示，如图 7-25 所示，分为 100mm、150mm、200mm、250mm、300mm、350mm、400mm 七种。

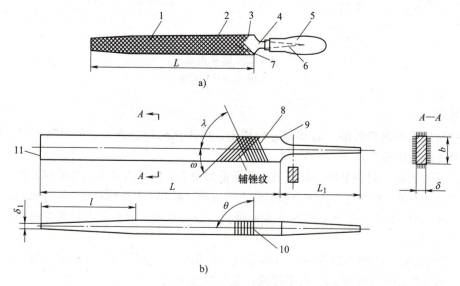

图 7-25　锉刀的构造

1—锉刀面　2—锉刀边　3—低齿　4—锉刀尾　5—手柄　6—舌　7—面齿

8—主锉纹　9—锉肩　10—边锉纹　11—锉刀端

2）锉刀的种类。按锉刀的齿纹不同，锉刀分为双齿纹锉、单齿纹锉；按锉刀的粗细，锉刀可分为粗齿锉、中齿锉、细齿锉、特细齿锉；按锉刀的用途，锉刀分为钳工锉、异形锉、整形锉，如图 7-26 所示；按锉刀的断面形状不同，钳工锉刀又可分为平锉、半圆锉、方锉、三角锉、圆锉，如图 7-27 所示；锉刀按每 10mm 锉面上齿数的多少划分，可分为粗齿锉、中齿锉、细齿锉和油光锉。

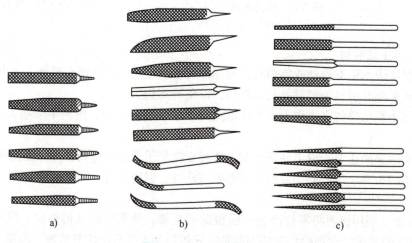

图 7-26　锉刀按用途分类

a）钳工锉　b）异形锉　c）整形锉

①粗齿锉。10mm 长度内齿数为 4~12，锉齿间距大，不易被堵塞，适宜粗加工或锉铜、铝等有色金属。

②中齿锉。10mm 长度内齿数为 13~23，锉齿间距适中，适用于粗锉后加工。

③细齿锉。10mm 长度内齿数为 30~40，适用于锉光表面或锉硬金属。

④油光锉。10mm 长度内齿数为 50~62，适用于精加工时修光表面。

通常以 10 把形状各异的锉刀为一组，用于修锉小型工件及某些难以进行机械加工的部位。

（3）锉削操作

1）手柄安装与拆卸如图 7-28 所示。

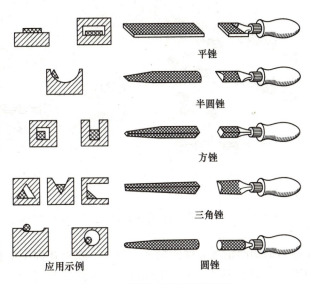

平锉

半圆锉

方锉

三角锉

应用示例　圆锉

图 7-27　按锉刀断面形状分类

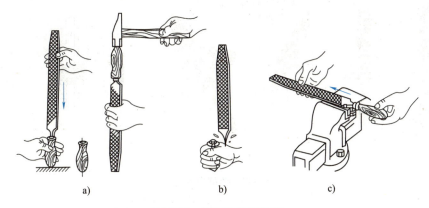

a)　　　　　　　b)　　　　　　　c)

图 7-28　手柄安装与拆卸

a）正确安装手柄　b）错误安装手柄　c）正确拆卸手柄

2）锉刀握法。如图 7-29 所示，使用大型锉刀（以平锉为例）时，应右手握锉刀手柄，左手压在锉刀的另一端，保持锉刀水平；使用中型锉刀时，因用力较小，用左手的大拇指和食指捏着锉刀的前端，引导锉刀水平移动；小型锉刀用右手握住即可。

3）锉削施力。刚开始往前推锉刀时，即开始位置，左手压力大，右手压力小。推进中，两力应逐渐变化，至中间位置时两力相等，再往前锉时右手压力逐渐增大，左手压力逐渐减小。这样使左右手的力矩平衡，锉刀保持水平运动。否则，开始阶段锉柄下偏，后半段时前段下偏，会形成前后低而中间凸起的表面。

4）锉削平面。锉削平面的方法有顺向锉法、交叉锉法和推锉法三种，如图 7-30 所示。

①顺向锉法。顺向锉是顺着同一个方向对工件进行锉削的方法。它是锉削方法中最基本的一种方法，它能得到正直的刀痕，比较整齐美观，适用于不大平面的锉削。

②交叉锉法。锉刀与工件接触面积大，锉刀容易掌握平稳，而且可从交叉的痕迹上判断

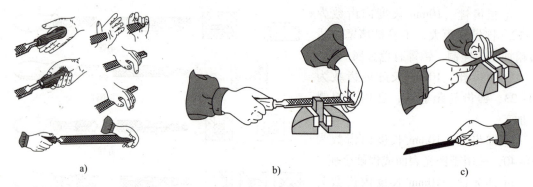

图 7-29　锉刀握法

a）大型锉刀握法　b）中型锉刀握法　c）小型锉刀握法

出锉刀的凹凸情况。锉削余量大时，一般可在锉削前阶段使用交叉锉法，以提高工作效率。当锉刀余量不多时，再改用顺锉法，使锉纹方向一致，得到较光滑的表面。

　　③推锉法。用于余量小或修光时，尤其适用于加工较窄的表面，以及顺向锉法锉刀前进受到阻碍的情况。

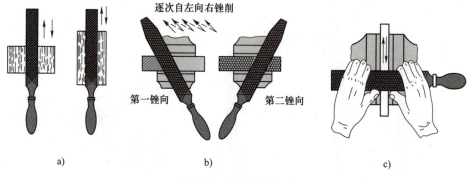

图 7-30　锉削平面方法

a）顺向锉法　b）交叉锉法　c）推锉法

　　5）锉削曲面

　　①外圆弧面的锉削。可在顺向锉的同时，使锉刀同时做上下摆动，或用横锉法先将其沿轮廓线锉出菱形后，再用前述法，如图 7-31 所示。

　　②内圆弧面的锉削。推动锉刀的同时，使锉刀绕内圆弧中心左右摆动，另外锉刀还绕自身中心转动，如图 7-32 所示。

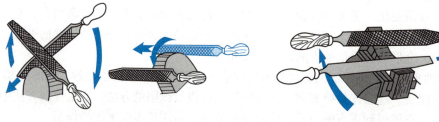

图 7-31　外圆弧面的锉削方法　　　　图 7-32　内圆弧面的锉削方法

③球面的锉削。锉刀完成外圆弧锉削复合运动的同时，还绕球心做周向摆动，如图7-33所示。

图 7-33 球面的锉削方法

（4）锉削质量的检查

1）用透光法检查锉出的平直度和垂直度。即用钢直尺和直角尺，向着光亮，如果透过一丝灰色、均匀的光线，则平面度和垂直度合格。

2）用钢直尺或卡尺检查零件的尺寸。

（5）锉刀使用及安全注意事项

1）不使用无柄或柄已裂开的锉刀，防止刺伤手腕。

2）不能用嘴吹铁屑，防止铁屑飞进眼睛。

3）锉削过程中，不要用手抚摸锉面，以防锉时打滑。

4）锉面堵塞后，用铜锉刷顺着齿纹方向刷去铁屑。

5）锉刀放置时，不应伸出钳台以外，以免碰落砸伤脚。

4. 锯削

（1）概念　用手锯锯断金属材料或在工件上锯出沟槽的操作称为锯削。锯削主要用于分割各种材料或半成品，锯掉工件上的多余部分，以及在工件上锯槽。

（2）锯削工具

1）锯弓。锯弓是用来张紧锯条的，锯弓分为固定式和可调式两类，如图7-34所示。

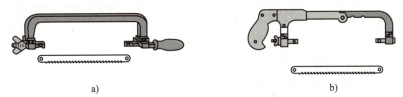

a)　　　　　　　　　　　　　　　　b)

图 7-34 锯弓的构造

a) 固定式　b) 可调式

2）锯条。锯条是直接锯削材料或工件的工具，一般由渗碳钢冷轧制成，也有用碳素工具钢或合金钢制造的。锯条的长度以两端装夹孔的中心距来表示，手锯常用的锯条长度为300mm、宽度为12mm、厚度为0.8mm。

（3）锯条的选择

1）锯条选用原则。锯条的选用原则一般为：①根据被加工工件尺寸精度选择。②根据加工工件的表面粗糙度选择。③根据被加工工件的大小选择。④根据加工工件的材质选择。

2）锯条的实际选用见表7-1。

表 7-1 锯条的实际选用

锯齿粗细	每 25mm 内的锯齿数（牙距）	应　　用
粗齿	14~18(1.8mm)	锯削部位较厚、材料较软
中齿	19~23(1.4mm)	锯削部位厚度中等、材料硬度中等
细齿	24~32(1.1mm)	锯削部位较薄、材料较硬

（4）锯削操作

1）安装锯条。锯削时向前推锯可以锯削，所以安装锯条时，锯齿尖应向前，锯条的安装方法如图7-35所示。

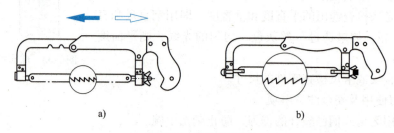

图7-35　锯条的安装

a）正确　b）错误

另外，锯条拉得不宜过紧和过松，过紧容易使锯条崩断，过松锯出的锯缝容易歪斜，一般是两个手指的力能把调整螺母旋紧为止。

2）工件安装。工件伸出钳口不能过长，以免锯削时产生振动。锯线应和钳口边缘平行，并夹在台虎钳左边，以便于操作。工件应夹紧，但要防止变形和夹坏已加工表面。

3）握锯方法。用右手握锯柄，左手压在锯弓前端。锯削时，右手主要控制推力，左手主要配合右手扶正锯弓，并施加压力，如图7-36所示。推锯时，应对锯弓加压力；回程时不可加压力，并将锯弓稍微起，以减少锯齿的磨损；当工件要锯断时，应减小压力，放慢速度，并用左手托起锯断的一端，防止锯断部分下落，砸伤脚趾。

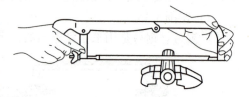

图7-36　握锯方法

4）起锯方法。起锯时，锯条应与零件表面稍倾斜一个角度 α（10°～15°，如图7-37所示），不宜太大，以防崩齿。另外，为防止锯条横向滑动，可以用拇指抵住锯条一侧，起锯时可以快速往复推锯，当锯出一个小的锯缝时，左手离开锯条，轻轻按住锯弓前端进行锯削。为保证起锯平稳、准确，可用拇指挡住锯条，使锯条保持在正确的位置。

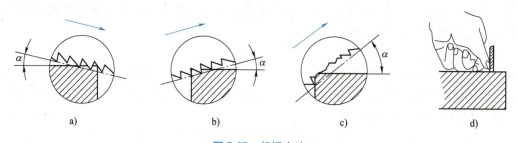

图7-37　起锯方法

a）远起锯　b）近起锯　c）起锯角太大　d）用拇指挡住锯条起锯

5）锯削方法。锯削时，锯弓做往复直线运动，不应出现摇摆，防止锯条断裂。向前推锯时，两手要均匀施加压力，实现切削；返回时，锯条要轻轻滑过加工表面，则两手不施加压力。锯削时，往复运动不宜过快，大约40～50次/min，并应使锯条全长的2/3部分参与锯削工作，以防锯条局部磨损，损坏锯条。锯削的操作姿势如图 7-38 所示。

另外，在锯削时，为保证润滑和散热，可适当添加润滑剂，如钢件用机油、铝件用水等。

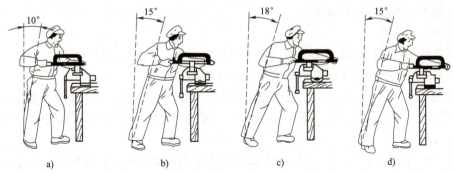

图 7-38 锯削的操作姿势

6）锯削的应用。

①扁钢、型钢锯削。在锯口处划一周圈线，分别从宽面的两端锯下，两锯缝将要连接时，轻轻敲击使之断裂分离。

②圆管锯削。选用细齿锯条，当管壁锯透后即将管子沿推锯方向转动适当角度，再继续锯削，依次转动，直至将管子锯断。

③棒料锯削。如果断面要求平整，则应从开始连续锯到结束；如果断面要求不高，则可分几个方向锯下，以减小锯切面，提高工作效率。

④薄板。锯削时应尽可能从宽面锯下，若必须从窄面锯下，可用两块木垫夹持，连同木垫一起锯下，也可把薄板直接夹在台虎钳上，用手锯做横向斜推锯。

⑤深缝锯削。当锯缝的深度超过锯弓高度时，应将锯条转 90°重新装夹，当锯弓高度仍不够时，可把锯齿向内装夹进行锯削。

7）锯削安全操作及注意事项。

①锯条松紧要适度。

②工件快要锯断时，施加给手锯的力要轻，以防突然断开砸伤人。

③应避免锯条折断。锯条折断原因：锯条安装过紧或过松；工件装夹不正确；锯缝歪斜过多，强行矫正；压力太大，速度过快；新换的锯条在旧的锯缝中被卡住，而造成折断。

5. 钻孔、扩孔、锪孔、铰孔

（1）孔的形成 绝大多数的机器，从制造每个零件到最后装配成机器，几乎都离不开孔，这些孔是先通过铸、锻、车、镗、磨，再经过钳工的钻、扩、铰、锪等加工形成。选择不同的加工方法所得到的精度、表面粗糙度值不同。合理的加工方法有利于降低成本，提高工作效率。

图 7-39 钻孔

（2）钻孔 用钻头在实心工件上加工孔称为钻孔，如图 7-39 所示。钻孔只能进行孔的粗加工（尺寸标准公差等级约为 IT12、表面粗糙度值约为 $Ra12.5$）。

1）切削运动。钻孔是依靠钻头与工件的相对运动进行切削的，其切削运动由主运动和进给运动组成。

①主运动：钻头的旋转运动。

②进给运动：使被切削金属继续投入切削地运动，即钻头的直线运动。

2）钻孔步骤。

①在划出的中心线上打样冲孔。

②变换主轴转速。

③刃磨钻头。依据材质刃磨钻头（必要时进行）。

④装夹钻头。根据钻头装夹部分的形状选择装夹工具。

⑤装夹工件与找正。钻孔时，钻头扭矩很大，所以工件不能直接用手拿，要用夹具将工具夹紧并找正。常用的夹具有三种：压板螺栓、平口虎钳、专用夹具（如钻模，用于大批生产）。

⑥按下进刀手柄（先开车），将钻头横刃对准样冲冲出的孔洞，先钻出一个小窝，如果位置很准确，即可继续钻孔；如果没对准中心，应进行修正。修正的方法是将样冲孔打得再大一些，移动零件与钻头横刃对准，用力要小，按下进刀手柄，直到与中心对准，再继续往下钻。

3）钻孔注意事项。

①钻孔前，应先把孔中心的样冲眼冲大一些，这样可使横刃预先落入样冲眼的锥坑中。

②钻孔时，为防止钻头退火，要加切削液。钢件要用机油或乳化液，铝件用水，铸铁件用煤油。

③钻孔时，为避免钻头偏离中心，应使钻尖对准钻孔中心（要在相互垂直的两个铅垂面方向上摩擦），先试钻。如果钻出的锥坑与划线的钻孔中心不同心，靠移动工件或移动钻床主轴（使用摇臂钻床钻孔时）及时予以调整。当试钻达到同心要求时，必须把钻床主轴中心正确固定下来，再继续钻孔。

④孔即将钻透时用力应减小。

⑤使用电钻钻孔时应注意以下几点。

a. 电钻在使用前，须开机空运转 1min，检查传动部分是否运转正常，如果有异常，应排除故障后再使用。

b. 使用的钻头必须锋利，后角应磨得稍大一些（8°~10°），顶角为 90°~100°。

c. 钻孔前，孔中心的样冲眼须冲得大一些，这样钻头就不易偏离中心。

d. 钻孔时，先试钻一浅坑，如果与所划的钻孔圆周线不同心，可依据钻进方向做适当调整，使偏离旋转中心较远的位置多切去一些，来找正中心。待试钻达到同心要求后才可继续钻，此时，两手用力要均匀，不宜用力过猛，钻进方向须与孔轴线保持一致。当孔将要钻穿时，应相应减小压力，以防事故发生。

（3）扩孔

1）概念及特点。用扩孔钻对已钻出的孔扩大加工称为扩孔。它常作为孔的半精加工（尺寸标准公差等级为 IT10，表面粗糙度值为 $Ra6.3$，加工余量为 0.5~4mm），如图 7-40 所示。

扩孔和钻孔的区别是：钻孔用的是麻花钻头，它有 2 个切削刃、1 个横刃，螺旋槽较深，麻花钻的刚度不好，容易弯曲、变形，钻孔精度

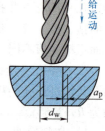

图 7-40　扩孔

低。而扩孔用的是扩孔钻，它有 3~4 个主切削刃，无横刃，螺旋槽较浅，钻心粗大，刚度好，不易变形。因此扩孔精度高于钻孔。

2）附件。

①钻夹头：用于装夹直柄钻头。

②过渡套筒：用于连接锥柄钻头。

③手虎钳：用于装夹小而薄的工件。

④平口钳：用于装夹加工过平面的工件。

⑤压板：用于装夹大型工件。

（4）锪孔　锪孔是用锪钻对工件上的已有孔进行孔口型面的加工，其目的是为保证孔端面与孔中心线的垂直度，以便使与孔连接的零件位置正确，连接可靠。

1）锪孔的种类。

①孔倒角用于锪圆锥形沉孔，如图 7-41a 所示。

②外圆倒角用于在圆柱上进行倒角，如图 7-41b 所示。

③锪沉孔用于锪圆柱沉孔，如图 7-41c 所示。无标准柱形锪钻时，可用标准麻花钻改制。

④锪凸台专门用于锪端面，如图 7-41d 所示。

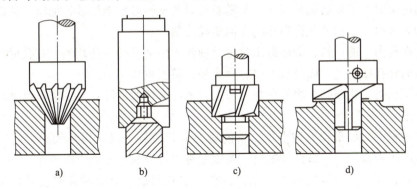

图 7-41　锪孔的种类

a）孔倒角　b）外圆倒角　c）锪沉孔　d）锪凸台

2）锪孔注意事项。

①避免刀具的动，保证锪钻具有一定的刚度。当麻花钻改制成锪钻时，要使刀具杆尽量短。

②防止扎刀，适当减小锪钻的后角和外缘处的前角。

③切削速度要低于钻孔的速度。精锪时，不可利用停车后的钻轴惯性来进行加工。

④锪钻钢件时，要对导柱和切削表面进行润滑。

⑤注意安全生产，确保刀杆和工件装夹可靠。

（5）铰孔　铰孔是用铰刀从工件壁上切除微量金属层，以提高其精度和表面质量（尺寸标准公差等级为 IT8~7，表面粗糙度值为 $Ra1.6~0.8$）。余量可根据孔的大小从手册中查取。

1）铰刀的种类。

①整体式圆柱铰刀。

②锥铰刀。

③螺旋槽手铰刀，如图7-42a所示。

④硬质合金机用铰刀，如图7-42b所示。

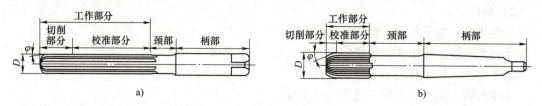

图 **7-42**　铰孔

a）螺旋槽手铰刀　b）硬质合金机用铰刀

2）铰刀的选择和注意事项。

①工件装夹时要夹紧，装夹时薄壁零件夹紧力不能过大，以免将孔夹扁，使其铰后变为非圆孔。

②手铰时，两手用力要平衡，旋转铰杠的速度要均匀，铰刀不得摇摆，以保持铰削的稳定性，避免在孔的进口处出现喇叭口。

③每次停歇时注意变换铰刀位置，以避免铰刀常在同一处停歇，而造成孔壁产生振痕。

④铰削进给时，不要猛地压铰杠，要随着铰刀的旋转轻轻地给铰杠加压，使铰刀缓慢引进孔内并均匀进给，以保证获得较小的表面粗糙度值。

⑤铰刀在孔内不能反转，即使退出时也要顺转。因为反转会使切屑卡在孔壁和刀齿的后面之间，从而将孔壁刮毛，而且铰刀也容易磨损，甚至发生崩刃。

⑥铰削钢料时，切屑碎末容易黏在刀齿上，要经常注意清除，并用磨石修光切削刃，以免孔壁被拉毛。

⑦铰削过程中，如果铰刀被卡住，不能猛力扳转铰杠，以防损坏铰刀，此时应取出铰刀，清除切屑，检查铰刀。继续铰削时，要缓慢进给，以防在原处再次卡住。

⑧机铰时，要在铰刀退出后再停车，否则孔壁有刀痕，退出时孔壁会被拉毛。铰通孔时，铰刀的校准部分不能全部出头，否则孔的下端会被刮坏，退出时也很困难。

⑨铰刀是精加工刀具，使用完毕要擦拭干净，涂上机油。放置时要保护好切削刃，避免与其他硬物碰撞而受到损伤。

（6）麻花钻头

1）麻花钻头的构造。麻花钻钻头分为直柄钻头和锥柄钻头，如图7-43所示。直柄钻头的直径在13mm以内，钻头直径大于13mm的一般都采用锥柄钻头。

a）　　　　　　　　　　　　　　　　b）

图 **7-43**　麻花钻头

a）直柄钻头　b）锥柄钻头

麻花钻头是应用最广的钻头，它由三个组成部分，如图 7-44 所示。

　　①柄部。柄部是被机床或电钻夹持的部分，用于传递扭矩和轴向力。锥柄的扁尾既能增加传递的扭矩，又能避免工作时钻头打滑，还能供拆钻头时敲击之用。

　　②颈部。颈部位于柄部和工作部分之间，其作用是磨削钻头时，供砂轮退刀用，还可刻印商标和规格。

　　③工作部分。工作部分是钻头的主要部分，由切削部分和向导部分组成。切削部分主要承担切削工作。

　　2）钻头的装拆。

　　①直柄钻头的装拆。直柄钻头用钻夹头夹持，先将钻头柄塞入钻夹头的三卡爪内，夹持长度要大于 15mm，然后用钻头钥匙旋转外套而夹紧，如图 7-45 所示。

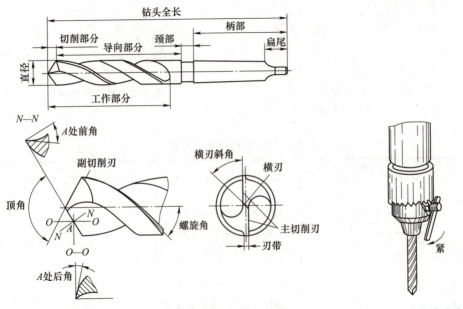

图 7-44　麻花钻头的结构　　　　　　　　图 7-45　直柄钻头夹持

　　②锥柄钻头的装拆。锥柄钻头用柄部的莫氏锥体直接连接主轴。连接时必须擦干净钻头锥柄和主轴锥孔，并且矩形舌部的长向与主轴腰形孔中心线方向一致，利用加速冲力一次装夹，如图 7-46a 所示。当钻头锥柄小于主轴锥孔时，可加过渡套连接，如图 7-46b 所示。套筒内钻头和在钻床主轴上钻头的拆卸是用楔铁打入腰形孔，使钻头或套筒与主轴分离，如图 7-46c 所示。

7.2.3　钳工实操训练

1. 训练任务

训练任务为制作如图 7-47 所示的锤子零件。

2. 训练步骤

锤子制作的训练步骤见表 7-2。

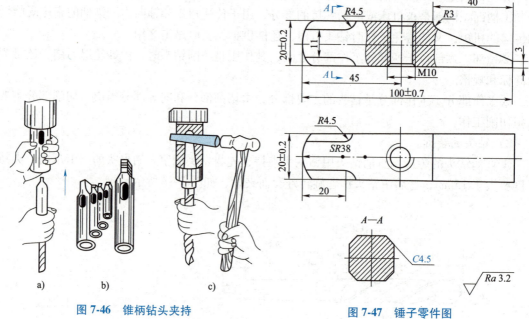

图 7-46　锥柄钻头夹持

a）钻头装入　b）过渡套　c）钻头拆卸

图 7-47　锤子零件图

表 7-2　锤子制作的训练步骤

制作步骤	加工简图	加工内容	工具、量具
1. 备料		锻、刨或铣出规格（长×宽×高）为 104mm × 22mm × 22mm 的方料，并退火	—
2. 锉削		锉削六个面，要求各面平直，对面平行，邻面垂直，长度为（100±0.7）mm，宽、高尺寸皆为（20±0.2）mm	粗齿平锉、游标卡尺、直角尺、塞尺
3. 划线		按零件图尺寸划出全部加工界线，打上样冲眼	游标高度卡尺、划规、划针、样冲、划针盘、钢直尺、锤子
4. 锉削		锉削五个圆弧。圆弧半径应符合图样要求	圆锉刀、半径样板

（续）

制作步骤	加工简图	加工内容	工具、量具
5. 锯削		锯削斜面，要求锯痕平整	钢锯
6. 锉削		锉削四边斜角平面、大斜平面及大端球面	粗、中齿平锉刀，半径样板
7. 钻孔		钻通孔，并锪倒角	ϕ9mm 麻花钻、90° 锪孔钻
8. 攻螺纹		攻内螺纹	M10 丝锥、脚手架
9. 修光	—	用细平锉和砂布修光各平面，用圆锉和砂布修光各圆弧面	细平锉、圆锉、砂布

思考与训练

7-1　为什么零件加工前常要划线？能不能依靠划线直接确定零件加工的最后尺寸？

7-2　如何选择划线基准？如何找正工件的水平位置和垂直位置？

7-3　如何选择锯条？试分析锯条崩齿、折断的原因。

7-4　锯条折断后，换上新锯条，能否在原锯缝中继续锯削？为什么？

7-5　锯削圆管和薄壁件时，为什么容易断齿？应怎样锯削？

7-6　交叉锉、顺向锉、推锉三种方法各有什么优点？怎样选用？

7-7　为什么锉削平面经常产生凹凸缺陷？怎样克服？

7-8　为什么孔即将钻穿时，容易产生钻头卡住不转或折断的现象？怎样解决？

7-9　试钻时，浅坑中心偏离准确位置，应如何纠正？

7-10　车床钻孔和钻床钻孔在切削运动、钻削特点和应用上有何差别？

7-11　在塑性材料和脆性材料上攻螺纹时，螺纹底孔直径是否相同？为什么？

7-12　攻螺纹、套螺纹时为什么要经常反转丝锥、板牙？

7-13　丝锥为何要两个或三个一组？攻通孔和不通孔螺纹时，是否都要用头锥和二锥？为什么？

7-14　攻不通孔螺纹时，如何确定孔的深度？

第8章 车削训练

【内容提要】 本章主要介绍车削相关知识（车削加工的工艺特点及加工范围；车床的种类、组成及其作用；车床的型号、组成及功能，车床的保养；车刀材料，车刀种类，车刀用途，车刀的刃磨，车刀的安装方法；工件装夹方法，常用附件的结构、用途及其使用方法）及车削实操训练（车削安全操作规程；车外圆、车端面、车倒角、车台阶轴、切槽及切断、螺纹车削等基本操作）等内容。

【训练目标】 通过本章内容的学习，学生应了解车削加工的工艺特点及加工范围；熟悉车床的种类、组成及其作用；熟悉车床的型号、组成及功能，学会车床的保养；熟悉车刀材料，车刀种类、用途，学会车刀的刃磨，掌握车刀及工件的安装方法；掌握外圆、端面、倒角、台阶轴、切槽及切断、螺纹加工方法；掌握车削操作基本技能。

8.1 车削相关知识

8.1.1 车削概述

1. 车削的基本概念

车工是机械加工中最常见的一个工种，车床约占各类机床总数的一半。无论是成批大量生产，还是单件、小批量生产，以及在机械维修方面，车削加工都占有重要的地位。

（1）工作运动 在切削过程中，为切除多余的金属，必须使工件和刀具做相对的工件运动。按其作用，工作运动可分为主运动和进给运动两种。

1）主运动。它是机床的主要运动，它消耗机床的主要动力。车削时，工件的旋转运动是主运动。通常主运动的速度较快。

2）进给运动。它是使工件的多余材料不断被去除的工作运动（刀具直线移动）。如车外圆时的纵向进给运动、车端面时的横向进给运动等。

（2）工件上形成的表面 车刀切削工件时，在工件上形成已加工表面、过渡表面和待加工表面，如图8-1所示。

1）已加工表面。它是工件上经刀具切削后产生的表面。

2）过渡表面。它是工件上由切削刃形成的表面。

3）待加工表面。它是工件上有待切除的表面。

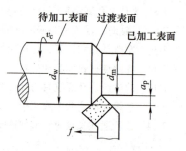

图 8-1 车削时工件上形成的表面

2. 车削的工艺特点

（1）易于保证零件各加工面的位置精度 车削时，零件各表面具有相同的回转轴线（车床主轴的回转轴线），一次装夹中可加工同一零件的外圆、内孔、端平面、沟槽等。能保证各外圆轴线之间及外圆与内孔轴线间的同轴度要求。

（2）生产率较高 除了车削断续表面，一般情况下车削是连续进行的，不像铣削和刨削，在一次走刀过程中刀齿多次切入和切出，产生冲击。当车刀几何形状、背吃刀量和进给量一定时，切削层公称横截面积不变，切削力变化很小，可采用高速切削和强力切削，生产率高，车削加工既适于单件、小批量生产，也适宜大批量生产。

（3）生产成本较低 车刀是刀具中最简单的一种，制造、刃磨和安装均较方便，故刀具费用低，车床附件多，装夹及调整时间较短，加之切削生产率高，故车削成本较低。

（4）适于车削加工的材料广泛 除了难以切削的 30HRC 以上高硬度的淬火钢件，可以车削黑色金属、有色金属及非金属材料（有机玻璃、橡胶等），特别适合有色金属零件的精加工。因为某些有色金属零件材料的硬度较低、塑性较大，若用砂轮磨削，软的磨屑易堵塞砂轮，难以得到表面粗糙度值较小的表面。因此，当有色金属零件表面粗糙度值要求较小时，不宜磨削，而要用车削或铣削等方法精加工。

3. 车削的应用

由于车削比其他的加工方法应用普遍，一般的机械加工车间中，车床往往占机床总数的 20%~50%甚至更多。

在车床上使用不同的车刀或其他刀具时，可以加工各种回转表面，如内外圆柱面、内外圆锥面、螺纹、沟槽、端面和成形面等，如图 8-2 所示。加工尺寸标准公差等级可达 IT8~IT7，表面粗糙度值为 $Ra1.6~0.8\mu m$。

8.1.2 车床

1. 车床的分类

车床的种类很多，按结构及用途不同可分为卧式车床、立式车床、转塔车床、多刀车床、仿形车床、单轴车床、多轴棒料自动车床、数控车床、曲轴及凸轮车床等。各种车床中，卧式车床是用途最广的一种通用车床，它的传动和结构也很典型，企业生产中使用最多的也是卧式车床。

2. 车床的型号

（1）机床型号 按 GB/T 15375—2008《金属切削机床 型号编制方法》规定，机床型号由汉语拼音字母和阿拉伯数字组成。车床的型号很多，下面以 CA6140 为例介绍字母与数字的含义。

"C"是机床的类代号，表示车床；A 表示结构特性；"6"是机床的组代号，表示卧式车床组；"1"是机床的系代号，表示卧式车床系；"40"是机床的主参数，表示床身上工件的最大回转直径为 400mm 的 1/10。若不加说明，本书所指的车床均为 CA6140 车床。

（2）机床的类代号 机床的类代号是用大写的汉语拼音表示，如车床用"C"表示，钻床用"Z"表示。具体的常见类代号见表 8-1。

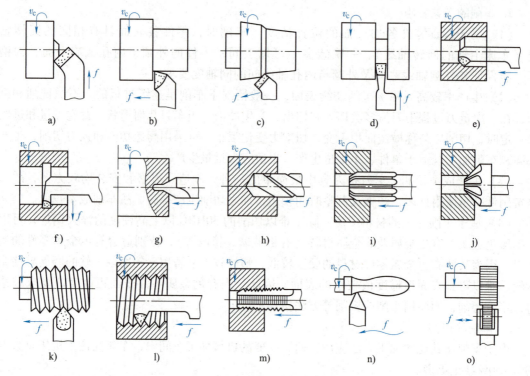

图 8-2　车床加工的典型零件

a) 车端面　b) 车外圆　c) 车外锥面　d) 切槽、切断　e) 车孔　f) 切内槽　g) 钻中心孔　h) 钻孔
i) 铰孔　j) 锪锥孔　k) 车外螺纹　l) 车内螺纹　m) 功螺纹　n) 车形成面　o) 滚花

表 8-1　机床的类代号

类别	车床	钻床	磨床			铣床	刨插床	拉床	锯床	镗床	其他机床
代号	C	Z	M	2M	3M	X	B	L	G	T	Q
读音	车	钻	磨	二磨	三磨	铣	刨	拉	割	镗	其

（3）机床的组、系代号　每类机床划分为十个组，每个组又划分为十个系，用阿拉伯数字表示，位于类代号或通用特性代号之后。

（4）机床的主参数和第二主参数　机床的主参数用折算值（主参数乘以折算系数）表示，位于组、系代号之后。它反映机床的主要技术规格，主参数的尺寸单位是 mm。如 CA6140 车床，主参数的折算值为 40、算系为 1/10，即主参数（床身上最大工件回转直径）为 400mm。最大工件长度表示主轴顶尖到尾架顶尖之间的最大距离，它是车床的第二主参数。有 750mm、1000mm、1500mm、2000mm 四种。

3. 车床的组成及其功能

车床的组成部分有：主轴箱、进给箱、溜板箱、刀架、光杠、丝杠、操作杆、刀架、尾座、床身等。图 8-3 所示为 CA6140 车床的外形图。

（1）主轴箱　主轴（spindle）是机床中带动工件或加工工具旋转的轴。主轴箱内装有主轴和主轴变速机构。电动机的输出转矩经 V 带传动传给主轴箱，通过改变设在主轴箱外面的手柄位置，可使主轴获得 12 种不同的转速（37～1600r/min）。主轴是空心结构，主轴

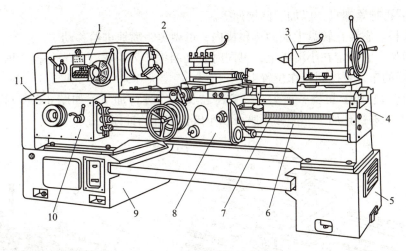

图 8-3 CA6140 车床的外形图

1—主轴箱 2—刀架 3—尾座 4—床身 5、9—床腿 6—光杠 7—丝杠 8—溜板箱 10—进给箱 11—挂轮箱

孔的最大直径为 29mm。主轴的右端有外螺纹，用以连接卡盘、拨盘等附件。主轴右端的内表面是莫氏 5 号锥孔，可插入锥套和顶尖，当采用顶尖并与尾座中的顶尖同时使用安装轴类工件时，其两顶尖之间的最大距离为 750mm。

主轴箱的另一重要作用是将运动传给进给箱，并可改变进给方向。电动机的输出转矩传递给主轴后，主轴又通过传动齿轮带动挂轮旋转，将运动传给进给箱。

（2）进给箱 进给箱内装有进给运动的变速机构。它固定在主轴箱下部的床身前侧面。变换进给箱外面的手柄位置，可将主轴箱内主轴传递的运动，转为进给箱输出的光杠或丝杠获得不同的转速，以改变进给量的大小或车削不同螺距的螺纹。纵向进给量为 0.043～2.37mm/r，横向进给量为 0.04～2.1mm/r；可车削 17 种米制螺纹（螺距为 0.5～9mm）和 32 种寸制螺纹（每英寸 2～38 牙）。可按所需的进给量或螺距调整其变速机构，改变进给速度。

（3）溜板箱 溜板箱是车床进给运动的操纵箱。它使光杠或丝杠的旋转运动，通过齿轮和齿条或丝杠和开合螺母，推动车刀做进给运动。溜板箱上有 3 层滑板，当接通光杠时，可使床鞍带动中滑板、小滑板及刀架沿床身导轨做纵向移动；中滑板可带动小滑板及刀架沿床鞍上的导轨做横向移动。故刀架可做纵向或横向直线进给运动。当接通丝杠并闭合开合螺母时，可车削螺纹。溜板箱内设有互锁机构，使光杠、丝杠两者不能同时使用。

（4）光杠和丝杠 光杠和丝杠的作用是将进给箱的运动传给溜板箱。自动走刀用光杠，车削螺纹用丝杠。

（5）操作杆 操作杆是车床的控制机构，在操作杆左端和拖板箱右侧各装一个手柄，操作时可以很方便地操纵手柄以控制车床主轴正转、反转或停车。

（6）刀架 它是用来装夹车刀，并可做纵向、横向及斜向运动的。刀架是多层结构，如图 8-4 所示，其主要组成部分如下：

1）床鞍。它与溜板箱牢固相连，可沿床身导轨做纵向移动。

2）中滑板。它装置在床鞍顶面的横向导轨上，可做横向移动。

3）转盘。它固定在中滑板上，松开紧固螺母后，可转动转盘，使它和床身导轨呈一定的角度，而后再拧紧螺母，以加工圆锥面等。

4）小滑板。它装在转盘上面的燕尾槽内，可做短距离地进给移动。

5）方刀架。它固定在小滑板上，可同时装夹四把车刀。松开锁紧手柄，即可转动方刀架，把所需要的车刀更换到工作位置上。

（7）尾座　它用于安装后顶尖，以支持较长工件进行加工，如图 8-5 所示，或安装钻头、铰刀等刀具进行孔加工。偏移尾座可以车出长工件的锥体。

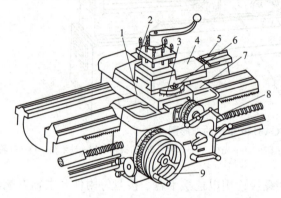

图 8-4　车床刀架结构

1—中滑板　2—方刀架　3—转盘　4—小滑板　5—小滑板手柄
6—固定螺钉　7—床鞍丝杠　8—中滑板手柄　9—手轮

图 8-5　车床尾座

1—顶尖套筒　2—套筒锁紧手柄
3—尾座锁紧手柄　4—手轮
5—尾座体　6—底座

（8）床身　它是车床的基础件，用来连接各主要部件并保证各部件在运动时有正确的相对位置，床身上有供溜板箱和尾座移动用的导轨。

（9）挂轮箱　它用于把主轴的转动传给进给箱。调换箱内的齿轮并与进给箱配合，可以车出不同螺距的螺纹。

（10）附件　它包括中心架和跟刀架。车削较长工件时，中心架和跟刀架起支撑作用，分别如图 8-6 和图 8-7 所示。

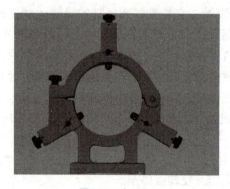

图 8-6　中心架

图 8-7　跟刀架

4. 车床的润滑和一级保养

（1）车床的润滑　要使车床正常运转并减少磨损，必须对车床上所有的摩擦部分进行润滑。常用的润滑方式有以下几种：

1）浇油润滑。该润滑方式是将车床外露的滑动表面，如床身导轨面、中滑板导轨面、小滑板导轨面等，擦拭后用油壶浇油润滑。

2）溅油润滑。主轴箱内的零件一般利用齿轮转动时把润滑油飞溅到各处进行润滑。

3）油绳润滑。该润滑方式是用毛线绳浸在油槽中，利用毛细管作用把油引到所需的润滑处，如车床进给箱就是利用油绳润滑的。

4）弹子油杯润滑。尾座及中、小滑板摇动手柄转动轴承处，一般采用弹子油杯润滑。润滑时，用油嘴把弹子掀下，滴入润滑油。

5）黄油（油脂）杯润滑。车床挂轮架的中间齿轮，一般采用黄油杯润滑。先在黄油杯中装满工业润滑脂，拧紧油杯盖后，将润滑油挤到轴承套内。

6）油泵循环润滑。该滑润方式是依靠车床内的油泵供应充足的油来润滑。

（2）车床的一级保养　当车床运转 500h 后，需要进行一级保养。保养时，必须首先切断电源，然后进行保养工作。具体保养内容和要求如下：

1）外保养。清洗车床外表及各罩盖，保持内外清洁，无锈蚀，无油污；清洗长丝杠、光杠和操纵杆；检查并补齐螺钉、手柄、手柄球，清洗机床附件。

2）主轴箱。清洗过滤器，使其无杂物，检查主轴并检查螺母有无松动，紧固螺钉是否锁紧；调整摩擦片间隙及制动器。

3）溜板及刀架。清洗刀架，调整中、小滑板的镶条间隙；清洗、调整中滑板、小滑板和丝杠的螺母间隙。

4）挂轮箱。清洗齿轮、轴套并注入新油脂；调整齿轮啮合间隙；检查轴套有无晃动。

5）尾座。清洗尾座，保持尾座套筒内、外清洁。

6）冷却润滑系统。清洗冷却泵、过滤器、盛液盘，疏通油路，油孔、油绳、油毡清洁且无铁屑；检查油质并保持良好，油杯齐全，油窗明亮。

7）电气部分。切断电源，清扫电动机、电气箱，使电气装置固定整齐。

8.1.3 车刀

1. 车刀材料

车刀大多使用硬质合金刀具材料，在某些情况下也使用工具钢、高速钢等材料。

（1）高速钢　高速钢是一种高合金钢，俗称白钢、锋钢、风钢等。其强度、冲击韧度、工艺性很好，是制造复杂形状刀具的主要材料。高速钢的耐热性不高，640℃ 左右时硬度下降，不能高速切削。

（2）硬质合金　硬质合金采用耐热性高和耐磨性好的碳化物，以钴为黏接剂，采用粉末冶金的方法压制成各种形状的刀片，然后用铜钎焊的方法焊在刀头上作为切削刀具的材料。硬质合金的耐磨性和硬度比高速钢高得多，但塑性和冲击韧度不及高速钢。

（3）其他刀具材料　如陶瓷刀具，单点金刚石车刀、金刚石涂层车刀，以及 CBN（立方氮化硼）车刀等也得到了广泛的应用。

2. 车刀的结构

车刀是形状最简单的单切削刃刀具，其他各种复杂刀具都可以看作是车刀的组合和演变，有关车刀结构和车刀角度的内容已在 6.2.2 和 6.2.3 节中介绍，这里不再赘述。

3. 车刀的种类及用途

（1）常用车刀种类　按用途的不同可将车刀分为端面车刀、外圆车刀、切断（切槽）

刀、螺纹车刀、成形车刀及内孔车刀（镗孔刀、内切槽刀、内螺纹刀），如图 8-8 所示。

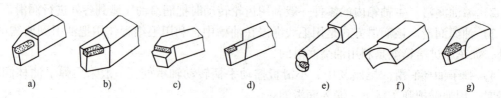

a)　　　　　b)　　　　　c)　　　　　d)　　　　　e)　　　　　f)　　　　　g)

图 8-8　常用车刀种类

a）90°车刀　b）75°车刀　c）45°车刀　d）切断刀　e）内孔车刀　f）成形刀　g）螺纹车刀

（2）常用车刀用途。常用车刀如图 8-9 所示，其用途如下：

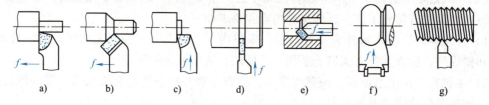

a)　　　　　b)　　　　　c)　　　　　d)　　　　　e)　　　　　f)　　　　　g)

图 8-9　常用车刀用途

a）90°车刀　b）75°车刀　c）45°车刀　d）切断刀　e）内孔车刀　f）成形刀　g）螺纹车刀

1）90°车刀。该车刀主要适用于车削工件外圆、端面和台阶。

2）75°车刀。该车刀主要适用于粗车轴类工件的外圆和强力切削铸件、锻件等。

3）45°车刀。该车刀主要适用于车削工件端面、倒角及没有台阶的轴类零件的外圆粗加工。

4）切断（切槽）刀。切槽刀主要用于切槽，切断刀主要用于切断工件。

5）螺纹车刀。该车刀主要用于车削螺纹。

6）内孔车刀（镗孔刀、内切槽刀、内螺纹刀）。该车刀分别用于镗内孔、车内槽、车内螺纹。

7）成形车刀。该车刀主要用于车削成形面。

4. 车刀的刃磨

对于整体车刀和焊接车刀，用钝后必须通过砂轮机刃磨以恢复车刀原来的形状和角度。磨高速钢车刀或磨硬质合金车刀的刀体部分用白刚玉（氧化铝）砂轮，磨硬质合金刀头用绿色碳化硅砂轮。

（1）车刀刃磨的步骤　如图 8-10 所示，首先磨主后面，同时磨出主偏角 κ_r 及主后角 α_o；其次磨副后面，同时磨出副偏角 κ'_r 及副后角 α'_o；接着磨前面，同时磨出前角 γ_o，并在前面上磨出断屑槽；最后修磨各刀面及刀尖，在主切削刃与副切削刃之间磨刀尖圆弧，以提高刀尖强度和改善散热条件。

（2）车刀刃磨的姿势及方法

1）人站立在砂轮机的侧面，以防砂轮碎裂时，碎片飞出伤人。

2）两手握刀的距离不能太近，两肘夹紧腰部，以减小磨刀时的抖动。

3）磨刀时，车刀要放在砂轮的水平中心，刀尖略向上翘 3°~8°，车刀接触砂轮后应做左右方向水平移动。当车刀离开砂轮时，车刀须向上抬起，以防磨好的切削刃被砂轮碰伤。

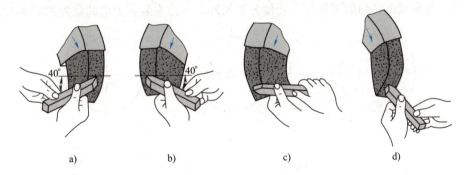

图 8-10 刃磨外圆车刀的一般步骤

a）磨主后面 b）磨副后面 c）磨前面 d）磨刀尖圆弧

4）磨后面时，刀杆尾部向左偏过一个主偏角的角度；磨副后面时，刀杆尾部向右偏过一个副偏角的角度。

5）修磨刀尖圆弧时，通常以左手握车刀前端为支点，用右手转动车刀的尾部。

（3）车刀刃磨的注意事项

1）检查砂轮有无裂纹，砂轮轴螺母是否拧紧，试转后使用，以免砂轮碎裂或飞出伤人。

2）不要正对砂轮的旋转方向站立，而应站在砂轮的侧面，以防意外。

3）刃磨刀具不能用力过大，否则会使手打滑而触及砂轮面，造成工伤事故。

4）磨刀时应戴防护眼镜，以免砂粒和铁屑飞入眼中。如果砂粒飞入眼中，不能用手去擦，应立即去保健室清除。

5）砂轮必须装有防护罩。

6）磨刀用的砂轮，不准磨其他物件。

7）砂轮托架与砂轮之间的间隙不能太大（一般为 1～2mm），否则容易使车刀嵌入而挤碎砂轮，从而引发重大事故。

8）刃磨硬质合金车刀时不能加水冷却，因为硬质合金是高硬度的脆性材料，不能承受热冲击，刃磨时，其局部会有温度聚集，又不能像高速钢那样快速散热，如果突然遇冷水，则相当于淬火处理，容易碎裂。但高速钢却正相反，要时常用水来降温。

5. 车刀的安装

车刀必须正确牢固地安装在刀架上，安装车刀应注意下列几点：

1）刀头不宜伸出太长，否则切削时容易产生振动，影响工件加工精度和表面质量。一般刀头伸出长度不超过刀杆厚度的 1.5 倍，能看见刀尖车削即可。

2）刀尖应与车床主轴中心线等高，一般使用垫刀片来调整刀尖的高度。刀尖的高低，可根据尾座顶尖高低来调整，刀尖应对齐尾座顶尖，如图 8-11 所示。车刀如果装得太高，后角减小，则车刀的主后面会与工件产生强烈摩擦；车刀如果

图 8-11 刀尖与尾座顶尖对齐

装得太低，前角减小，切削不顺利，会使刀尖崩碎。车刀安装后刀尖的位置如图 8-12 所示。

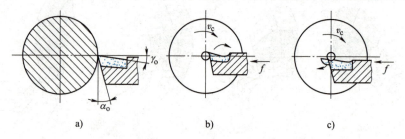

图 8-12　车刀安装后刀尖位置

a）刀尖与工件轴线等高　b）刀尖与低于工件轴线　c）刀尖高于工件轴线

3）刀杆应与工件的轴线垂直，其底面应平放在刀架上。刀杆应垫平，垫片的数量一般以 1~3 片为宜，并尽可能用厚垫片，以减少垫片数量。调整好刀尖高度后，至少用 2 个四角螺钉交替压紧车刀。

4）锁紧方刀架，注意检查在加工极限位置时是否会产生干涉或碰撞。

车刀的正确安装如图 8-13a 所示，错误安装如图 8-13b 所示。

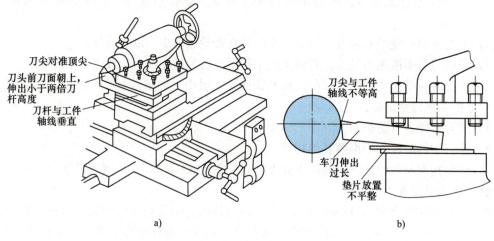

图 8-13　车刀的安装

a）正确安装　b）错误安装

8.1.4　工件装夹

车床主要用于加工回转表面。安装工件时，应使待加工表面的回转中心和车床主轴的中心线重合，以保证工件位置准确；同时还要把工件卡紧，以承受切削力，保证工作安全。在车床上常用的装夹附件有自定心卡盘、单动卡盘、顶尖、中心架、跟刀架、心轴、花盘和弯板等。

1. 自定心卡盘装夹工件

自定心卡盘是车床上最常用的附件，如图 8-14 所示。转动小锥齿轮时，可使与它相啮合的大锥齿轮随之转动，大锥齿轮背面的平面螺纹就使三个卡爪同时缩向中心或张开，以夹紧不同直径的工件。由于三个卡爪同时移动并能自行对中（对中精度为 0.05 ~ 0.15mm）。

故自定心卡盘适合快速夹持截面为圆形、正三边形、正六边形的工件。自定心卡盘还附带三个"反爪",换到卡盘体上即可夹持直径较大的工件。

2. 单动卡盘装夹工件

单动卡盘（图 8-15）的四个卡爪通过四个调整螺杆独立移动,因此用途广泛。它不但可以安装截面是圆形的工件,还可以安装截面是方形、长方形、椭圆或其他不规则形状的工件。此外,单动卡盘比自定心卡盘的夹紧力大,因此也可安装较重的圆形截面工件。

图 8-14 自定心卡盘　　　　　　　　图 8-15 单动卡盘

3. 其他装夹方式

（1）两顶尖装夹　对于较长或必须多次装夹才能加工好的工件,如长轴、长丝杠等的车削,或工序较多,在车削后还要铣削或磨削加工的,为保证每次装夹时的装夹精度（如同轴度要求）,可用两顶尖装夹,如图 8-16 所示。两顶尖装夹工件方便,不需要找正,装夹精度高。

（2）一顶一夹式装夹　用两顶尖装夹工件虽然精度很高,但刚性较差,影响切削精度。因此,车削一般轴类工件,尤其是较重的工件,不能用两顶尖装夹,而用一夹一顶装夹,如图 8-17 所示。一夹一顶装夹必须先在工件的端面钻出中心孔。

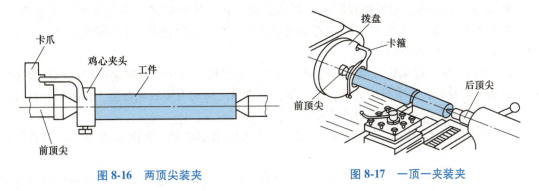

图 8-16 两顶尖装夹　　　　　　　　图 8-17 一顶一夹装夹

🔵 8.2 车削实操训练

8.2.1 车削安全操作规程

1）进入工作场地必须穿戴工作服。操作时不准戴手套,女同学须戴工作帽。

2）开车前先检查各手柄位置是否正确,避免机床事故。

3）开车前将需要注润骨油的地方加注润滑油。

4）冬季要开空车转 3~5min。

5）装夹工件必须牢固，卡盘扳手必须随手取下，以免开车时飞出伤人。

6）切削时，应在刀架斜后方观察切削情况，禁止将头部正对旋转方向。时刻注意切屑流向，不得随意离开机床，不准用手扯拉切屑。

7）高速切削时应戴眼镜，学生实习一般不使用高速切削。

8）必须停车变速，加工时严禁触摸、测量、擦拭工件或刀具。

9）使用锉刀时，必须右手在前、左手握柄。

10）机床导轨上严禁放工具、刀具、量具及工件。

11）工作结束后，将各手柄摇到零位，关闭总电源开关，将工、卡、量具擦净放好，擦净机床，使工作场地清洁、整齐。

8.2.2　车削基本操作

1. 外圆车削

外圆车削如图 8-18 所示。

（1）粗车和精车

1）粗车。粗车的目的是尽快切去多余的金属层，使工件接近最后的形状和尺寸。粗车后应留下 0.5~1mm 的加工余量。

2）精车。精车是切去余下少量的金属层以获得零件所求的精度和表面质量，因此背吃刀量较小，为

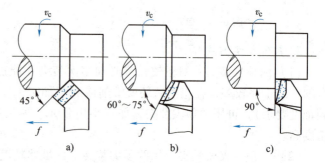

图 8-18　外圆车削

a) 45°弯头车刀车削　b) 60°~75°外圆刀车削　c) 90°偏刀车削

0.1~0.2mm，切削速度则可用较高或较低速，初学者可用较低速。为提高工件表面质量，用于精车的车刀的前、后面应采用油石加机油磨光，有时刀尖磨成一个小圆弧。

（2）手动进给车削外圆

1）车削方法。移动床鞍至工件右端，用中滑板控制进刀深度，摇动小滑板丝杠或床鞍纵向移动车削外圆，一次进给完毕，横向退刀，再纵向移动刀架或床鞍至工件右端，进行第二、第三次进给车削，直至符合图样要求。

2）车削前的试切。车削外圆时，通常要进行试切和试测量，如图 8-19 所示。其具体方法如下：

①开车对刀，使车刀与工件表面微接（图 8-19a）；②向右退出车刀（图 8-19b）；③横向进刀 a_{p_1}（图 8-19c）；④切削纵向长度 1~3mm（图 8-19d）；⑤退出车刀，进行测量（图 8-19e）；⑥如果尺寸不合格，再进刀 a_{p_2}（图 8-19f）。

以上是试切的一个循环，如果尺寸还大，则进刀仍按以上循环进行试切，如果尺寸合格，就按确定下来的切深将整个表面加工完毕。

3）中拖板刻度盘使用。车削工件时，为正确迅速地控制背吃刀量，可以利用中拖板上的刻度盘。中拖板刻度盘安装在中拖板丝杠上。当摇动中拖板手柄带动刻度盘转一周时，中拖板丝杠也旋转一周。这时，固定在中拖板上与丝杠配合的螺母沿丝杠轴线方向移动了一个螺距。因此，安装在中拖板上的刀架也移动了一个螺距。如果中拖板丝杠螺距为 4mm，当

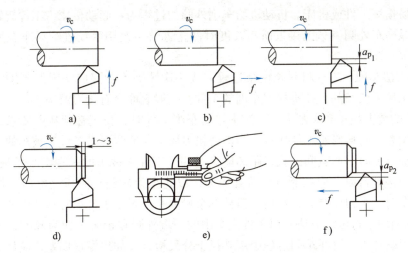

图 8-19　试切的步骤

手柄转一周时，刀架就横向移动 4mm。若刻度盘圆周上等分 200 格，则当刻度盘转过 1 格时，刀架就移动了 0.02mm。

使用中拖板刻度盘控制背吃刀量时应注意的事项如下：

①由于丝杠和螺母之间有间隙存在，因此会产生空行程（即刻度盘转动，而刀架并未移动）。使用时必须慢慢地把刻度盘转到所需的位置，否则会旋转过头（图 8-20a）。若不慎多转过几格，不能只简单地退回几格（图 8-20b），必须向相反方向退回全部空行程，再转到所需位置（图 8-20c）。

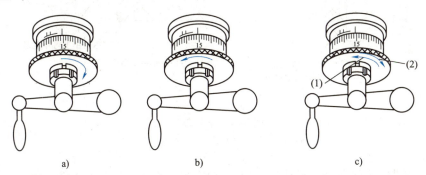

图 8-20　手柄摇过头后的纠正方法

a）旋转过头，未对准 15　b）错误：直接返回到 15　c）正确：先退回半圈，再进至 15

②由于工件是旋转的，使用中拖板刻度盘时，车刀横向进给后的切除量刚好是背吃刀量的 2 倍，因此要注意，当工件外圆余量测得后，中拖板刻度盘控制的背吃刀量是外圆余量的 1/2，而小拖板的刻度值，则直接表示工件长度方向的切除量。

4）长度的保证。为确保外圆的车削长度，通常先采用刻线痕法，后采用测量法进行，即在车削前根据需要的长度，用钢直尺、样板或卡尺及车刀刀尖在工件表面刻一条线痕，然后根据线痕进行车削，车削完毕后，再用钢直尺或其他工具复测。

（3）机动进给车削外圆　机动进给有很多优点，如操作力、进给均匀，加工后工件表面粗糙度值小等。但机动进给是机械传动，操作者对车床手柄位置必须相当熟悉，否则在紧急情况下容易损坏工件或机床。机动进给车削外圆的过程为：起动机床，工件旋转→试切→机动进给→纵向车外圆→车至接近所需长度时停止进给→改用手动进给→车至所需长度尺寸→退刀→停车。

（4）接刀法车削　工件材料长度余量较大或一次装夹不能完成切削的光轴，通常采用调头装夹再用接刀法车削，掉头接刀车削的工件，一般表面会有接刀痕迹。

1）工件的装夹找正和车削方法。装夹接刀车削工件时，找正必须从严要求，否则会造成表面接刀偏差，直接影响工件质量。为保证接刀质量，通常要求工件先被车的一端要车得长一些，调头装夹时，两点间的找正距离应大一些。工件先被车的一端精车至最后一刀时，车刀不能直接碰到台阶，应在靠近台阶处停刀，以防车刀碰到台阶后突然增大切削量而扎刀。调头精车时，车刀要锋利，最后一刀精车余量要小，否则工件上容易产生凹痕。

2）控制两端平行度的方法。以工件先车削的一端外圆和台阶平面为基准，用划线盘找正。找正的正确与否，可在车削过程中用外径千分尺检查。如果发现偏差，应从工件最薄处敲击，逐次找正。

2. 端面车削

端面车削如图 8-21 所示。

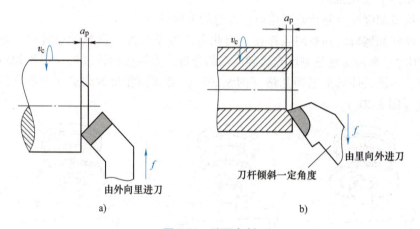

由外向里进刀

a)

刀杆倾斜一定角度　　由里向外进刀

b)

图 8-21　端面车削

a）45°弯头车刀车削　b）90°偏刀车削

（1）手动进给车削端面　起动车床使工件旋转，移动小滑板或床鞍控制进刀深度，然后锁紧床鞍，摇动中滑板丝杠进给，由工件外向中心或由工件中心向外进给车削。

（2）机动进给车削端面　机动进给车削端面的过程为：起动机床，工件旋转→试切→机动进给→横向车端面→车至接近工件中心时停止进给→手动进给→车至工件中心→退刀→停车。

（3）端面车削注意事项

1）车刀刀尖应对准工件中心，以免车出的端面中心留有凸台。

2）偏刀车端面，当背吃刀量较大时，容易扎刀。背吃刀量 a_p 的选择：粗车时，$a_p = 0.2 \sim 1\text{mm}$；精车时，$a_p = 0.05 \sim 0.2\text{mm}$。

3）端面的直径从外到内是变化的，切削速度也在改变，因此，在计算切削速度时，必须按端面的最大直径计算。

4）若车直径较大的端面时，出现凹心或凸肚，则应检查车刀和方刀架以及大滑板是否锁紧。为使车刀准确地横向进给，应将中溜板紧固在床身上，用小刀架调整切削深度。

5）端面质量要求较高时，最后一刀应由中心向外切削。

（4）车端面的质量分析

1）端面不平，产生凸凹现象或端面中心留"小头"。产生原因是车刀刃磨或安装不正确，刀尖没有对准工件中心，吃刀量过大，或车床有间隙拖板移动。

2）表面粗糙度值大。产生原因是车刀不锋利，手动进给摇动不均匀或过快，机动进给的切削用量选择不当。

3. 倒角车削

端面、外圆车削完毕后，移动刀架使车刀的切削刃与工件的外圆成 45°（或直接用 45°车刀倒角），移动床鞍至工件的外圆和端面的相交处进行倒角。

4. 台阶轴车削

同一工件上有几个直径大小不同的圆柱体连接在一起像台阶一样，称为台阶工件。台阶工件的车削实际上是外圆和端面车削的组合，因此在车削台阶工件时必须兼顾外圆的尺寸精度和台阶长度的要求。

1）台阶工件的技术要求。台阶工件通常和其他零件结合使用，因此它的技术要求一般有：①各外圆之间的同轴度；②外圆和台阶平面的垂直度；③台阶平面的平面度；④外圆和台阶平面相交处要清角。

2）车刀的选择、安装及使用。

①车刀的选择。车削轴类工件一般可分为粗车和精车两个阶段。粗车时除留一定的精车余量，不要求工件达到图样要求的尺寸精度和表面粗糙度。为提高劳动生产率，应尽快地将毛坯上的粗车余量车去。精车时必须使工件达到图样要求或工艺上规定的尺寸精度、几何精度和表面粗糙度。

由于粗车和精车的目的不同，因此对所用的车刀要求也不一样。粗车用车刀必须适应粗车时切削深、进给快的特点，主要要求车刀有足够的强度，能一次进给车去较多的余量。精车时要求达到工件的尺寸精度和较小的表面粗糙度值，并且切去的金属较少，因此要求车刀锋利，切削刃平直光洁，刀尖处必要时还可磨修光刃。

切削时必须使切屑排向工件待加工表面。

②车刀的安装及使用。这里以 90°车刀为例来说明。

90°车刀又称偏刀，按进给方向分左偏刀和右偏刀，如图8-22 所示。左偏刀一般用来车削工件的外圆、端面和右向台阶，它的主偏角较大，车外圆时，用于工件半径方向上的径向切削力较小，不易将工件顶弯。右偏刀在车削端面时使用副切削刃切削。如果由工件外缘向工件中心进给，当切削深度较大时，切削力会使车刀扎入工件，而形成凹面。为防止形成凹面，可改由中心向外进给，用主切削刃切削，但切削深度较小。

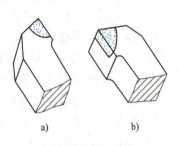

图 8-22　90°车刀外形
a）左偏刀　b）右偏刀

车刀安装时，应使刀尖对准工件中心，主切削刃与工件中心线垂直。如果主切削刃与工件中心线不垂直，将会使车刀的工作角度变化，影响车刀主偏角和副偏角。

车刀的主偏角大小应根据粗车、精车和余量的多少来确定。如粗车时，为增加切削深度，减少刀尖压力，车刀装夹应取主偏角小于90°；精车时，为保证台阶平面和轴心线的垂直，应取主偏角大于90°。

3）台阶工件车削方法。车削台阶工件时，一般分粗、精车。粗车时的台阶长度除第一个台阶长度略短些（留精车余量），其余台阶可车至台阶长度。精车台阶工件时，通常在机动进给精车至靠近台阶处时，以手动进给代替机动进给，当车至端面时，变纵向进给为横向进给，移动中滑板由里向外慢慢精车台阶端面。以确保台阶端面和轴心线的垂直。

4）台阶长度的测量和控制方法。车削前，根据台阶的长度先用刀尖在工件表面刻线痕，再根据线痕粗车。粗车完毕后，台阶长度已经基本符合要求，精车外圆的同时，控制台阶长度。通常用钢直尺进行测量，若精度要求较高时，可用样板、游标深度尺等测量。

5）工件的调头找正和车削。根据习惯的找正方法，应先找正近卡爪处的工件外圆，后找正台阶处反平面，反复多次找正才能切削。粗车完毕时，应再进行一次复查，以防粗车时发生移位。

5. 切槽及切断

切槽及切断是车床加工的一个重要组成部分。

（1）切槽加工

1）切槽加工的特点。切槽的主要形式有：①在外圆面上加工沟槽，如图8-23所示；②在内孔面上加工沟槽；③在端面上加工沟槽。切槽加工的编程尺寸包括槽的位置、槽的宽度和槽的深度等。

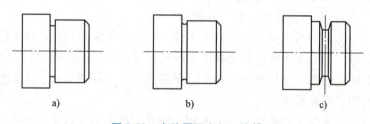

图8-23　在外圆面上加工沟槽

a）外圆直槽　b）圆弧沟槽　c）梯形槽

2）切槽刀。切槽刀有高速钢切槽刀及将硬质合金刀片安装在特殊刀柄上的可转位切槽刀等。如图8-24所示，在圆柱面上加工的切槽刀，以横向进给为主，前端的切削刃为主切削刃，两侧切削刃为副切削刃。

3）切槽刀的选用与安装。选用切槽刀时，主切削刃宽度不能大于槽宽，主切削刃过宽会因切削力太大而振动，可以使用较窄的刀片多次切削来加工一个较宽的槽。但主切削刃也不能过窄，主切削刃过窄又会削弱刀体强度。

注意：切槽刀的刀片长度要略大于槽深。长刀片的强度较差，选择刀具的几何参数和切削用量时，要特别注意提高切槽刀的强度。切槽刀安装时，不宜伸出过长，同时切槽刀的中心线必须与工件中心线垂直，以保证两个副偏角对称。主切削刃必须与工件中心等高。

4）切槽加工的方法。

①车削精度不高、宽度较窄的沟槽，可用刀宽等于槽宽的车槽刀，一次直进法车出，如图8-25a所示。

②车削精度要求较高的沟槽，一般采用两次直进法车出，即第一次车槽时槽壁两侧和槽

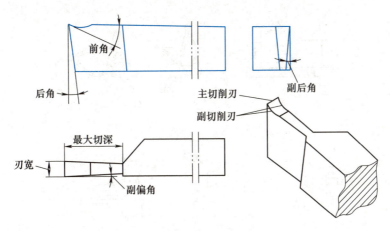

图 8-24 切槽刀的结构

底留精车余量，然后根据槽深和槽宽余量分别精车，如图 8-25b 所示。

③车较宽沟槽，可采用多次直进法，并在槽壁两侧和槽底留精车余量，最后根据槽深、槽宽精车，如图 8-25c 所示。

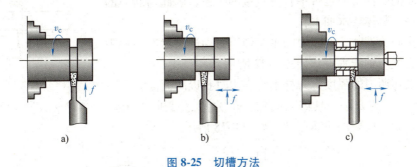

图 8-25 切槽方法

a) 一次直进法车削　b) 两次直进法车削　c) 多次直进法车削

5）槽的测量。

①精度要求低的沟槽，可用钢直尺测量其宽度，如图 8-26a 所示；用钢直尺、外卡钳相互配合等方法测量槽底直径，如图 8-26b 所示。

②精度要求高的沟槽，通常用外径千分尺测量沟槽槽底直径，如图 8-26c 所示；用样板和游标卡尺测量其宽度，如图 8-26d 和图 8-26e 所示。

（2）切断加工　在车床上把较长的工件切断成短料或将车削完成的工件从原材料上切下的加工方法，称为切断。

1）切断刀。切断刀主要有高速钢切断刀、硬质合金切断刀和弹性切断刀三种。

①高速钢切断刀。它的刀头和刀杆是由同一种材料锻造而成的，当切断刀损坏以后，可锻打后再使用，因此比较经济，应用较为广泛。

②硬质合金切断刀。它的刀头由硬质合金焊接而成，因此适宜高速切削。

③弹性切断刀。为节省高速钢材料，弹性切断刀制作成片状，再夹在弹簧刀杆内。这种切断刀既节省刀具材料，又富有弹性。进给过快时，刀头在弹性刀杆的作用下会自动让刀，这样就不容易产生扎刀，从而折断车刀。

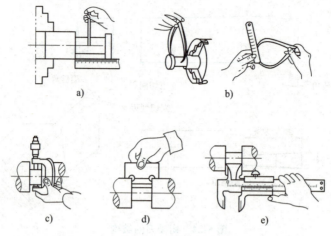

图 8-26　槽的测量

a）用钢直尺测量　b）钢直尺和外卡钳测量　c）用外径千分尺测量　d）用样板测量　e）用游标卡尺测量

2）切断刀的安装。切断刀装夹是否正确对切断工件能否顺利进行、切断的工件平面是否平直有直接的关系，因此切断刀的安装要求严格，具体要求如下：

①切断实心工件时，切断刀的主切削刃必须严格对准工件中心，刀头中心线与轴线垂直，如图 8-27 所示。

②为增加切断刀的强度，刀杆不宜伸出过长以防振动。

3）切断加工的方法。具体切断加工的方法有直进法切断、左右借刀法切断、反切法切断三种，如图 8-28 所示。

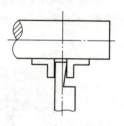

图 8-27　切断刀的安装图

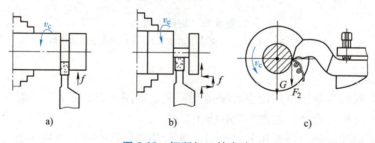

图 8-28　切断加工的方法

a）直进法　b）左右借刀法　c）反切法

①直进法。直进法是指垂直于工件轴线方向切断工件的方法。这种切断方法切断效率高，但对车床刀具刃磨装夹有较高的要求，刀具刃磨装夹不当，容易造成切断刀的折断。

②左右借刀法。左右借刀法是指切断刀在径向进给时，车刀在轴线方向反复的往返移动直至工件切断的方法在切削系统（刀具、工件、车床）刚性等不足的情况下可采用左右借刀法。

③反切法。反切法是指工件反转、车刀反装切断工件的方法。这种切断方法适用于切断较大直径的工件，其优点有：反转切断时，作用在工件上的切削力 F_2 与主轴重力 G 方向一直向下，使主轴不容易上下跳动，因此切断工件比较平稳；切屑从下面流出，不会堵塞在切

削槽中，因此能切削比较顺利。但必须指出，采用反切法时，卡盘与主轴的连接部分必须有保险装置，否则卡盘会因倒车而脱离主轴，产生事故。

6. 普通外螺纹车削

（1）螺纹基本知识　在圆柱或圆锥表面上，沿螺旋线所形成的，具有相同剖面的连续凸起和沟槽称为螺纹。螺纹种类较多，用途不一，主要有普通三角螺纹、矩形螺纹、梯形螺纹、锯齿形螺纹及管螺纹等，如图8-29所示。普通螺纹主要用于连接和紧固，梯形螺纹主要用于传递运动和动力。

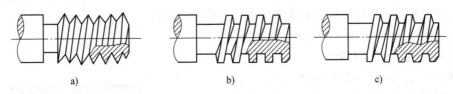

图 8-29　螺纹种类

a）普通三角螺纹　b）矩形螺纹　c）梯形螺纹

沿向左上升的螺旋线形成的螺纹（即逆时针旋入的螺纹）称为左旋螺纹（图8-30a），简称左螺纹；沿向右上升的螺旋线形成的螺纹（即顺时针旋入的螺纹）称为右旋螺纹（图8-30b），简称右螺纹。在圆柱表面形成的螺纹称为圆柱螺纹，在圆锥表面形成的螺纹称为圆锥螺纹。

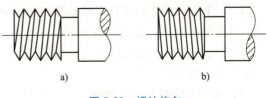

图 8-30　螺纹旋向

a）左旋螺纹　b）右旋螺纹

1）普通螺纹牙型及基本参数。普通螺纹是我国应用最广泛的一种三角形螺纹，牙型角为60°。普通螺纹的牙型及基本参数如图8-31所示。

①螺纹牙型、牙型角和牙型高度。

螺纹牙型：在通过螺纹轴线的剖面上，螺纹的轮廓形状。

牙型角（α）：螺纹牙型上相邻两牙侧间的夹角。

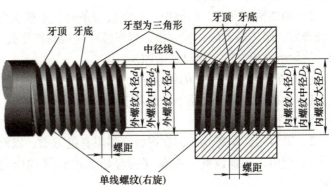

图 8-31　普通螺纹牙型及基本参数

牙型高度（h_1）：螺纹牙型上，牙底和牙顶间的垂直距离。

②螺纹直径。

公称直径：代表螺纹尺寸的直径，指螺纹大径的基本尺寸。

大径：外螺纹大径（d）又称外螺纹顶径；内螺纹大径（D）又称内螺纹底径。

小径：外螺纹小径（d_1）又称外螺纹底径；内螺纹小径（D_1）又称内螺纹孔径。

中径：外螺纹中径d_2、内螺纹中径D_2，同规格的外螺纹中径d_2和内螺纹中径D_2的公称尺寸相等。

③螺距（P）。相临两牙在中径线上对应两点间的轴向距离称为螺距。

2）普通螺纹尺寸计算。普通螺纹分粗牙普通螺纹和细牙普通螺纹。

粗牙普通螺纹代号用字母"M"及公称直径表示，如 M16、M18 等。细牙普通螺纹代号用字母"M"及公称直径×螺距表示，如 M20×1.5、M10×1 等。细牙普通螺纹与粗牙普通螺纹的不同点是：当公称直径相同时，细牙普通螺纹的螺距比较小。

左旋螺纹在代号末尾加注"左"字，如 M6 左、M16×1.5 左等，未注明的为右旋螺纹。

普通螺纹各基本尺寸的计算如下：

①螺纹大径 $d=D$（螺纹大径的基本尺寸与公称直径相同）。

②螺纹中径 $d_2=D_2=d-0.6495P$。

③牙型高度 $h_1=0.5413P$。

④螺纹小径 $d_1=D_1=d-1.0825$。

（2）螺纹车刀的装夹

1）装夹车刀时，刀尖一般应对准工件中心（可根据尾座顶尖高度检差）。

2）车刀刀尖角的对称中心线必须与工件轴线垂直，装刀时可用样板对刀，如图 8-32 所示。

3）刀头伸出不要过长，一般为 20~25mm（约为刀杆厚度的 1.5 倍）。

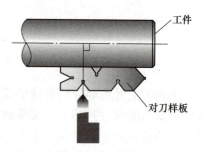

工件

对刀样板

图 8-32　螺纹车刀正确装夹

（3）螺纹车削时车床的调整

1）变换手柄位置。一般按工件螺距在进给箱铭牌上找到交换齿轮的齿数和手柄位置，并把手柄拨到所需的位置。

2）调整滑板间隙。调整中、小滑板镶条时，不能太紧，也不能太松。若太紧，则摇动滑板费力，操作不灵活；若太松，则车螺纹时容易产生扎刀现象。顺时针方向旋转小滑板手柄，消除小滑板丝杠与螺母的间隙。

（4）车螺纹前对工件的要求

1）大径。理论上大径等于公称直径，但在实际中，大径比公称直径小 0.1P，即大径 D=公称直径-0.1P。

2）退刀槽。车螺纹前，在螺纹终端应有退刀槽，以便车刀及时退出。

3）倒角。车螺纹前，在螺纹的起始部位和终端应有倒角，且倒角的小端直径<螺纹底径。

4）牙型高度。即切削深度，$h_1=0.65P$。

（5）螺纹加工方法　图 8-33 所示为车削螺纹示意图。当工件旋转时，车刀沿工件轴线方向做等速移动即可形成螺旋线，多次进给后便形成螺纹。

三角螺纹有右旋（正扣）和左旋（反扣）之分。主轴正转时，由尾座向卡盘方向车削，加工出来的螺纹为右旋；当主轴正转时，由卡盘向尾座方向车削，加工出来的螺纹为左旋。

车削三角螺纹有三种方法，即直进法、左右切削法和斜向切削法，如图 8-34 所示。

1）直进法。直进法是用中滑板进刀，两切削刃和刀尖同时切削。此法操作方便，车出的牙型清晰，牙形误差小，但车刀受力大，散热差，排屑难，刀尖易磨损。此法适用于加工螺距小于 2mm 的螺纹以及高精度螺纹的精车。

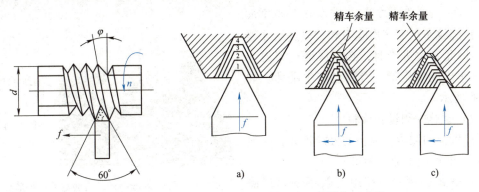

图 8-33 车削螺纹示意图
φ—螺旋升角 d—直径
n—主轴转速 f—进给方向

图 8-34 螺纹加工方法
a）直进法 b）左右切削法 c）斜向切削法

2）左右切削法。左右削法的特点是使车刀只有一个切削刃参加切削，在每次切深进刀的同时，用小刀架向左、向右移动一小段距离。重复切削数次，车至最后 1~2 刀时，采用直进法，以保证牙形正确，牙根清晰。此法适用于加工螺距较大的螺纹。

3）斜向切削法。斜向切削法是将小刀架扳转一角度，让车刀沿平行于所车螺纹右侧方向进刀，使得车刀的两切削刃中，基本上只使用一个切削刃切削。此法切削受力小，散热和排屑条件较好，切削用量可大一些，生产率较高，但不易车出清晰的牙形，牙形误差较大。此法适用较大螺距螺纹的粗车。

（6）螺纹车削过程　螺纹车削过程如图 8-35 所示。

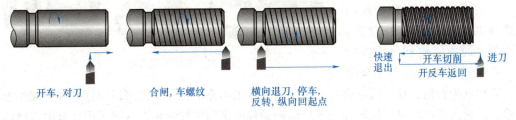

开车，对刀　　　　合闸，车螺纹　　　　横向退刀，停车，　　　快速　　　开车切削　　进刀
　　　　　　　　　　　　　　　　　　　反转，纵向回起点　　　退出　　开反车返回

图 8-35 螺纹车削过程

1）起动主轴，中拖板对刀，使刀尖轻微接触工件表面，中拖板刻度调到零位或牢记中拖板刻度值，中拖板保持不动，车刀向右退刀至距工件约 15mm 处。

2）合上开合螺母（图 8-36），在工件表面车出一条螺旋线，刀尖刚刚切削结束时，快速提起开合螺母，动作要迅速、果断，中拖板径向退出螺纹车刀约半圈，大拖板向右退刀至距工件约 15mm 处。本步骤为试切（有微可见线），并用卡尺或钢直尺检查螺距。

3）如果螺距正确，则开始切削，中拖板按吃刀量逐渐减小的要求进刀，重复上述步骤。

注意：①车削将终了时，应做好退刀、停车准备，先快速退出车刀，然后开反车退回刀架。

②背吃刀量控制：粗车时，$a_p = 0.15 \sim 0.3$mm，精车时，$a_p < 0.05$mm。

③三角螺纹的背吃刀量 a_p 与螺距 P 的关系按经验公式 $a_p = 0.65P$，初学者每次的背吃刀量 a_p 可取 $0.1 \sim 0.2$mm。

4）螺纹车削需多次吃刀和重复进给才能完成，因此每次进给时，必须保证车刀刀尖对准已车出的螺旋槽，否则会产生乱牙。如图 8-36 所示。

图 8-36　开合螺母手柄及自动进刀手柄的位置

自动进刀手柄

开合螺母手柄

（7）螺纹的测量和检验

1）大径的测量。大径的公差较大，一般可用游标卡尺或千分尺测量。

2）螺距的测量。螺距一般用钢直尺测量。普通螺纹的螺距较小，测量时，根据螺距的大小最好量 2~10 个螺距的长度，然后除以 2~10，就得出 1 个螺距的尺寸。如果螺距太小，则用螺距规测量，测量时把螺距规平行于工件轴线方向嵌入牙中，如果螺距与螺距规完全符合，则螺距是正确的。

3）中径的测量。精度较高的三角螺纹可用螺纹千分尺测量，所测得的千分尺读数就是该螺纹的中径实际尺寸。

4）综合测量。综合测量是指同时检验螺纹各主要部分的精度。通常采用螺纹量规来检验内、外螺纹是否合格（包括螺纹的旋合性和互换性）。

螺纹量规有螺纹塞规和螺纹环规两种，如图 8-37 所示。前者用于测量外螺纹，后者用于测量内螺纹，每一种量规均由通规和止规（两端）组成。检验时，通规能顺利与工件旋合，止规不能旋合或不完全旋

图 8-37　螺纹塞规和螺纹环规

合，则螺纹为合格，反之为不合格。对于精度要求不高的螺纹，也可以用标准螺母和螺栓来检验，以旋入工件时是否顺畅和旋入后的松动程度来判定螺纹是否合格。检查有退刀槽的螺纹时，环规应通过退刀槽与台阶平面靠平。

螺纹综合检验不能测出实际参数的具体数值，但检验效率高，使用方便，广泛用于标准螺纹或大批量生产的螺纹检验。

（8）螺纹加工注意事项

1）车螺纹前要检查主轴手柄位置，用手旋转主轴（正、反），检查是否过重或空转量过大。

2）由于初学者操作不熟练，宜采用较低的切削速度，操作时注意力要集中。

3）车螺纹时，开合螺母必须到位，如果感到未到位，应立即起闸，重新进行。

4）车螺纹时，不能用手去摸正在旋转的工件，更不能用棉纱去擦拭正在旋转的工件。

5）车完螺纹后，应提起开合螺母并把手柄拨到纵向进刀位置，以免在开车时撞车。

6）车螺纹时应保持切削刃锋利。中途换刀或磨刀后，必须重新对刀，并重新调整中滑板刻度。

7）粗车螺纹时，要留适当的精车余量。

8）精车时，应用最小的赶刀量车完一个侧面，把余量留给另一侧面。

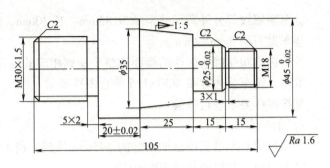

图 8-38 轴类零件图

8.2.3 车削实操训练

1. 轴类零件车削

（1）训练任务 加工如图 8-38 所示的心轴零件。具体要求为：①未注倒角为 C1；②不允许使用锉刀、砂布等修整工件；③按尺寸标准公差等级 IT12 加工。

（2）准备要求

1）材料和设备准备，见表 8-2。

表 8-2 材料和设备准备

序号	名称	规格型号	数量
01	试件	45 钢，ϕ48mm×115mm	1 根/人
02	车床	CA6140	1 台/人
03	卡盘扳手	与车床相应	1 副/车床
04	刀架扳手	与车床相应	1 副/车床

2）工具和量具准备，见表 8-3。

表 8-3 工具和量具准备

序号	名称	规格型号	数量
01	90°车刀	与车床相应	自定
02	45°车刀	与车床相应	自定
03	车槽刀	3mm 和 5mm	自定
04	螺纹车刀	60°螺纹车刀	自定
05	中心钻	A3	自定
06	顶尖	与车床相应	自定
07	游标卡尺	0~150mm（分度值为 0.02mm）	1 把
08	千分尺	0~25mm、25~50mm	各 1 套
09	螺纹环规	M18、M30×1.5	各 1 副
10	游标万能角度尺	0°~320°（2'）	自定

（3）操作步骤

1）加工左端。

①用游标卡尺检测材料尺寸，材料尺寸为 ϕ48mm×115mm。

②用自定心卡盘夹持毛坯外圆，留长 55mm；用 90°车刀粗、精车端面及 ϕ45mm 外圆，长 50mm。

③车削螺纹部分外圆尺寸至 ϕ29.85mm、长 30mm，倒角 C2。

④车退刀槽 5mm×2mm。

⑤按进给箱铭牌上标注的螺距调整手柄到相应的位置。

⑥粗、精车普通螺纹 M30×1.5 符合图样要求。

⑦按图样要求进行检验。

2）加工右端。

①用自定心卡盘夹持已加工好的 ϕ45mm 外圆，找正夹紧。

②车端面，并保证总长 105mm。

③车 ϕ35.8mm 外圆（给锥面车削留余量），长 55mm。

④粗车 ϕ25mm 外圆，长 30mm。

⑤车削螺纹部分外圆尺寸至 ϕ17.9mm、长 15mm，倒角 C2。

⑥逆时针转动小滑板 5.711°，粗、精车圆锥面至尺寸。

⑦精车 ϕ25mm 外圆至尺寸。

⑧车退刀槽 3mm×1mm。

⑨粗、精车普通螺纹 M18 符合图样要求。

⑩按图样要求进行检验。

2. 套类零件车削

（1）训练任务　加工如图 8-39 所示的导向套零件。具体要求为：①未注倒角 C1；②不允许使用锉刀、砂布等修整工件；③按尺寸标准公差等级 IT12 加工。

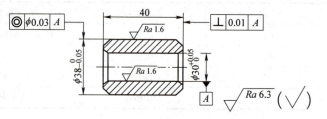

图 8-39　导向套零件图

（2）准备要求

1）材料和设备准备，见表 8-4。

表 8-4　材料和设备准备

序号	名称	规格型号	数量
01	试件	45 钢，ϕ42mm×60mm	1 根/人
02	车床	CA6140	1 台/人
03	卡盘	与车床相应	1 副/车床
04	刀架扳手	与车床相应	1 副/车床

2）工具和量具准备，见表 8-5。

表 8-5　工具和量具准备

序号	名称	规格型号	数量
01	90°车刀	与车床相应	自定
02	45°车刀	与车床相应	自定
03	内孔车刀	ϕ25m 孔	自定
04	中心钻	3mm	自定

（续）

序号	名称	规格型号	数量
05	钻头	ϕ25mm	自定
06	游标卡尺	0~150mm（分度值为 0.02mm）	1把
07	千分尺	0~25mm、25~50mm	1套
08	内径量表	18~35mm	1套

（3）加工步骤

①卡盘夹持 ϕ42mm 外圆，保证车削长度>40mm，车削端面，钻中心孔。

②钻 ϕ25mm 通孔。

③粗、精车 38mm 外圆至尺寸要求，保证车削长度>40mm，倒角 $C1$。

④车 ϕ30mm 内孔至尺寸要求，倒角 $C1$，切断，保证长度为 41mm。

⑤车端面至总长 40mm。

⑥内、外圆倒角 $C1$。

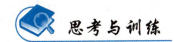

思考与训练

8-1 什么是车削加工？车床能加工哪种类型的零件？

8-2 主轴箱有什么用途？溜板箱有什么用途？

8-3 滑板有哪几种？各有什么用途？

8-4 车削加工必须具备哪些运动？

8-5 主轴变速是通过什么机构实现的？

8-6 解释 CA6140/CA6136 的含义。

8-7 自定心卡盘为什么能自动对中？自动对中的精度是多少？

8-8 单动卡盘为什么四个卡爪不能同时靠拢与分开？

8-9 试切的目的是什么？结合实际操作说明试切的步骤。

8-10 在切削过程中接近刻度时，若刻度盘手柄摇过了几格应如何调整？为什么？

8-11 切槽的主要形式有哪些？

8-12 切断刀有哪几种类型？切断工件有哪几种方法？

8-13 车削三角螺纹有哪几种方法？各有各特点？

8-14 螺纹量规有哪两种？分别适用于什么场合？

第9章 铣削训练

【内容提要】 本章主要介绍铣削相关知识（加工的工艺特点及加工范围，铣床的种类及组成，铣床的运动，铣刀的分类、用途和安装方法，铣床常用附件的结构、用途及其使用方法）及铣削实操训练（铣削安全操作规程，铣平面、铣沟槽等基本操作）等内容。

【训练目标】 通过本章内容的学习，学生应了解铣削工艺的特点及应用；熟悉铣床的机构及组成；掌握铣刀的分类、安装和使用；熟悉铣床常用附件及功能，会使用分度头进行简单分度；掌握平面、沟槽等普通的铣削操作；掌握铣削操作基本技能。

9.1 铣削相关知识

9.1.1 铣削概述

铣削是平面的主要加工方法之一。铣削时，铣刀的旋转运动是主运动，零件随工作台的运动是进给运动。铣床的种类很多，常用的是升降台卧式铣床和立式铣床。龙门铣床生产率较高，多用于批量生产或铣削大型零件的平面。

1. 铣削的工艺特点

（1）生产率较高　铣刀是典型的多齿刀具，铣削时，有几个刀齿同时参加工作，并且参与切削的切削刃较长，切削速度也较高，无刨削那样的空回行程，故生产率较高。但加工狭长平面或长直槽时，刨削比铣削的生产率高。

（2）容易产生振动　刀齿切入和切出时铣刀会产生冲击，并将引起同时工作刀齿数的增减。在切削过程中，每个刀齿的切削层厚度 h_i 随刀齿位置的不同而变化，从而引起切削层横截面积变化，如图 9-1 所示。因此在铣削过程中，铣削力是变化的，切削过程不平稳，容易产生振动，这就限制了铣削加工质量和生产率的进一步提高。

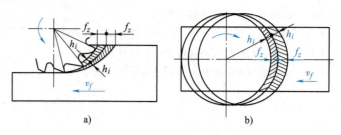

图 9-1　铣削时切削层厚度的变化
a）周铣　b）端铣

（3）散热条件较好　铣刀刀齿在切离零件的一段时间内，可以得到一定的冷却，散热条件较好。但是，切入和切出时，热和力的冲击将加速刀具的磨损，甚至可能引起硬质合金刀片碎裂。

2. 铣削方式

平面铣削有周铣法和端铣法（图9-1）。同一种铣削方法，也有不同的铣削方式。选用铣削方式时，要充分注意它们各自的特点和适用场合，以便保证加工质量，提高生产率。

（1）周铣法　周铣法是用铣刀圆周表面上的切削刃铣削零件。铣刀的回转轴线和被加工表面平行，所用刀具称为圆柱铣刀。它又可分为逆铣和顺铣，如图9-2所示。在切削部位，刀齿的旋转方向和零件的进给方向相反时，为逆铣；刀齿的旋转方向和零件的进给方向相同时，为顺铣。

逆铣时，每个刀齿的切削层厚度是从零增大到最大值。由于铣刀刃口

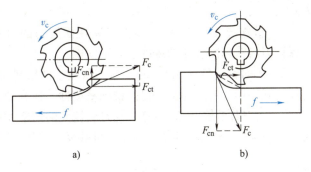

图9-2　周铣法
a）逆铣　b）顺铣

处总有圆弧存在，而不是绝对尖锐，所以在刀齿接触零件的初期，不能切入零件，而是在零件表面挤压、滑行。这会使刀齿与零件之间的摩擦加大，加速刀具磨损，同时也使表面质量下降。顺铣时，每个刀齿的切削层厚度由最大减小到零，从而避免了上述缺点。

逆铣时，铣削力 F_c 的垂直分力 F_{cn} 上抬零件；而顺铣时，铣削力 F_c 的垂直分力 F_{cn} 将零件压向工作台，减少了零件振动的可能性，尤其铣削薄而长的零件时，顺铣更为有利。

由上述分析可知，从提高刀具寿命、零件表面质量和增加零件夹持稳定性等观点出发，一般以顺铣法为宜。但顺铣时忽大忽小的水平分力 F_{ct} 与零件的进给方向 f 是相同的，工作台进给丝杠与固定螺母之间一般都存在间隙，如图9-3所示，间隙在进给方向的前方。由于 F_{ct} 的作用，会使零件连同工作台和丝杠一起，向前窜动，使进给量突然增大，甚至引起打刀。而逆铣时，水平分力 F_{cn} 与进给方向相反，铣削过程中工作台丝杠始终压向螺母，不致因为间隙的存在而引起零件窜动。目前，一般铣床尚没有消除工作台丝杠螺母间隙的机构，因此在生产中仍采用逆铣法。

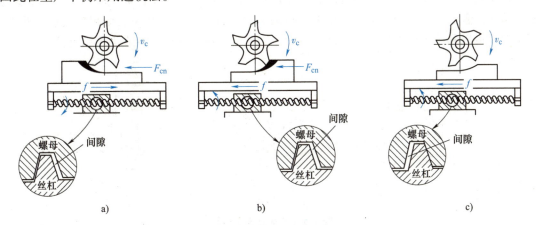

图9-3　顺铣和逆铣时的丝杠螺母间隙
a）逆铣　b）顺铣（有水平切削力）　c）顺铣（无水平切削力）

另外，铣削带有黑皮的表面时，如铸件或锻件表面的粗加工，若用顺铣法，因刀齿首先

接触黑皮，将加剧刀齿的磨损，所以也应采用逆铣法。

（2）端铣法　端铣法是用铣刀端面上的切削刃铣削零件。铣刀的回转轴线与被加工表面垂直，所用刀具称为面铣刀。根据铣刀和零件相对位置的不同，可分为三种不同的切削方式：

1）对称铣（图9-4a）。零件安装在面铣刀的对称位置，它具有较大的平均切削厚度，可保证刀齿在切削表面的冷硬层之下铣削。

2）不对称逆铣（图9-4b）。铣刀从较小的切削厚度处切入，从较大的切削厚度处切出，这样可减小切入时的冲击，提高铣削平稳性，适合加工普通碳钢和低合金钢。

3）不对称顺铣（图9-4c）。铣刀从较大的切削厚度处切入，从较小处切出。在加工塑性较大的不锈钢、耐热合金等材料时，可减少毛刺及刀具的黏结磨损，刀具寿命可大大提高。

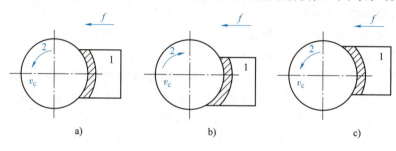

图 9-4　端铣法
a）对称铣削　b）不对称逆铣　c）不对称顺铣
1—工件　2—铣刀

（3）周铣法与端铣法的比较　如图9-5所示，周铣时，同时切削的刀齿数与加工余量（a_e）有关，仅有1~2个；而端铣时，同时切削的刀齿数与被加工表面的宽度（a_e）有关，与加工余量（a_p）无关，即使在精铣时，也有较多的刀齿同时工作。因此，端铣的切削过程比周铣平稳，利于提高加工质量。

面铣刀的刀齿切入和切出零件时，虽然切削层厚度较小，但不像周铣时切削层厚度变为零，从而改善了刀具后面与零件的摩擦，提高了刀具寿命，并可减小表面粗糙度值。此外，端铣时还可以利用修光刀齿修光已加工表面，因此端铣可达到较小的表面粗糙度值。

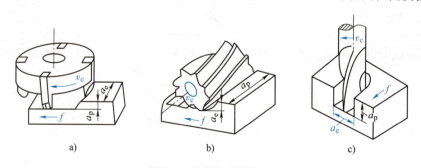

图 9-5　铣削方式及运动
a）端铣　b）周铣　c）端铣和周铣

面铣刀直接安装在立式铣床的主轴端部，悬伸长度较小，刀具系统的刚度较好，而圆柱铣刀安装在卧式铣床细长的刀轴上,刀具系统的刚度远不如面铣刀的刀具系统。同时,面铣刀可方便地镶嵌硬质合金刀片,而圆柱铣刀多采用高速钢制造。因此,端铣时可以采用高速铣削,提高了生产率,也提高了已加工表面质量。

由于端铣具有以上优点,所以在平面的铣削中大多采用端铣法。但是,周铣的适应性较广,可以利用多种形式的铣刀,除了加工平面,还可较方便地进行沟槽、齿形和成形面等的加工,因此生产中仍然采用。

2. 铣削的应用

铣削的形式很多,铣刀的类型和形状更是多种多样,再配上附件(分度头、回转工作台等)的应用,使铣削加工范围较广,主要用来加工平面(包括水平面、垂直面和斜面)、沟槽、成形面和切断等。加工精度一般可达 IT8~IT7,表面粗糙度值为 $Ra3.2 \sim 1.6 \mu m$。常见的铣削加工方法如图 9-6 所示。

单件、小批生产中,加工小、中型零件多用升降台铣床(卧式和立式两种)。加工中、大型零件时可用龙门铣床。龙门铣床与龙门刨床相似,有 3~4 个可同时工作的铣头,生产率高,广泛应用于成批和大批大量生产中。

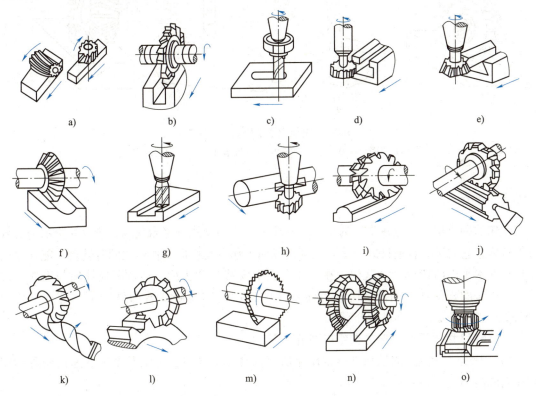

图 9-6　常见的铣削加工方法

a) 铣平面　b) 铣沟槽　c) 铣封闭槽　d) 铣 T 形槽　e) 铣燕尾槽　f) 铣角度槽　g) 铣敞开槽　h) 铣月牙键槽
i) 铣凸形台　j) 铣花键轴　k) 铣钻头沟槽　l) 铣齿轮　m) 切断　n) 组合铣刀铣阶台　o) 铣刀铣平面

图 9-7 所示为铣削沟槽常用的四种铣刀。图 9-7a 所示为三面刃铣刀,其外形是一个圆盘,在圆周和两个端面上均有切削刃,从而改善了侧面的切削条件,提高了加工质量。三面刃铣刀有直齿、错齿和镶齿三种结构形式。同圆柱铣刀一样,三面刃铣刀的定位面是内孔,

孔中的键槽用于传递力矩。三面刃铣刀可用高速钢制造，小直径制成整体式，大直径制成镶齿式；也可用硬质合金制造，小直径制成焊接式，大直径制成镶齿式。

图 9-7b 所示为立式铣刀。立铣刀圆柱面上的切削刃是主切削刃，端面上的切削刃是副切削刃，刀齿分为直齿和螺旋齿两类。立铣刀常用于加工沟槽和台阶面，也用于加工凸轮曲面。立铣刀分粗齿、细齿两种，大多用高速钢制造，也有用硬质合金制造，小直径作成整体式，大直径制成镶齿或可转位式。

图 9-7c 所示为键槽铣刀。键槽铣刀主要用于加工圆头封闭键槽，它在圆柱面和端面上都只有两个刀齿。刀齿数少，螺旋角小，端面齿强度高。工作时，键槽铣刀既可沿零件轴向进给，又可沿刀具轴向进给，要多次沿这两个方向进给才能完成键槽的加工。

图 9-7d 所示为角度铣刀。角度铣刀用于铣削角度沟槽和刀具上的容屑槽，分为单角度铣刀、不对称双角度铣刀和对称角度铣刀三种。不对称双角度铣刀刀齿分布在两个锥面上，用于两个斜面的成形加工，也常用于加工螺旋槽。

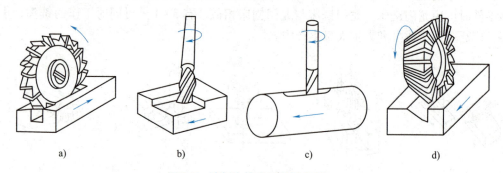

a)　　　　　　　　b)　　　　　　　　c)　　　　　　　　d)

图 9-7　铣削沟槽常用的四种铣刀

a）三面刃铣刀　b）立式铣刀　c）键槽铣刀　d）角度铣刀

9.1.2　铣床

铣床的种类很多，比较常用的是卧式升降台铣床和立式升降台铣床。图 9-8 所示为卧式万能铣床，它与卧式普通铣床的主要区别是纵向工作台与横向工作台之间有转台，能让纵向工作台在水平面内转±45°。这样，在工作台面上安装分度头后，通过配换挂轮与纵向丝杠连接，能铣削螺旋线。因此，卧式万能铣床的应用范围比卧式普通铣床更广泛。下面以 X6132 卧式万能铣床为例进行介绍。

1. X6132 卧式万能铣床主要组成部分

（1）床身　床身是固定和支撑铣床上所有部件。电动机、主轴及主轴变速机构等均安装在它的内部。

（2）横梁　横梁的上面安装吊架，用来支撑刀杆外伸的一端，以加强刀杆的刚性。它可沿床身的水平导轨移动，以调整其伸出的长度。

（3）主轴　主轴是空心轴，前端有锥度为 7∶24 的精密锥孔，其用途是安装铣刀刀杆并带动铣刀旋转。

（4）纵向工作台　纵向工作台在转台的上方做纵向移动，带动台面上的工件做纵向进给。

（5）横向工作台　横向工作台位于升降台上面的水平导轨上，可带动纵向工作台做横向进给。

（6）转台　转台的作用是能将纵向工作台在水平面内扳转一定的角度，以便铣削螺旋槽。

（7）升降台　升降台可以使整个工作台沿床身的垂直导轨上下移动，以调整工作台面到铣刀的距离，并做垂直进给。

2．X6132 卧式万能铣床调整及手柄使用

（1）主轴转速调整　将主轴变速手柄向下同时向左扳动，再转动数码盘，可以得到 30～1500r/min 的 18 种不同转速。

注意：变速时一定要停止，且在主轴停止旋转之后才可进行。

（2）进给量调整　先将进给数码盘手轮向外拉出，再将数码盘手轮转动到需要的进给量数值，最后将手柄向内推，

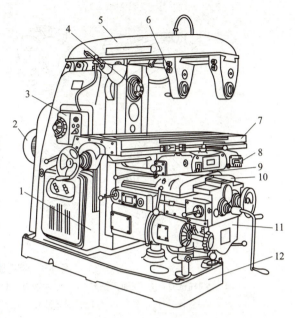

图 9-8　卧式万能铣床

1—床身　2—电动机　3—变速机构　4—主轴　5—横梁
6—吊架　7—纵向工作台　8—电源按钮　9—转台
10—横向工作台　11—升降台　12—底座

可使工作台在纵向、横向和垂直方向分别得到 23.5～1180mm/min 的 18 种不同的进给量。

注意：垂直进给量只是数码盘上所列数值的 1/2。

（3）手动进给　操作者面对机床，顺时针摇动工作台左端的纵向手动手轮，工作台向右移动；逆时针摇动，工作台向左移动。顺时针摇动横向手动手轮，工作台向前移动；逆时针摇动横向手轮，工作台向后移动。顺时针摇动升降手动手柄，工作台上升；逆时针摇动升降手动手柄，工作台下降。

（4）自动进给手柄使用　在主轴旋转的状态下，向右扳动纵向自动进给手柄，工作台向右自动进给；向左扳动自动进给手柄，工作台向左自动进给；中间是停止位。向前推横向自动进给手柄，工作台沿横向向前进给；向后拉横向自动进给手柄，工作台沿横向向后进给。向上拉升降自动进给手柄，工作台向上进给；向下推升降自动进给手柄，工作台向下进给。在某一方向自动进给状态下，按下快速进给按钮，即可使工作台在该方向快速移动。

注意：快速进给只在工件表面一次走刀完毕之后的空程退刀时使用。

9.1.3　铣刀

1．铣刀的分类

铣刀是一种多切削刃刀具，其刀齿分布在圆柱铣刀的外圆柱表面或面铣刀的端面。铣刀的种类很多，按安装方法不同，可分为带孔铣刀和带柄铣刀两类。采用孔装夹的铣刀称为带孔铣刀，一般用于卧式铣床，如图 9-9 所示；采用柄部装夹的铣刀称为带柄铣刀，一般用于立式铣床，如图 9-10 所示。

（1）带孔铣刀　常用的带孔铣刀有圆柱铣刀、圆盘铣刀、角度铣刀和成形铣刀等。带

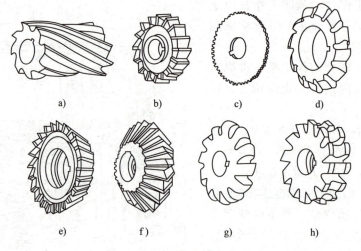

图 9-9　带孔铣刀

a)　圆柱铣刀　b）三面刃铣刀　c）锯片铣刀　d）模数铣刀　e）单角铣刀　f）双角铣刀
g）凹圆弧铣刀　h）凸圆弧铣刀

孔铣刀的刀齿形状和尺寸应适应所加工的零件形状和尺寸。

1）圆柱铣刀。圆柱铣刀的刀齿分布在圆柱表面，通常分为直齿和斜齿两种，主要用圆周刃铣削中小型平面。

2）圆盘铣刀。圆盘铣刀如三面刃铣刀、锯片铣刀等。三面刃铣刀主要用于加工不同宽度的沟槽及小平面、小台阶面等；锯片铣刀用于铣窄槽或切断材料。

3）角度铣刀。角度铣刀具有各种不同的角度，主要用于加工各种角度槽及斜面等。

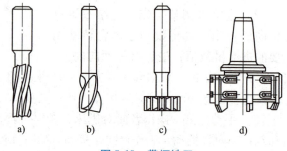

图 9-10　带柄铣刀

a）立铣刀　b）键槽铣刀　c）T形槽铣刀　d）镶齿面铣刀

4）成形铣刀。成形铣刀的切削刃呈凸圆弧、凹圆弧和齿槽形等形状，主要用于加工与切削刃形状相对应的成形面。

（2）带柄铣刀　常用的带柄铣刀有立铣刀、键槽铣刀、T形槽铣刀和镶齿端铣刀等，其共同特点是都有供夹持用的刀柄。

1）立铣刀。立铣刀多用于加工沟槽、小平面和台阶面等。立铣刀有直柄和锥柄两种，直柄立铣刀的直径较小，一般小于20mm；锥柄立铣刀的直径较大，多为镶齿式。

2）键槽铣刀。键槽铣刀用于加工键槽。

3）T形槽铣刀。T形槽铣刀用于加工T形槽。

4）镶齿面铣刀。镶齿面铣刀用于加工较大的平面。刀齿主要分布在刀体端面上，还有部分分布在刀体周边，一般是刀齿上装有硬质合金刀片，可进行高速铣削，以提高效率。

2. 铣刀的安装

（1）带孔铣刀的安装　圆柱铣刀属于带孔铣刀，安装方法如图9-11a所示。刀杆上先套上几个套筒垫圈，装上键，再套上铣刀，如图 9-11b 所示；然后在铣刀外的刀杆上套上几个套筒垫圈后，拧上压紧螺母，如图 9-11 c 所示；再装上吊架，拧紧吊架紧固螺钉，轴承孔内加润滑油，如图 9-11d 所示；接下来初步拧紧压紧螺母，并开机观察铣刀是否装正，待装正后用力拧紧压紧螺母，如图 9-11e 所示。

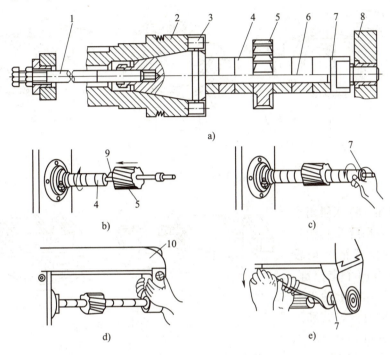

图 9-11　带孔铣刀的安装

1—拉杆　2—主轴　3—端面键　4—套筒　5—铣刀　6—刀杆　7—压紧螺母　8、10—吊架　9—键

（2）带柄铣刀的安装

1）锥柄立铣刀的安装（图 9-12a）。如果锥柄立铣刀的锥柄尺寸与主轴孔内锥尺寸相同，则可直接装入铣床主轴并用拉杆将铣刀拉紧；如果铣刀锥柄尺寸与主轴孔内锥尺寸不同，则根据铣刀锥柄的大小，选择合适的变锥套，先将配合表面擦净，然后用拉杆把铣刀及变锥套一起拉紧在主轴上。

2）直柄立铣刀的安装（图 9-12b）。这类铣刀多用弹簧夹头安装。铣刀的直径插入弹簧套的孔中。用螺母压弹簧套的端面，使弹簧套的外锥面受压而缩小孔径，即可将铣刀夹紧。弹簧套有三个开口，故受力时能收缩。弹簧套有多种孔径，以适应各种尺寸的立铣刀。

9.1.4　铣床附件

（1）万能铣头　在卧式铣床上装上万能铣头，

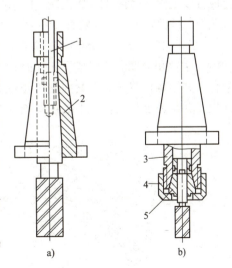

图 9-12　带柄铣刀的安装

a）锥柄立铣刀的安装　b）直柄立铣刀的安装
1—拉杆　2—变锥套　3—夹头体
4—螺母　5—弹簧套

不仅能完成各种立铣工作，还可以根据铣削的需要，把铣头主轴扳成任意角度。

万能铣头的底座是用螺栓固定在铣床的垂直导轨上。铣床主轴的运动是通过铣头内的两对锥齿轮传到铣头主轴上。铣头壳体可绕铣床主轴轴线偏转任意角度。铣头主轴的壳体还能在铣头壳体上偏转任意角度。因此，铣头主轴能在空间偏转成所需要的任意角度，如图9-13所示。

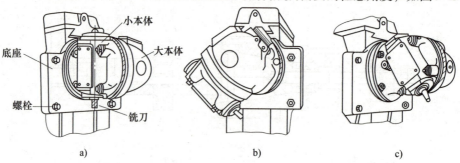

a)　　　　　　　　　　b)　　　　　　　　　　c)

图 9-13　万能铣头

（2）平口钳　铣床所用平口钳的钳口本身精度及其相对于底座底面的位置精度均较高。底座下还有两个定位键，以便安装时以工作台上的T形槽定位。平口钳有固定式和回转式两种，后者可绕底座心轴回转360°，如图9-14所示。

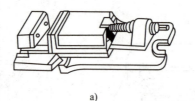
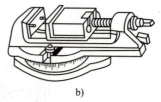

a)　　　　　　　　　　b)

图 9-14　平口钳
a）固定式　b）回转式

（3）回转工作台　如图9-15所示，回转工作台除了能带动它上面的工件一起旋转，还可完成分度工作，用它可以加工工件上的圆弧形周边、圆弧形槽、多边形工件和有分度要求的槽或孔等。按回转工作台外圆直径的大小可分为200mm、320mm、400mm和500mm等规格。

（4）万能分度头　万能分度头是铣床的主要附件之一，如图9-16所示。它由底座、转动体、主轴和分度盘等组成。工作时，它利用底座下面的导向键与纵向工作台中间的T形槽配合，并用螺栓将其底座紧固在工作台上。分度头主轴前端可安装卡盘装夹工件；也可安装顶尖，并与另加到工作台上的尾座顶尖一起支撑工件。

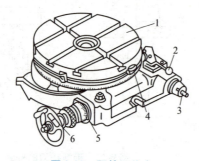

图 9-15　回转工作台
1—回转台　2—离合器手柄　3—传动轴
4—挡铁　5—偏心环　6—手轮

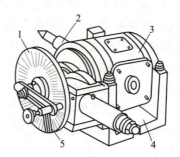

图 9-16　万能分度头
1—分度盘　2—主轴　3—转动体
4—底座　5—扇形叉

1）传动关系。图 9-17 所示为万能分度头传动示意图，其中，蜗杆与蜗轮的传动比为 1∶40。即分度手柄通过一对传动比为 1∶1 的直齿轮（注意，图中一对螺旋齿轮此时不起作用）带动蜗杆转动一周时，蜗轮只带动主轴转过 1/40 圈。若已知主件在整个圆周上的等分数目为 Z，则每分一个等份，要求分度头主轴转 1/Z 圈。这时，分度手柄所要转的圈数 n 与等分数目 Z 的比例关系为

$$1 : 40 = (1/Z) : n$$

即
$$n = 40/Z$$

式中，n 为分度手柄转动的圈数；Z 为工件等分数；40 为分度头定数。

2）分度方法。利用分度头进行分度的方法很多，这里只介绍最常用的简单分度法，即直接利用公式 $n = 40/Z$。

例如，铣齿数 Z 为 38 的齿轮，每铣一齿后分度手柄需要转的圈数为 $n = 40/Z = 40/38 = 20/19$（圈）。 也就是说，每铣一齿后分度手柄需要先转过 1 圈再转 1/19 圈，其中 1/19 圈可通过分度盘控制。

分度盘如图 9-18 所示。分度头一般备有两块分度盘，每块分度盘的两面均有许多同心圆圈，各圆圈上有数目不同、相等孔距的不通小孔。

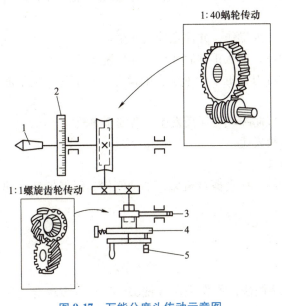

图 9-17　万能分度头传动示意图
1—主轴　2—刻度环　3—挂轮轴　4—分度盘　5—定位销

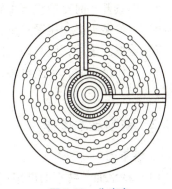

图 9-18　分度盘

第一块分度盘：正面各圈孔数依次为 24、25、28、30、34、37；反面各圈孔数依次为 38、39、41、42、43。

第二块分度盘：正面各圈孔数依次为 46、47、49、51、53、54；反面各圈孔数依次为 57、58、59、62、66。

分度时，将分度手柄上的定位销调整到孔数为 19 的倍数的孔圈上，即调整孔数为 38 的孔圈上。这时，分度手柄转过 1 圈后，再在孔数为 38 的孔圈上转过 2 个孔距，即 1/19 圈。

为确保每次分度手柄转过的孔距数准确无误，可调整分度盘上扇形叉的夹角，使其正好等于 2 个孔距。这样，每次分度手柄所转圈数的真分数部分可扳转扇形叉，由其夹角保证。

3）铣分度件。图 9-19 所示为使用万能分度头铣分度件的示例。其中，图 9-19a 所示为铣削六角螺钉头的侧面，图 9-19b 所示为铣削直齿圆柱齿轮。

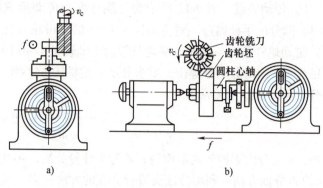

a)　　　　　　　　　　b)

图 9-19　使用万能分度头铣分度件的示例

9.2　铣削实操训练

9.2.1　铣削安全操作规程

1）操作者必须穿工作服，戴安全帽，长头发须压入帽内，不能戴手套操作，以防发生人身事故。

2）多人共同使用一台铣床时，只能一人操作，并注意他人安全。

3）起动前，检查各手柄位置是否到位，确认正常后才可以起动铣床。

4）起动铣床后，人不能靠近旋转的铣刀，更不能用手去触摸刀具和工件，也不能在开机时测量工件。

5）严禁开车时变换铣床主轴转速，以防损坏铣床而发生设备安全事故。

6）工件装夹必须压紧夹牢，以防事故发生。

7）若发生事故，应立即关闭铣床电源。

8）工作结束后，关闭电源，清除切屑，认真擦拭机床，加油润滑，以保持良好的工作环境。

9.2.2　铣削基本操作

1. 铣平面

（1）铣平面　铣平面可用周铣法或端铣法，优先采用端铣法。但在很多场合，如在卧式铣床上铣平面，也常用周铣法。铣削平面的步骤如下：

①起动铣床使铣刀旋转，升高工作台，使零件和铣刀稍微接触，记下刻度盘读数，如图 9-20a 所示。

②纵向退出零件，停车，如图 9-20b 所示。

③利用刻度盘调整侧吃刀量（为垂直于铣刀轴线方向测量的切削层尺寸），使工作台升高到规定的位置，如图 9-20c 所示。

④先手动进给，当零件被稍微切入后，可改为自动进给，如图 9-20d 所示。

⑤铣完一刀后停车，如图 9-20e 所示。

⑥退回工作台，测量零件尺寸，并观察表面粗糙度，重复铣削到规定要求，如图9-20f所示。

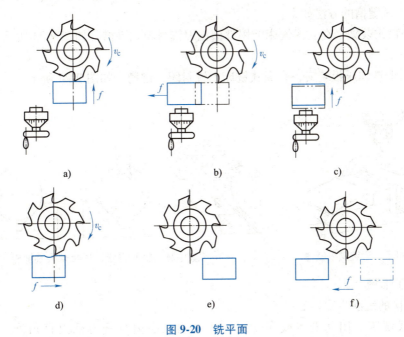

图 9-20　铣平面

（2）铣斜面　铣斜面可以用倾斜零件法（图9-21），也可用倾斜铣刀轴线法（图9-22）。此外，还可用角度铣刀铣斜面可视实际情况灵活选用。

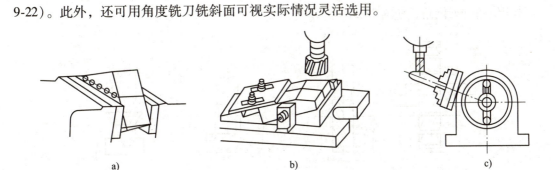

图 9-21　倾斜零件法铣斜面
a）平口钳斜夹工件　b）压板及垫块斜夹工件　c）用分度头斜夹工件

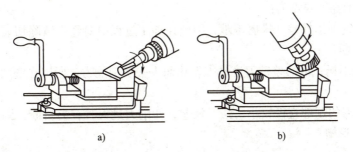

图 9-22　倾斜铣刀轴线法铣斜面

（3）铣键槽　键槽有敞开式键槽和封闭式键槽两种。敞开式键槽一般用三面两刃铣刀在卧式铣床上加工，封闭式键槽一般在立式铣床上用键槽铣刀或立铣刀加工。大批量时用键槽铣床加工。铣键槽的方法如下：

1）用平口钳装夹，在立式铣床上用键槽铣刀铣封闭式键槽，如图9-23所示，适用于单件生产。

2）用 V 形铁和压板装夹，在立式铣床上铣封闭式键槽，如图9-24所示。

图 9-23　用平口钳装夹铣键槽

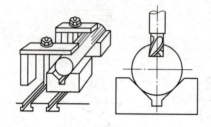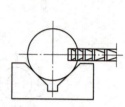

图 9-24　用 V 形铁和压板装夹铣键槽

（4）铣 T 形槽

1）T 形槽的铣削步骤如下：

①在立式铣床上用立铣刀或在卧式铣床上用三面刃盘铣刀铣出直角槽，如图9-25a所示。

②在立式铣床上用铣刀铣出底槽，如图9-25b所示。

③用倒角铣刀倒角，如图9-25c所示。

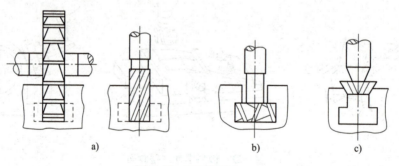

a)　　　　　　　　　b)　　　　　　　　c)

图 9-25　T 形槽的加工

2）铣 T 形槽操作要点为：

①T 形槽的铣削条件差，排屑困难，因此在加工过程中要经常清除切屑，以防阻塞，否则会造成铣刀折断。

②由于排屑不畅，散热差铣刀容易因发热而失去切削能力，所以在铣削过程中要使用足够的切削液。

③T 形槽铣刀的颈部直径较小，强度较差，切削力过大时容易折断，因此应选取较小的切削用量加工 T 形槽。

9.2.3　铣削实操训练

1. 长方体件加工

（1）训练任务　在 X6132 卧式万能铣床上，采用圆柱铣刀铣削如图 9-26 所示的零件，毛坯各加工尺寸余量为 5mm，材料为 HT200。

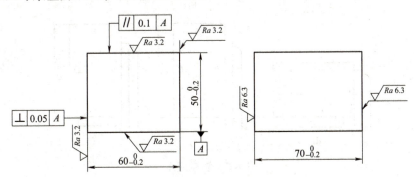

图 9-26　任务零件图

（2）铣削步骤

1）装夹并找正机用虎钳。

2）选择并装夹铣刀（选择 ϕ80mm×80mm 圆柱铣刀）。

3）选择铣削用量。根据表面粗糙度要求，一次铣去全部余量达到表面粗糙度值 $Ra3.2\mu m$ 是比较困难的，因此需分粗铣和精铣两次完成。

①粗铣铣削用量。取主轴转速 $n = 118r/min$，进给速度 $v_f = 60mm/min$，铣削宽度 $a_e = 2mm$。

②精铣铣削用量。取主轴转速 $n = 180r/min$，进给速度 $v_f = 37.5mm/min$，铣削宽度 $a_e = 0.5mm$。

4）试切。铣平面时，先试铣一刀，然后测量铣削平面与基准面的尺寸和平行度，以及与侧面的垂直度。

5）铣削顺序。

①以 A 面为粗定位基准铣削 B 面（图 9-27a），保证尺寸 52.5mm。

②以 B 面为定位基准铣削 A（或 C）面（图 9-27b），保证尺寸 62.5mm。

③以 B 和 A（或 C）面为定位基准铣削 C（或 A）面（图 9-27c），保证尺寸 $60_{-0.2}^{0}$mm。

④以 C（或 A）和 B 面为基准铣削 D 面（图 9-27d），保证尺寸 $50_{-0.2}^{0}$mm。

⑤以 B（或 D）为定位基准铣削 E 面（图 9-27e），保证尺寸 72.5mm。

⑥以 B（或 D）和 E 面为定位基准铣削 F 面（图 9-27f），保证尺寸 $70_{-0.2}^{0}$mm。

（3）操作注意事项

1）及时用锉刀修整工件上的毛刺和锐边，但不要锉伤工件已加工表面。

2）用锤子轻击工件时，不要砸伤已加工表面。

3）铣钢件时应使用切削液。

2. 键槽加工

（1）训练任务　立式铣床上，铣削如图 9-28 所示的封闭键槽。

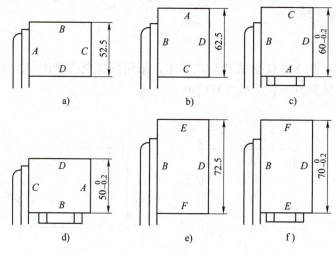

图 9-27　铣削顺序

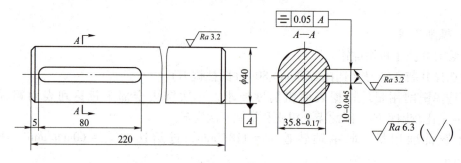

图 9-28　封闭键槽零件图

（2）铣削步骤

1）装夹并找正机用虎钳，固定钳口，使其与工作台纵向进给方向平行。

2）根据图样要求，选择键槽铣刀应小于$\phi 10\text{mm}$，用弹簧夹头装夹键槽铣刀。

3）选择铣削用量，取主轴转速 $n = 475\text{r/min}$，铣削深度 $a_p = 0.2 \sim 0.4\text{mm}$，手动进给。

4）试铣，检查铣刀尺寸（先在废料上铣削）。

5）装夹并找正工件，为便于对刀和检验槽宽尺寸，应使轴的端头伸出钳口以外。

6）对中心铣削，使铣刀中心平面与工件轴线重合。常用的对刀方法有：

①切痕对中心法。装夹找正工件后，适当调整机床，使键槽铣刀中心大致对准工件中心，然后开动机床使铣刀旋转，让铣刀轻轻接触工件，逐渐铣出一个宽度约等于铣刀直径的小平面，用肉眼观察，使铣刀中心落在小平面宽度中心上，再上升工件，在平面两边铣出两个小阶台（图 9-29），若两边台阶高度一致，则铣刀中心平面通过了工件轴线，然后锁紧横向进给机构，进行铣削。

②用游标卡尺测量对中心法。工件装夹后，用钻夹头夹持与键槽铣刀直径相同的圆棒，适当调整圆棒与工件的相对位置，用游标卡尺测量圆棒圆柱面与两钳口的距离（图 9-30）。若 $a = a'$，则圆棒中心平面与工件的轴线重合。

③素线对中心法。精度要求不高时可采用素线对中心法，即刀具先在工件侧面素线上对

出痕迹，然后刀具上升后向工件中心方向移动至工件半径加刀具半径距离之和的位置。

7）铣削时，多次垂直进给，如图 9-31 所示。

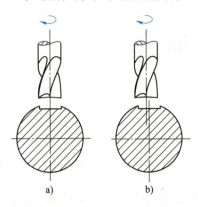

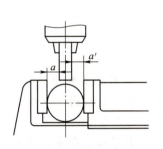

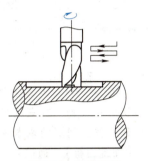

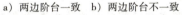

图 9-29 判断中心是否对准
a）两边阶台一致　b）两边阶台不一致

图 9-30 用游标卡尺
测量对中心

图 9-31 键槽铣削

8）测量卸下的工件。

（3）操作注意事项

1）铣刀应装夹牢固，防止铣削时松动。

2）铣刀磨损后应及时刃磨或更换，以免铣出的键槽表面粗糙度值不符合要求。

3）工作中不使用的进给机构应锁紧，工作完毕后再松开。

4）测量工件时应停止铣刀旋转。

5）铣削时用小毛刷清除切屑。

 思考与训练

9-1　铣削的主运动是什么？进给运动是什么？

9-2　铣削的工艺特点有哪些？

9-3　顺铣和逆铣有何不同？实际应用情况怎样？

9-4　铣削加工一般可以完成哪些工作？

9-5　X6132 卧式万能铣床主要组成部分有哪些？

9-6　简述铣床主要附件的名称和用途。

9-7　常用的带柄铣刀有哪些？各有何用途？

9-8　铣一齿数 $Z = 28$ 的齿轮，试用简单分度法计算出每铣一齿，分度头手柄应转过多少圈？（已知分度盘各孔数为 38、39、41、42、43）。

9-9　试述铣 T 形槽的步骤及要点。

9-10　铣轴上的键槽时，如何对刀？对刀的目的是什么？

第10章 刨削训练

【内容提要】 本章主要介绍刨削相关知识（刨削加工的特点及加工范围，牛头刨床、龙门刨床的结构、特点及应用，刨刀的结构、分类及安装方法）及刨削实操训练（刨削安全操作规程，刨削的基本操作）等内容。

【训练目标】 通过本章内容的学习，学生应了解刨削加工的特点及加工范围；能正确调整刨床的行程长度、起始位置、移动速度和进给量；熟悉刨刀的结构、分类及安装方法；能正确装夹工件，完成平面、垂直面及斜面、沟槽、成形面等普通的刨削操作；掌握刨削操作基本技能。

10.1 刨削相关知识

10.1.1 刨削概述

刨削是平面加工的主要方法之一，常见的刨床有牛头刨床、龙门刨床和插床等。

1. 刨削的工艺特点

（1）通用性好 根据切削运动和具体的加工要求，刨床的结构比车床和铣床简单，价格低，调整和操作也较方便。所用的单刃刨刀与车刀基本相同，形状简单，制造、刃磨和安装皆较方便。

（2）生产率较低 刨削的主运动为往复直线运动，反向时受惯性力的影响，加之刀具切入和切出时有冲击，限制了切削速度的提高。单刃刨刀实际参加切削的切削刃长度有限，一个表面往往要经过多次行程才能加工出来，基本工艺时间较长。刨刀返回行程时不进行切削，加工不连续，增加了辅助时间。因此，刨削的生产率低于铣削。但是对于狭长表面（如导轨、长槽等）的加工，以及需要进行多件或多刀的加工，刨削的生产率更高。

刨削的精度可达 IT9~IT8，表面粗糙度值为 $Ra3.2~1.6\mu m$。如图 10-1

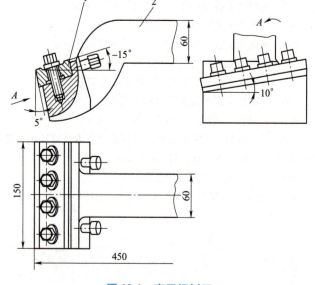

图 10-1 宽刃细刨刀
1—刀片 2—刀体

所示，当采用宽刃精刨时即在龙门刨床上用宽刃细刨刀，以很低的切削速度、大进给量和小的切削深度，从零件表面切去一层极薄的金属，因切削力小，切削热少和变形小，所以零件的表面粗糙度值可达 $Ra1.6\sim0.4\,\mu m$，直线度可达 $0.02mm/m$。宽刃细刨可代替刮研，这是一种先进、有效的平面精加工方法。

2. 刨削的应用

刨削主要用在单件、小批量生产中，在维修车间和模具车间应用较多。

如图 10-2 所示，刨削主要加工平面（包括水平面、垂直面和斜面）和直槽（如直角槽、燕尾槽和 T 形槽等）。如果进行适当的调整和增加某些附件，还可以加工齿条、齿轮、花键和素线为直线的成形面等。

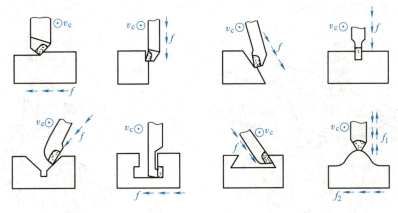

图 10-2　刨削的应用

v_c—切削速度　f、f_1、f_2—进给量

10.1.2　刨床

刨床主要有牛头刨床和龙门刨床，常用的是牛头刨床。牛头刨床最大的刨削长度一般不超过 $1000mm$，适合加工中、小型零件。龙门刨床由于其刚性好，而且有 $2\sim4$ 个刀架可同时工作，因此，它主要加工大型零件或同时加工

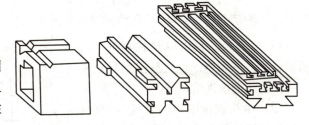

图 10-3　刨床上加工的典型零件

多个中、小型零件，其加工精度和生产率均比牛头刨床高。刨床上加工的典型零件如图 10-3 所示。

1. 牛头刨床

（1）牛头刨床的型号与组成　图 10-4 所示为 B6065 型牛头刨床。型号 B6065 中字母与数字的含义如下：

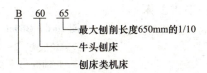

B6065 型牛头刨床主要由以下几部分组成：

1）床身。它用以支承和连接刨床各部件，其顶面的水平导轨供滑枕带动刀架进行往复直线运动，侧面的垂直导轨供横梁带动工作台升降，床身内部有主运动变速机构和摆杆机构。

2）滑枕。它用以带动刀架沿床身水平导轨做往复直线运动。滑枕往复直线运动的快慢、行程的长度和位置，均可根据加工需要调整。

3）刀架。它用以夹持刨刀，其结构如图 10-5 所示。当转动刀架的手柄 5 时，滑板 4 带着刨刀沿刻度转盘 7 上的导轨上、下移动，以调整背吃刀量或在加工垂直面时做进给运动。松开转盘 7 上的螺母，将转盘扳转一定角度，可使刀架斜向进给，以加工斜面。刀座 3 装在滑板 4 上，抬刀板 2 可绕刀座上的销轴向上抬起，以使刨刀在返回行程时离开零件已加工表面，以减少刀具与零件的摩擦。

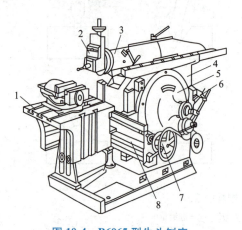

图 10-4　B6065 型牛头刨床

1—工作台　2—刀架　3—滑枕　4—床身
5—摆杆机构　6—变速机构　7—进给机构　8—横梁

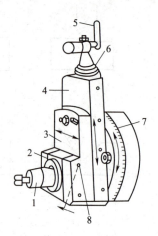

图 10-5　牛头刨床刀架

1—刀夹　2—抬刀板　3—刀座　4—滑板
5—手柄　6—刻度环　7—刻度转盘　8—销轴

4）工作台。它用以安装零件，可随横梁上、下调整，也可沿横梁导轨做水平移动或间歇进给运动。

（2）牛头刨床的传动系统　B6066 型牛头刨床的传动系统主要包括摆杆机构和棘轮机构，如图 10-6 所示。

1）摆杆机构。它的作用是将电动机传来的旋转运动变为滑枕的往复直线运动。摆杆机构如图 10-7 所示。

2）棘轮机构。它的作用是使工作台在滑枕完成回程与刨刀再次切入零件之前的瞬间做间歇横向进给。牛头刨床横向进给机构如图 10-8a 所示，棘轮机构如图 10-8b 所示。

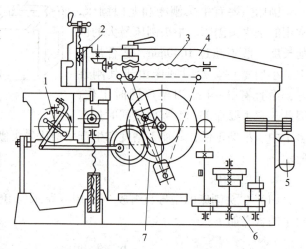

图 10-6　B6066 牛头刨床的传动系统

1—棘轮机构　2—刀架　3—丝杠　4—滑枕
5—电动机　6—变速机构　7—摇臂机构

齿轮 5 与摆杆齿轮为一体，摆杆齿轮顺时针旋转时，齿轮 5 带动齿轮 6 转动，使连杆 4 带动棘爪 3 顺时针摆动。棘爪 3 顺时针摆动时，其上的垂直面拨动棘轮 2 转过若干齿，使丝杠 8 转过相应的角度，从而实现工作台的横向进给。棘轮顺时针摆动时，由于棘爪后面为一斜面，只能从棘轮齿顶滑过，而不能拨动棘轮，所以工作台静止不动，就实现了工作台的横向间歇进给。

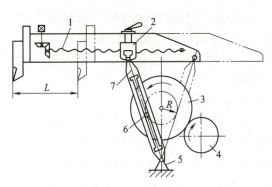

图 10-7　摆杆机构

1—丝杠　2—螺母　3—摆杆齿轮　4—小齿轮
5—支架　6—偏心滑块　7—摆杆

（3）牛头刨床的调整

1）滑枕行程长度、起始位置、速度的调整。刨削时，滑枕行程长度一般应比零件刨削表面长 30～40mm。滑枕行程长度的调整方法是改变摆杆齿轮上偏心滑块的偏心距，即偏心距越大，摆杆摆动的角度就越大，滑枕的行程长度也就越长；反之，则越短。

松开滑枕内的锁紧手柄，转动丝杠，即可改变滑枕行程的起始点，使滑枕移到所需的位置。

调整滑枕速度时，必须在停车之后进行，否则将损坏齿轮。通过变速机构来改变变速齿轮的位置，使牛头刨床获得不同的转速。

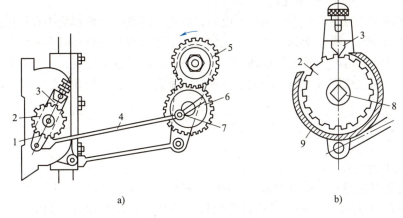

a)　　　　　　　　　　　　　b)

图 10-8　牛头刨床横向进给机构

a）横向进给机构　b）棘轮机构

1—棘爪架　2—棘轮　3—棘爪　4—连杆　5、6—齿轮　7—偏心销　8—丝杠　9—棘轮罩

2）工作台横向进给量的大小、方向的调整。工作台的进给运动既要满足间歇运动的要求，又要与滑枕的工作行程协调一致，即刨刀返回行程将结束时，工作台连同零件一起横向移动一个进给量。牛头刨床的进给运动由棘轮机构实现。

横向进给机构中，棘爪架空套在丝杠上，棘轮用键与丝杠轴相连，工作台横向进给量的大小，可通过改变棘轮罩的位置，从而改变棘爪每次拨过棘轮的有效齿数。

棘爪拨过棘轮的齿数较多时，进给量大；反之进给量则小。此外，还可改变偏心销的偏心距来调整进给量，即偏心距小，棘爪架摆动的角度就小，棘爪拨过的棘轮齿数少，进给量就小；反之，进给量则大。

若将棘爪提起后转动180°，可使工作台反向进给。当把棘爪提起后转动90°，棘轮便与棘爪脱离接触，此时可手动进给。

2. 龙门刨床

龙门刨床因有一个"龙门"式的框架而得名。与牛头刨床不同，在龙门刨床上加工时，零件随工作台的往复直线运动为主运动，进给运动是垂直刀架沿横梁上的水平移动和侧刀架在立柱上的垂直移动。

龙门刨床适用于刨削大型零件，零件长度可达几米、十几米，甚至几十米，还适合加工各种水平面、垂直面及各种平面组合的导轨面、T形槽等。由于可在龙门刨床的工作台上同时装夹几个中、小型零件，用几把刀具同时加工，故生产率较高。B2010A型龙门刨床如图10-9所示。

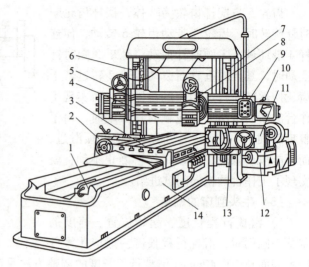

图 10-9　B2010A 型龙门刨床

1—液压安全器　2—左侧刀架进给箱　3—工作台　4—横梁
5—左垂直刀架　6—左立柱　7—右立柱　8—右垂直刀架
9—悬挂按钮站　10—垂直刀架进给箱　11—右侧刀架进给箱
12—工作台减速箱　13—右侧刀架　14—床身

龙门刨床的主要特点是：①自动化程度高，各主要运动的操纵都集中在机床的悬挂按钮站和电气柜的操纵台，操作十分方便；②工作台的工作行程和空行程可在不停车的情况下实现无级变速；③横梁可沿立柱上下移动，以适应不同高度零件的加工；④所有刀架都有自动抬刀装置，并可单独或同时进行自动或手动进给，垂直刀架还可转动一定的角度，用来加工斜面。

10.1.3　刨刀

1. 刨刀的几何形状

刨刀的几何形状与车刀相似，但刀杆的截面积比车刀大 1.25~1.5 倍，以承受较大的冲击力。刨刀的前角 γ_o 比车刀稍小，刃倾角取较大的负值，以增加刀头的强度。图 10-10 所示为弯头刨刀和直头刨刀。刨刀的刀头往往制成弯头，其目的是当刀具碰到零件表面上的硬点时，刀头能绕 O 点向后上方弹起，使切削刃离开零件表面，不会啃入零件已加工表面或损坏切削刃，因此弯头刨刀比直头刨刀应用更广。

2. 刨刀的种类及其应用

刨刀的形状和种类依加工表面形状的不同而有所不同。常见刨刀的种类如图 10-11 所示。

平面刨刀（图10-11a）用于加工水平面；偏刀（图10-11b）用于加工垂直面、台阶面和斜面；角度偏刀（图10-11c）用于加工角度和燕尾槽；切刀（图10-11d）用于切断或刨沟槽；弯切

图 10-10　弯头刨刀和直头刨刀

a）弯头刨刀　b）直头刨刀

刀（图 10-11e）用于加工 T 形槽及侧面上的槽。

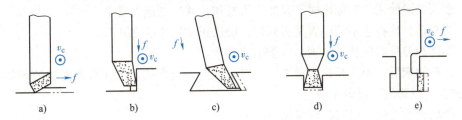

图 10-11　常见的刨刀种类

a）平面刨刀　b）偏刀　c）角度偏刀　d）切刀　e）弯切刀

3. 刨刀的安装

图 10-12 所示为刨刀的安装，安装刨刀时，将转盘对准零线，以便准确控制背吃刀量，刀头不要伸出太长，以免发生振动和折断。直头刨刀伸出长度一般为刀杆厚度的 1.5 ~ 2 倍，弯头刨刀的伸出长度可稍长，以弯曲部分不碰刀座为宜。装刀或卸刀时，应使刀尖离开零件表面，以防损坏刀具或擦伤零件表面，必须一只手扶住刨刀，另一只手使用扳手，用力方向自上而下，否则容易将抬刀板掀起，碰伤或夹伤手指。

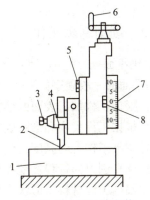

图 10-12　刨刀的安装

1—零件　2—刀头　3—刀夹螺钉
4—刀夹　5—刀座螺钉　6—刀架进给手柄
7—转盘　8—转盘螺钉

10.1.4　工件装夹方法

在刨床上工件的装夹方法视工件的形状和尺寸而定，常用的有平口虎钳装夹、压板螺栓装夹和专用夹具装夹等，如图 10-13 所示。

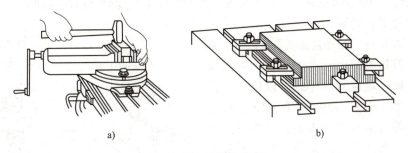

图 10-13　工件的装夹

a）平口虎钳装夹　b）压板螺栓装夹

10.2　刨削实操训练

10.2.1　刨削安全操作规程

1）操作者必须穿工作服、戴安全帽，长头发须压入帽内，不能戴手套操作，以防发生人身事故。

2）多人共同使用一台刨床时，只能一人操作，并注意他人安全。

3）开车前，检查各手柄位置是否到位，确认正常后才准许开车。

4）工件和刀具必须装夹牢固，以防事故发生。

5）起动刨床后，不能开机测量工件，以防发生人身事故。工作台和滑枕的调整不能超过极限位置，以防发生设备事故。

6）严禁开车变速，以防损坏机床。

7）发生事故时，应立即关闭电源。

8）工作结束后，关闭电源，清除切屑，认真擦净机床，加油润滑，以保持良好的工作环境。

10.2.2　刨削基本操作

1. 刨平面

刨平面的一般顺序如下：

1）根据工件加工表面的形状选择并正确安装刨刀。

2）根据工件大小和形状确定工件装夹方法，并夹紧工件。

3）调整工作台的高度，使刀尖轻微接触零件表面。

4）调整刨刀的行程长度和起始位置。

5）根据工件材料、形状、尺寸等要求，合理选择切削用量。

6）试切。先用手动试切，进给 1~1.5mm 后停车，测量尺寸，根据测得结果调整背吃刀量，再自动进给进行刨削。当零件表面粗糙度值 $Ra<6.3\mu m$ 时，应先粗刨再精刨。精刨时，背吃刀量和进给量应小些，切削速度应适当高些。此外，在刨刀返回行程时，用手掀起刀座上的抬刀板，使刀具离开已加工表面，以保证零件表面质量。

7）检验。工件刨削完成后，停车检验，尺寸和加工精度合格后即可卸下。

2. 刨垂直面和斜面

（1）刨垂直面　刨垂直面（图10-14）采用偏刀并使刀具的伸出长度大于整个刨削面的高度。刀架转盘应对准零线，以使刨刀沿垂直方向移动。刀座必须偏转 10°~15°，使刨刀在返回行程时离开工件表面，减少刀具的磨损，避免工件已加工表面被划伤。刨垂直面和斜面的加工方法一般在不能或不便于水平面刨削时使用。

（2）刨斜面　刨斜面与刨垂直面基本相同，只是刀架转盘必须按工件所需加工的斜面扳转一定角度，以使刨刀沿斜面方向移动。

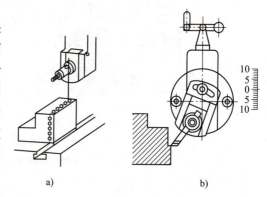

图 10-14　刨垂直面
a）按划线找正　b）调整刀架垂直进给

刨斜面（图10-15）采用偏刀或样板刀，转动刀架手柄进行进给，可以刨削左侧或右侧斜面。

3. 刨沟槽

（1）刨直槽　刨直槽时使用切刀以垂直进给方式完成，如图 10-16 所示。

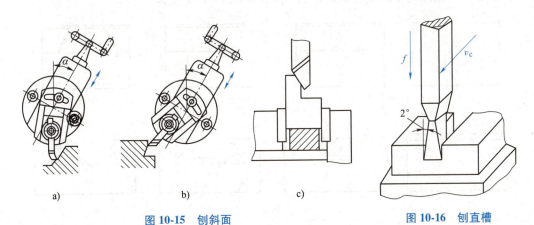

图 10-15　刨斜面

a）用偏刀刨左侧斜面　b）用偏刀刨右侧斜面　c）用样板刀刨斜面

图 10-16　刨直槽

（2）刨 V 形槽　刨 V 形槽（图 10-17）时先按刨平面的方法把 V 形槽粗刨出大致形状，如图 10-17a 所示；再用切刀刨 V 形槽底的直角槽，如图 10-17b 所示；按刨斜面的方法用偏刀刨 V 形槽的两斜面，如图 10-17c 所示；最后用样板刀精刨至图样要求的尺寸精度和表面粗糙度值，如图 10-17d 所示。

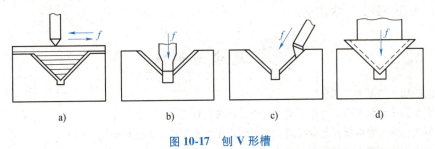

图 10-17　刨 V 形槽

（3）刨 T 形槽　刨 T 形槽时，应先在工件端面和上平面划出加工线，如图 10-18a 所示，再按图 10-18b 所示顺序刨削。

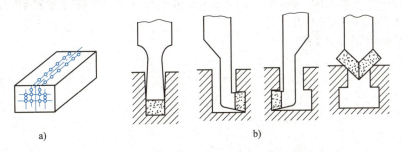

图 10-18　刨 T 形槽

a）T 形槽工件的划线　b）刨 T 形槽的顺序

（4）刨燕尾槽　刨燕尾槽与刨 T 形槽相似，应先在工件端面和上平面划出加工线，如图 10-19a 所示。燕尾槽的燕尾部分是两个对称斜面。其刨削方法是刨直槽和刨内斜面的综合，但需要专门刨燕尾槽的左右偏刀，刨削步骤如图 10-19b 所示。

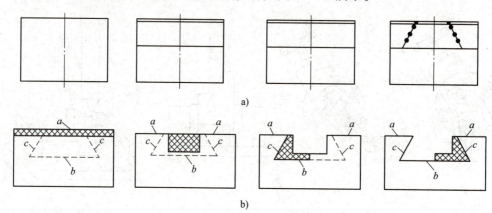

图 10-19　刨燕尾槽

a）燕尾槽工件的划线　b）刨削燕尾槽的顺序

4. 刨削成形面

在刨床上刨削成形面，通常先在工件侧面划线，然后根据划线移动刨刀做垂直进给运动，移动工作台做水平进给，从而加工出成形面。也可使用成形刨刀加工，使刨刀切削刃口形状与零件表面一致，一次成形。

思考与训练

10-1　刨削加工的范围有哪些？

10-2　牛头刨床刨削平面时的主运动和进给运动各是什么？

10-3　牛头刨床主要由哪几部分组成？各有何作用？刨削前应如何调整？

10-4　牛头刨床刨削平面时的间歇进给运动是靠什么实现的？

10-5　牛头刨床滑枕往复直线运动的速度是如何变化的？为什么？

10-6　龙门刨床有哪些特点？

10-7　常见的刨刀有哪几种？分别有何用途？试分析切削量最大的刨刀为什么要制成弯头。

10-8　刨刀安装注意事项有哪些？

10-9　刨 V 形槽的步骤有哪些？

第11章 磨削训练

【内容提要】 本章主要介绍磨削相关知识（磨削概述，砂轮的特征要素，磨削过程，磨削的工艺特点，磨削的应用及发展）及磨削实操训练（磨削安全操作规程，外圆磨削、孔磨削等基本操作）等内容。

【训练目标】 通过本章内容的学习，要求学生了解磨削基本概念；熟悉砂轮的特征要素；熟悉和掌握磨削过程；了解磨削的工艺特点；掌握磨削的具体应用，如外圆磨削、内圆磨削和平面磨削；掌握磨削操作基本技能。

11.1 磨削相关知识

11.1.1 磨削概述

磨削是用磨具以较高的线速度对零件表面进行加工的方法，磨削加工是应用较为广泛的去除材料的机械加工方法之一。通常把使用磨具进行加工的机床称为磨床，按加工用途的不同磨床可分为外圆磨床、内圆磨床和平面磨床等。常用的磨具有固结磨具（如砂轮、油石等）和涂附磨具（如砂带、砂布等）。根据工艺目的和要求不同，磨削加工工艺方法有多种形式，生产中主要是用砂轮进行磨削。为适应发展需要，磨削技术朝着精密、低表面粗糙度值、高效、高速和自动磨削方向发展。

11.1.2 砂轮

砂轮是由结合剂将普通磨料固结成一定形状（多数为圆形，中央有通孔），并具有一定强度的固结磨具。它一般由磨料、结合剂和气孔构成，这三部分称为固结磨具三要素。按照结合剂的不同分类，常见的有陶瓷（结合剂）砂轮、树脂（结合剂）砂轮、橡胶（结合剂）砂轮。砂轮是磨具中用量最大、使用面最广的一种。使用时，砂轮高速旋转，可对金属或非金属工件的外圆、内圆、平面和各种型面等进行粗磨、半精磨和精磨，以及开槽和切断等加工。

砂轮性能主要取决于砂轮的磨料、粒度、结合剂、硬度、组织及形状尺寸等因素，这些因素称为砂轮的特征要素。

（1）磨料 砂轮的磨料应具有很高的硬度和耐热性，适当的韧度和强度。常用磨粒主要有以下三种：

1）刚玉类（Al_2O_3）。如棕刚玉（A）、白刚玉（WA）。它适用于磨削各种钢材，如不锈钢、高强度合金钢、退火后的可锻铸铁和硬青铜。

2）碳化硅类（SiC）。如黑碳化硅（SiC）、绿碳化硅（GC）。它适用于磨削铸铁、激冷铸铁、黄铜、软青铜、铝、硬表层合金和硬质合金。

3）高硬磨料类。如人造金刚石（MBD）、立方氮化硼（CBN）。高硬磨料类具有高强度、高硬度，适用于磨削高速钢、硬质合金、宝石等。

各种磨料的性能、代号和用途见表 11-1。

表 11-1　磨料的性能、代号和用途

磨料名称		代号	主要成分	颜色	力学性能	热稳定性	用途
刚玉类	棕刚玉	A	Al_2O_3 $TiO_2<3\%$	棕褐色	韧性好、硬度高	2100℃熔融	碳钢、合金钢、铸铁
	白刚玉	WA	$Al_2O_3>99\%$	白色			淬火钢、高速钢
碳化硅类	黑碳化硅	SiC	$SiC>95\%$	黑色		>1500℃ 氧化	铸铁、黄铜、非金属材料
	绿碳化硅	GC	$SiC>99\%$	绿色			硬质合金钢
高硬磨料类	立方氮化硼	CBN	立方氮化硼	黑色	高硬度、高强度	<1300℃稳定	硬质合金钢、高速钢
	人造金刚石	MBD	碳结晶体	乳白色		>700℃石墨化	硬质合金、宝石

（2）粒度　粒度表示磨粒的大小程度，表示方法有两种：

1）以磨粒所能通过的筛网上每英寸长度上的孔数作为粒度。粒度号为 4～240 号，粒度号越大，则磨料的颗粒越细。

2）粒度号比 240 号还要细的磨粒称为微粉。微粉的粒度用实测的实际最大尺寸，并在前冠以字母"W"来表示。粒度号为 W63～W0.5，例如，W7 表示此种微粉的最大尺寸为 5～7μm，粒度号越小，微粉颗粒越细。

粒度的大小主要影响加工表面的表面粗糙度值和生产率。一般来说，粒度号越大，则加工表面的表面粗糙度值越小，生产率越低。因此粗加工宜选粒度号小（颗粒较粗）的砂轮，精加工则选用粒度号大（颗粒较细）的砂轮；而微粉则用于精磨、超精磨等加工。

此外，粒度的选择还与零件材料、磨削接触面积的大小等因素有关。通常情况下，磨软的材料应选颗粒较粗的砂轮。

（3）结合剂　结合剂的作用是将磨料黏合成具有各种形状及尺寸的砂轮，并使砂轮具有一定的强度、硬度、气孔，以及抗腐蚀、抗潮湿等性能。砂轮的强度、耐热性和耐磨性等重要指标，在很大程度上取决于结合剂的特性。

对砂轮结合剂的基本要求是：与磨粒不发生化学作用，能持久保持其对磨粒的黏结强度，并保证所制砂轮在磨削时安全可靠。

砂轮常用的结合剂有陶瓷、树脂、橡胶。陶瓷应用最广，它耐热、耐水、耐酸、价廉，但它的脆性高，不能承受较大冲击和振动。树脂和橡胶弹性好，能制成很薄的砂轮，但耐热性差，易受酸、碱切削液的侵蚀。

砂轮常用结合剂的性能、代号及用途见表 11-2。

（4）硬度　砂轮的硬度是指结合剂对磨料黏结能力的大小。砂轮硬度是由结合剂的黏结强度决定的，而不是磨料的硬度。在同样的条件和一定外力作用下，若磨粒很容易从砂轮上脱落，砂轮的硬度就比较低（或称为软）；反之，砂轮的硬度就比较高（或称为硬）。

表 11-2　砂轮常用结合剂的性能、代号及用途

结合剂名称	代号	性能	用途
陶瓷	V	耐热耐蚀，易保持轮廓形状，弹性差、气孔率大	适用于 $v_砂 < 35m/s$ 的磨削，这种结合剂应用最广，能制成各种磨具，适合成形磨削和磨螺纹、齿轮、曲轴等
树脂	B	强度大、耐冲击、能高速工作，有抛光作用，弹性好、气孔率小	适用于 $v_砂 > 50m/s$ 的高速磨削，能制成薄片砂轮磨槽，刃磨刀具前面。高精度磨削、湿磨时，切削液中碱的质量分数应 $< 1.5\%$
橡胶	R	强度比树脂高，耐热性差，磨粒容易脱落，更有弹性、气孔率小	能制成磨削轴承沟道的砂轮、无心磨削砂轮，导轮、各种开槽和切割用薄片砂轮，以及柔软抛光砂轮等

砂轮上的磨粒钝化后，作用于磨粒上的磨削力增大，从而促使砂轮表层磨粒自动脱落，里层新磨粒锋利的切削刃则投入切削，砂轮又恢复了原有的切削性能。砂轮的此种能力称为自锐性。

砂轮硬度的选择合理与否，对磨削加工质量和生产率影响很大。一般来说，零件材料越硬，则应选用越软的砂轮。这是因为零件硬度高，磨粒磨损快，选择较软的砂轮有利于磨钝砂轮的自锐。但硬度选得过低，则砂轮磨损快，也难以保证正确的砂轮廓形。若选用砂轮硬度过高，则难以实现砂轮的自锐，不仅生产率低，而且易产生零件表面的高温烧伤。

机械加工中，常选用的砂轮硬度范围为 H~N（软 2~中 2）。

（5）组织　砂轮组织是指砂轮中磨料、结合剂和气孔三者体积的比例关系。磨料所占的比例越大，则砂轮的组织越紧密；反之，则组织越疏松。砂轮的组织分为紧密、中等、疏松三类，细分为 0~14 共 15 个组织号。组织号为 0 者，组织最为紧密；组织号为 14 者，组织最为疏松。

砂轮组织疏松有利于排屑、冷却，但容易磨损和失去正确的廓形；砂轮组织紧密，则情况与之相反，并且可以获得较小的表面粗糙度。一般情况下采用中等组织的砂轮，精磨和成形磨用组织紧密组织的砂轮，磨削接触面积大和薄壁零件时用疏松组织的砂轮。

（6）形状及尺寸　为适应不同的加工要求，砂轮制成不同的形状。同样形状的砂轮，还可制成多种不同的尺寸。常用的砂轮形状、代号及用途见表 11-3。

表 11-3　常用的砂轮形状、代号及用途

砂轮名称	代号	断面形状	用途
平行砂轮	1		外圆磨、内圆磨、平面磨、无心磨、工具磨
薄片砂轮	41		切断、切槽
筒形砂轮	2		端磨平面

（续）

砂轮名称	代号	断面形状	用 途
碗形砂轮	11		刃磨刀具、磨导轨
碟形 1 号砂轮	12a		磨齿轮、磨铣刀、磨铰刀、磨拉刀
双斜边砂轮	4		磨齿轮、磨螺纹
杯形砂轮	6		磨平面、磨内圆、刃磨刀具

（7）砂轮的规格尺寸标志　砂轮端面上一般均印有砂轮的标志。标志的顺序是：形状代号—尺寸—磨料—粒度号—硬度—组织号—结合剂—线速度。例如，某砂轮标记为"砂轮 1-400×60×75-WA60-L5V-35m/s"，表示平行砂轮，外径为 400mm，厚度为 60mm，孔径为 75mm，磨料为白刚玉（WA），粒度号为 60，硬度为 L（中软 2），组织号为 5，结合剂为陶瓷（V），最高工作线速度为 35m/s 的砂轮。

11.1.3　磨削过程

本质上，磨削也是一种切削，砂轮表面上的每个磨粒可以近似看成一个微小刀齿，凸出的磨粒尖棱可以认为是微小的切削刃。因此，砂轮可以看作是具有极多微小刀齿的铣刀，由于砂轮上的磨粒具有形状各异和分布的随机性，导致它们在加工过程中均用负前角切削，且它们各自的几何形状和切削角度差异很大，工作情况相差甚远。

砂轮表面的磨粒在切入零件时，其过程大致可分为三个阶段，如图 11-1 所示。

（1）滑擦阶段　磨粒开始与零件接触，切削厚度由零逐渐增大。由于切削厚度较小，而磨粒切削刃的钝圆半径及负前角又很大，磨粒沿零件表面滑行并发生强烈的挤压摩擦，使零件表面材料产生弹性及塑性变形，零件表层产生热应力。

（2）刻划阶段　随着切削厚度的增大，磨粒与零件表面的摩擦和挤压作用加剧，磨粒开始切入零件，使零件材料因受挤压而向两侧隆起，在零件表面形成沟纹或划痕。此时除磨粒与零件间相互摩擦，主要是材料内部发生的摩擦。零件表层不仅有热应力，而且有由于弹、塑性变形所产生的变形应力。此阶段将影响零件表面粗糙度，易产生表面烧伤、裂纹等缺陷。

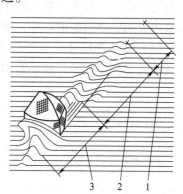

图 11-1　磨粒切削过程
1—滑擦　2—刻划　3—切削

（3）切削阶段　当切削厚度继续增大至一定值时，磨削温度不断升高，挤压力大于零件材料的强度，使被切材料明显地沿剪切面滑移而形成切屑，并沿磨粒前面流出。零件表面也产生热应力和变形应力。

由于砂轮表面砂粒高低分布不均，每个磨粒的切削厚度也不相同，故有些磨粒切削零件形成切屑，有些磨粒仅在零件表面上刻划、滑擦，从而产生很高的温度，引起零件表面的烧伤及裂纹。

在强烈的挤压和高温作用下，磨屑的形状极为复杂，常见的磨屑形态有带状屑、节状屑和灰烬。

11.1.4　磨削的工艺特点

（1）精度高、表面粗糙度值小　磨削时，砂轮表面有极多的切削刃，并且刃口圆弧半径 r_ε 较小。例如粒度为 46 号的白刚玉磨粒，$r_\varepsilon = 0.006 \sim 0.012\text{mm}$，而一般车刀和铣刀的 $r_\varepsilon = 0.012 \sim 0.032\text{mm}$。磨粒上较锋利的切削刃能够切下一层极薄的金属，切削厚度可以小到数微米，这是精密加工必须具备的条件之一。一般切削刀具的刃口圆弧半径虽然可以磨得小一些，但不耐用，不能或难以进行经济、稳定的精密加工。

磨削所用的磨床，比一般切削加工机床精度高，刚度及稳定性较好，并且具有微量进给机构（表 11-4），可以进行微量切削，从而保证了精密加工的实现。

表 11-4　不同机床微量进给机构的分度值

机床名称	立式铣床	车床	平面磨床	外圆磨床	精密外圆磨床	内圆磨床
分度值/mm	0.05	0.02	0.01	0.005	0.002	0.002

磨削时，切削速度很高，如普通外圆磨削 $v_c = 30 \sim 35\text{m/s}$，高速磨削 $v_c > 50\text{m/s}$。当磨粒以很高的切削速度从零件表面切过时，同时有很多切削刃进行切削，每个切削刃从零件上切下极少量的金属，残留面积高度很小，有利于降低表面粗糙度值。

因此，磨削可以达到高精度和低表面粗糙度值。一般磨削精度可达 IT7~IT6，表面粗糙度值为 $Ra0.8 \sim 0.2\mu\text{m}$，当采用小表面粗糙度值磨削时，表面粗糙度值可达 $Ra0.1 \sim 0.008\mu\text{m}$。

（2）砂轮有自锐作用　磨削过程中，砂轮的自锐作用是其他切削刀具没有的。一般刀具的切削刃如果磨钝损坏，则切削不能继续进行，必须换刀或重磨。而砂轮由于本身的自锐性，使得磨粒能够以较锋利的刃口对零件进行切削。实际生产中，有时就利用这一原理进行强力连续磨削，以提高磨削加工的生产率。

（3）背向磨削力 F_y 较大　与车外圆时切削力的分解类似，磨外圆时，总磨削力 F 也可以分解为三个互相垂直的力（图 11-2）。其中，F_z 称为磨削力；F_y 称为背向磨削力；F_x 称为进给磨削力。磨削力 F_z 决定磨削时消耗功率的大小，在一般切削加工中，切削力 F_z 比背向力 F_y 大得多；而在磨削时，由于背吃刀量较小，磨粒上的刃口圆弧半径相对较大，同时由于磨粒上的切削刃一般都具有负前角，砂轮与零件表面接触的宽度较大，致使背向磨削力 F_y 大于磨削力 F_z。一般情况下，$F_y = (1.5 \sim 3)F_z$，零件材料的塑性越小，F_y/F_z 值越大，见表 11-5。

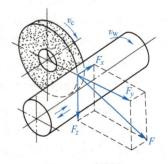

图 11-2　磨削力

表 11-5　磨削不同材料时的 F_y/F_z 值

零件材料	碳钢	淬硬钢	铸铁
F_y/F_z	1.6~1.8	1.9~2.6	2.7~3.2

虽然背向磨削力 F_y 不消耗功率，但它作用在工艺系统（由机床、夹具、零件和刀具所组成的加工系统）刚度较差的方向上，容易使工艺系统产生变形，影响零件的加工精度。例如，纵磨细长轴的外圆时，由于零件弯曲而产生腰鼓形，如图 11-3 所示。进给磨削力 F_x 最小，一般可忽略不计。另外，由于工艺系统的变形，会使实际的背吃刀量比名义值小，这将增加磨削加工的走刀次数。一般在最后几次光磨走刀中，要少吃刀或不吃刀，以便逐步消除由弹性变形而产生的加工误差，这就是常说的无进给有火花磨削。但是，这样将降低磨削加工的效率。

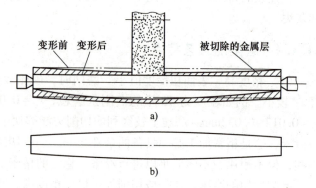

图 11-3　背向磨削力所引起的加工误差
a）磨削时工件变形　b）工件实际变形

（4）磨削温度高　磨削时的切削速度一般为切削加工的 10~20 倍，在这样高的切削速度下，加上磨粒多为负前角切削，挤压和摩擦较严重，磨削时滑擦、刻划和切削 3 个阶段所消耗的能量绝大部分转化为热量。又因砂轮本身的传热性很差，大量的磨削热在短时间内传散不出去，在磨削区形成瞬时高温（有时高达 800~1000℃）并且大部分磨削热将传入零件。高的磨削温度容易烧伤零件表面，使淬火钢表面退火，硬度降低，即使由于切削液的浇注可以降低切削温度，但也可能发生二次淬火，会在零件表层产生拉应力及显微裂纹，降低零件的表面质量和使用寿命。

高温下，零件材料将变软而容易堵塞砂轮，这不仅影响砂轮的寿命，也影响零件的表面质量。

因此，在磨削过程中，应采用大量的切削液。磨削时加注切削液除起到冷却和润滑作用，还可以起到冲洗砂轮的作用。切削液将细碎的切屑以及碎裂或脱落的磨粒冲走，避免砂轮堵塞，可有效提高零件的表面质量和砂轮的寿命。

磨削钢件时，广泛应用的切削液是苏打水或乳化液。磨削铸铁、青铜等脆性材料时，一般不加切削液，而用吸尘器清除尘屑。

（5）表面变形强化和残余应力严重　与刀具切削相比，磨削的表面变形强化层和残余应力层要浅得多，但危害程度却更为严重，对零件的加工工艺、加工精度和使用性能均有一定的影响。例如，磨削后的机床导轨面，刮研修整比较困难。残余应力使零件磨削后变形，丧失已获得的加工精度，还可导致细微裂纹而影响零件的疲劳强度。及时修整砂轮，加充足的切削液，增加光磨次数，都可在一定程度上减少表面变形强化和残余应力。

11.1.5 磨削的应用及发展

1. 磨削的应用

过去磨削一般用于半精加工和精加工，但随着机械制造业的发展，磨床、砂轮、磨削工艺和冷却技术等都有了较大的改进，磨削已能经济、高效地切除大量金属。此外，由于精密铸造、模锻、精密冷拔等先进毛坯制造工艺的使用，毛坯的加工余量较小，可不经车削、铣削等粗加工，直接利用磨削加工，达到较高的精度和表面质量要求。因此，磨削加工的应用越来越广泛。目前，工业发达国家中磨床占机床总数的 30%~40%，并且今后还要增加。

磨削可以加工的零件材料范围很广，既可以加工铸铁、碳钢、合金钢等一般结构材料，也能够加工高硬度的淬硬钢、硬质合金、陶瓷和玻璃等难切削材料。但是，磨削不宜精加工塑性较大的有色金属零件。

磨削可以加工外圆面、内孔、平面、成形面、螺纹和齿轮齿形等各种各样的表面，还常用于各种刀具的刃磨。

2. 磨削发展简介

近年来，磨削正朝两个方向发展：一个是高精度、低表面粗糙度值磨削，另一个是高效磨削。

（1）高精度、低表面粗糙度值磨削　它包括精密磨削（$Ra0.1~0.05\mu m$）、超精磨削（$Ra0.025~0.012\mu m$）和镜面磨削（$Ra0.008\mu m$ 以下），可以代替研磨加工，以便节省工时和减轻劳动强度。

高精度、小表面粗糙度值磨削时，除了对磨床精度和运动平稳性有较高要求，还要合理选用工艺参数，对所用砂轮要经过精细修整，以保证砂轮表面的磨粒具有等高性很好的微刃。磨削时，磨粒的微刃在零件表面上切下微细切屑，同时在适当的磨削压力下，借助半钝状态的微刃，对零件表面产生摩擦抛光作用，从而获得高精度和低表面粗糙度值。

（2）高效磨削　它包括高速磨削、强力磨削和砂带磨削，主要目标是提高生产率。

1）高速磨削是指磨削速度（v_c），即砂轮线速度 $v_s \geq 50m/s$ 的磨削加工，即使维持与普通磨削相同的进给量，也会因提高零件速度而增加金属切削率，使生产率提高。由于磨削速度高，单位时间内通过磨削区的磨粒数增多，每个磨粒的切削层将变薄，切削负荷减小，砂轮的寿命可显著提高。由于每个磨粒的切削层厚度小，零件表面残留面积的高度小，并且高速磨削时磨粒刻划作用所形成的隆起高度也小，因此磨削表面的表面粗糙度值较小。

2）强力磨削是指以大的背吃刀量（可达十几毫米）和小的纵向进给速度（相当于普通磨削的 1/100~1/10）进行成形磨削的方法。强力磨削可以代替一部分车削、铣削和刨削等；应用得当时，可以直接从毛坯磨成成品，粗、精加工一次完成；加工效率可提高 4~5 倍；可以减少加工设备，节省不同加工工序所需要的装卸、调整等辅助时间；它不受工件表面条件（如锈、硬点、断续表面等）以及材料硬度、韧性的限制；加工精度和表面粗糙度值小。

3）砂带磨削是一种弹性磨削，是一种具有磨削、研磨、抛光多种作用的复合加工工艺。砂带的磨粒比砂轮的磨粒具有更强的切削能力，所以其磨削效率非常高。砂带磨削效率高表现在它的切除率、磨削比（切除工件质量与与磨料磨损质量之比）和机床功率利用率三个方面都很高。

▶ 11.2　磨削实操训练

11.2.1　磨削安全操作规程

1）操作者必须穿工作服，戴安全帽，长发须压入帽内，不能戴手套操作，以防发生人身事故。

2）多人共用一台磨床时，只能一人操作并注意他人的安全。

3）开车前，检查各手柄的位置是否到位，确认正常后才准许开车。

4）砂轮是在高速旋转下工作的，禁止面对砂轮站立。

5）砂轮起动后，必须慢慢引向工件，严禁突然接触工件。吃刀量不能过大，以防切削力过大将工件顶飞而发生事故。

6）砂轮未停稳不能拆卸工件。

7）发生事故时，应立即关闭机床电源。

8）工作结束后，关闭电源，清除切屑，认真擦净机床，加油润滑，以保持良好的工作环境。

11.2.2　磨削基本操作

1. 外圆磨削

外圆磨削一般在普通外圆磨床或万能外圆磨床上进行。由于砂轮粒度及采用的磨削用量不同，磨削外圆的精度和表面粗糙度值也不同。磨削可分为粗磨和精磨，粗磨外圆的尺寸标准公差等级为 IT8~IT7，表面粗糙度值为 $Ra1.6~0.8\mu m$；精磨外圆的尺寸标准公差等级为 IT6，表面粗糙度值为 $Ra0.4~0.2\mu m$。

（1）在外圆磨床上磨削外圆（图 11-4）　磨削时，轴类零件常用顶尖装夹，其方法与车削基本相同，但磨床所用顶尖都是固定顶尖，不随零件一起转动。盘套类零件则利用心轴和顶尖安装。外圆的磨削方法如下：

1）纵磨法（图 11-4a）。磨削时砂轮高速旋转为主运动 v_c，零件旋转为圆周进给运动，零件随磨床工作台的往复直线运动为纵向进给运动 f_r。每一次往复行程终了时，砂轮做周期性的横向进给 f_a。每次磨削深度很小，多次横向进给磨去全部磨削余量。

由于每次磨削量小，所以磨削力小，产生的热量小，散热条件较好。同时，还可利用最后几次无横向进给的光磨行程进行精磨，因此加工精度和表面质量较高。此外，纵磨法具有较大的适应性，可以用一个砂轮加工不同长度的零件。但是，它的生产率较低，广泛用于单件、小批量生产及精磨，特别适用于细长轴的磨削。

2）横磨法（图 11-4b）。横磨法又称切入磨法，零件不做纵向往复运动，而由砂轮做慢速连续的横向进给运动，直至磨去全部磨削余量。

横磨法生产率高，但由于砂轮与零件接触面积大，磨削力较大，发热量多，磨削温度高，零件易发生变形和烧伤。同时砂轮的修正精度及磨钝情况均直接影响零件的尺寸精度和形状精度。因此横磨法适用于成批及大量生产中，加工精度较低、刚性较好的零件。尤其是零件上的成形表面，只要将砂轮修整成形，就可直接磨出，较为简便。

3）深磨法（图 11-4c）。磨削时用较小的纵向进给量（一般取 1~2mm/r）、较大的背吃刀量（一般为 0.1~0.35mm），一次行程中磨去全部余量，生产率较高。需要把砂轮前端修整成锥面进行粗磨，直径大的圆柱部分起精磨和修光作用，应修整得精细一些。深磨法只适用于大批大量生产中加工刚度较大的短轴。

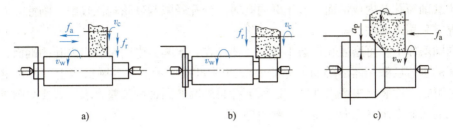

图 11-4 在外圆磨床上磨削外圆
a）纵磨法 b）横磨法 c）深磨法

（2）在无心外圆磨床上磨削外圆（图 11-5） 无心外圆磨削是一种生产率很高的精加工方法。磨削时，零件置于磨轮和导轮之间，下方靠托板支承，由于不用顶尖支承，所以称为无心磨削。零件以自身外圆柱面定位，其中心略高于磨轮和导轮中心连线。磨轮以一般的磨削速度（$v_轮$ = 30~40m/s）旋转，导轮以较低的速度同向旋转（v_c = 0.16~0.5m/s）。

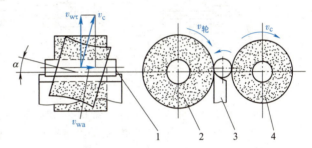

图 11-5 在无心外圆磨床上磨削外圆
1—零件 2—磨轮 3—托板 4—导轮

由于导轮由橡胶结合剂制成，磨粒较粗，零件与导轮之间的摩擦较大，所以零件由导轮带动旋转。导轮轴线相对于零件轴线倾斜一定角度（α=1°~5°），故导轮与零件接触点的线速度可以分解为两个分量 $v_{w\tau}$ 和 v_{wa}。$v_{w\tau}$ 为零件旋转速度，即圆周进给速度；v_{wa} 为零件轴向移动速度，即纵向进给速度，v_{wa} 使零件沿轴向做自动进给。导轮倾斜 α 角后，为使导轮表面与零件表面仍能保持线接触，导轮外形应修整成单叶双曲面。

无心外圆磨削时，零件两端不需要预先钻中心孔，安装也较方便；并且机床调整好后，可连续加工，易于自动化，生产率较高。零件被夹持在磨轮与导轮之间，不会因背向磨削力而被顶弯，这有利于保证零件的直线度，尤其对于细长轴类零件的磨削，优点更为突出。但是，无心外圆磨削要求零件的外圆面在圆周上必须是连续的，如果圆柱表面上有较长的键槽或平面等，导轮将无法带动零件连续旋转，故不能磨削。又因为零件被托在托板上，依靠自身的外圆面定位，若磨削带孔的零件，则不能保证外圆面与孔的同轴度。另外，无心外圆磨床的调整比较复杂。因此，无心外圆磨削主要适用于大批、大量生产销轴类零件，特别适合磨削细长的光轴。

2. 孔的磨削

磨孔是用高速旋转的砂轮精加工孔的方法，其尺寸标准公差等级可达 IT7，表面粗糙度值为 $Ra0.4~1.6\mu m$。孔的磨削可以在内圆磨床上进行，也可以在万能外圆磨床上进行。

磨孔时，砂轮旋转为主运动 v_c，零件低速旋转为圆周进给运动 v_w（其旋转方向与砂轮旋转方向相反）；砂轮直线往复为轴向进给运动 f_a；切深运动为砂轮周期性的径向进给运动 f_r。

（1）孔的磨削方法　与外圆磨削类似，内圆磨削也可以分为纵磨法和横磨法。横磨法仅适用于磨削短孔及内成形面。鉴于磨内孔时，受孔径限制砂轮轴比较细，刚性较差，所以多数情况下采用纵磨法。

在内圆磨床上，可磨通孔、磨不通孔，还可在一次装夹中同时磨出内孔的端面，以保证孔与端面的垂直度和端面圆跳动公差的要求如图 11-6 所示。在外圆磨床上，除可磨孔、端面外，还可在一次装夹中磨出外圆，以保证孔与外圆的同轴度公差要求。若要磨圆锥孔，只需将磨床的头架在水平方向偏转半个锥角即可。

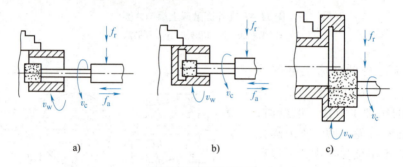

图 11-6　磨孔示意图

a）磨通孔　b）磨不通孔　c）磨内孔端面

（2）磨孔的特点

1）磨孔与铰孔或拉孔比较，有如下特点：

①可磨削淬硬的零件孔，这是磨孔的最大优势。

②不仅能保证孔本身的尺寸精度和表面质量，还可以提高孔的位置精度和轴线的直线度。

③用同一个砂轮可以磨削不同直径的孔，灵活性较大。

④生产率比铰孔低，比拉孔更低。

2）磨孔与磨外圆比较，有如下特点：

①表面粗糙度值较大。由于磨孔时砂轮直径受零件孔径限制，一般较小，磨头转速又不可能太高（一般低于 20000r/min），故磨孔时砂轮线速度比磨外圆时低。加上砂轮与零件接触面积大，切削液不易进入磨削区，所以磨孔的表面粗糙度值 Ra 比磨外圆时大。

②生产率较低。磨孔时，砂轮轴悬伸长且细，刚度很差，不宜采用较大的背吃刀量和进给量，故生产率较低。由于砂轮直径小，为保持一定的磨削速度，转速要高，增加了单位时间内磨粒的切削次数，磨损快；磨削力小，降低了砂轮的自锐性，且易堵塞。因此，需要经常修整砂轮和更换砂轮，增加了辅助时间，使磨孔生产率进一步降低。

3. 平面磨削

平面磨削是在铣、刨基础上的精加工。磨削后，平面的尺寸标准公差等级为 IT5～IT6，表面粗糙度值 Ra 为 $0.2～0.8\mu m$。

平面磨削的机床，常用的有卧轴、立轴矩台平面磨床和卧轴、立轴圆台平面磨床，其主运动 v_c 都是砂轮的高速旋转，进给运动是砂轮、工作台的移动，如图 11-7 所示。

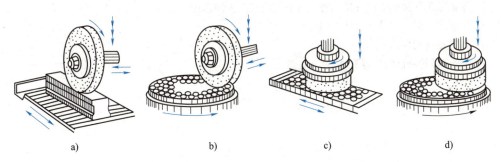

图 11-7　平面磨床及其磨削运动

a）卧式矩台　b）卧式圆台　c）立式矩台　d）立式圆台

　　与平面铣削类似，平面磨削可分为周磨和端磨两种方式。周磨是在卧轴平面磨床上利用砂轮的外圆面进行磨削，如图 11-7a 和 b 所示。周磨时，砂轮与零件的接触面积小，磨削力小，磨削热少，散热、冷却和排屑条件好，砂轮磨损均匀，所以能获得高的精度和低的表面粗糙度值，常用于各种批量生产中对中、小型零件的精加工。端磨则是在立轴平面磨床上利用砂轮端面进行磨削，如图 11-7c 和图 11-7d 所示，端磨平面时，砂轮与零件的接触面积大，磨削力大，磨削热多，散热、冷却和排屑条件差，砂轮端面沿径向各点圆周速度不同，砂轮磨损不均匀，所以端磨精度不如周磨，但端磨的磨头悬伸长度较短，又垂直于工作台面，承受的主要是轴向力、刚度好，并且这种磨床功率较大，故可采用较大的磨削用量，生产率较高，常在大批量生产中代替铣削和刨削进行粗加工。

4. 砂带磨削

　　砂带磨削是一种新型高效磨削方法，如图 11-8 所示。砂带磨削一般都比较简单。砂带回转为主运动，零件由传送带带动做进给运动，零件经过支承板上方的磨削区，即完成加工。砂带磨削的生产率高，加工质量好，能加工外圆、内孔、平面和成形面，有很强的适应性，因而成为磨削加工的发展方向之一，其应用范围越来越广。目前，工业发达国家的磨削加工中，约有 1/3 为砂带磨削，且它所占的比例还会增大。

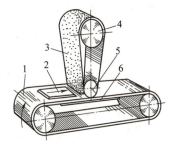

图 11-8　砂带磨削

1—传送带　2—零件　3—砂带
4—张紧轮　5—接触轮　6—支承板

　　磨削铁磁性零件（钢、铸铁等）时，多利用电磁吸盘将零件吸住，装卸很方便。对于某些不允许带有磁性的零件，磨完平面后应退磁处理。因此，平面磨床附有退磁器，可以方便地将零件的磁性退掉。

思考与训练

11-1　磨削加工的特点是什么？

11-2　万能外圆磨床由哪几部分组成？各有何作用？

11-3　磨削外圆时，工件和砂轮分别做哪些运动？

11-4　磨削用量有哪些？磨不同表面时，砂轮转速是否应改变？为什么？

11-5　磨削时需要大量切削液的目的是什么？

11-6　常见的磨削方式有哪几种？

11-7　平面磨削常用的方法有哪几种？各有何特点？如何选用？

11-8　平面磨削时，工件常由什么固定？

11-9　砂轮硬度指什么？

11-10　表示砂轮特性的内容有哪些？

先进制造技术训练篇

第12章 数控编程基础

【内容提要】 本章主要介绍数控机床编程基础知识（数控机床坐标轴和运动方向、数控编程的程序格式等）。

【训练目标】 通过本章内容的学习和训练，学生应熟悉和掌握数控机床的编程基础，为数控车削训练和数控铣削训练的编程打好基础。

12.1 数控机床的坐标轴和运动方向

12.1.1 标准坐标系及运动方向

为简化编程和保证程序的通用性，对数控机床的坐标轴和方向命名制定了统一的标准，我国现行标准为GB/T 19660—2005，它与国际通用标准 ISO 841：2001 等效。该标准规定数控机床的坐标系采用右手直角笛卡儿坐标系，直线进给坐标轴用 X、Y、Z 表示，常称基本坐标轴。X、Y、Z 坐标轴的相互关系用右手定则决定，如图 12-1 所示。图中，大拇指指向 X

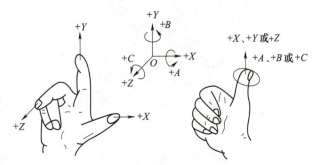

图 12-1 数控机床的坐标轴和运动方向

轴正方向，食指指向 Y 轴正方向，中指指向 Z 轴正方向。围绕 X、Y、Z 轴旋转的圆周进给坐标轴用 A、B、C 表示，根据右手螺旋定则，以大拇指指向 $+X$、$+Y$、$+Z$ 方向，则四指环绕的方向分别是 $+A$、$+B$、$+C$ 方向。

12.1.2 坐标轴的确定

机床各坐标轴及正方向的确定原则如下：

（1）先确定 Z 轴　以平行于机床主轴的刀具运动坐标为 Z 轴，若有多根主轴，则可选垂直于工件装夹面的主轴为主要主轴，Z 坐标则平行于该主轴轴线。若没有主轴，则规定垂直于工件装夹表面的坐标轴为 Z 轴。Z 轴正方向是使刀具远离工件的方向。

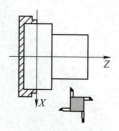

图 12-2　前置刀架数控车床及坐标系

（2）再确定 X 轴　X 轴为水平方向，垂直于 Z 轴并平行于工件的装夹面。

在工件旋转的机床（如车床、外圆磨床）上，X 轴的运动方向为径向，与横向导轨平行，刀具离开工件旋转中心的方向是正方向。图 12-2 和图 12-3 所示分别为前置刀架和后置刀架数控车床及坐标系。

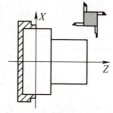

图 12-3　后置刀架数控车床及坐标系

对于刀具旋转的机床，若 Z 轴为水平（如卧式铣床、镗床），则沿刀具主轴后端向工件方向看，右手平伸出方向为 X 轴正向，图 12-4 所示为卧式数控铣床的坐标系；若 Z 轴为垂直（如立式铣、镗床，钻床），则从刀具主轴向床身立柱方向看，右手平伸出方向为 X 轴正向，图 12-5 所示为立式数控铣床坐标系。

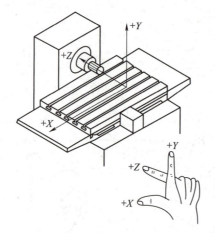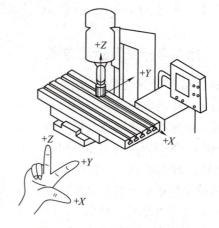

图 12-4　卧式数控铣床坐标系　　　　　图 12-5　立式数控铣床坐标系

（3）最后确定 Y 轴　确定了 X、Z 轴的正方向后，即可按照右手直角笛卡儿坐标系确定出 Y 轴正方向。

12.1.3　工件相对静止而刀具产生运动的原则

通常在坐标轴命名或编程时，机床在加工中无论是刀具移动，还是被加工工件移动，都一律假定被加工工件相对静止不动，而刀具在移动，即刀具相对运动的原则，并同时规定刀具远离工件的方向为坐标正方向。按照标准规定，编程中，坐标轴的方向总是刀具相对于工件的运动方向，用 X、Y、Z 等表示。在实际中，对数控机床的坐标轴进行标注时，根据坐标轴的实际运动情况，用工件相对于刀具的运动方向进行标注，此时需用 X'、Y'、Z' 等表示，以示区别。如图 12-6 所示，工件与刀具运动之间的关系为 $+X' = -X$、$+Y' = -Y$、$+Z' = -Z$。

12.1.4　绝对坐标和增量坐标

若运动轨迹的终点坐标是相对于起点来计量的称为相对坐标或增量坐标，按这种方式进行编程则称为相对坐标编程。若所有坐标点的坐标值均是从某一固定坐标原点计量称为绝对坐标，按这种方式进行编程则称为绝对坐标编程。如图 12-7 所示，A 点和 B 点的绝对坐标分别为（30，35）、（12，15），A 点相对于 B 点的增量坐标为（18，20），B 点相对于 A 点的增量坐标为（-18，-20）。

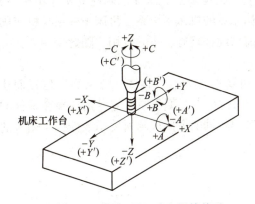

图 12-6　工件与刀具运动之间的关系

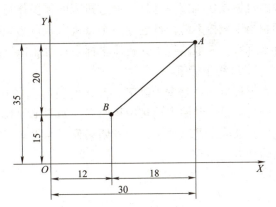

图 12-7　绝对坐标和增量坐标

12.1.5　数控机床的坐标系

1. 机床坐标系

以机床原点为坐标原点建立的 X、Y、Z 轴直角坐标系，称为机床坐标系。机床原点为机床上的一个固定点，也称机床零点。图 12-8 和图 12-9 分别为数控车床和数控铣床的原点，它在机床装配、调试时就已确定下来，是数控机床加工运动的基准参考点。机床原点是通过机床参考点间接确定的。

机床参考点也是机床上的一个固定点，它与机床原点间有一个确定的相对位置，一般设

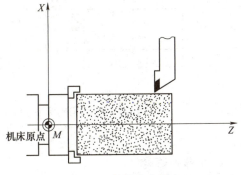

图 12-8　数控车床原点

置在刀具运动的 X、Y、Z 正向最大极限位置，是用于对机床运动进行检测和控制的固定位置点。机床参考点的位置由机床制造厂家精确调整好的，坐标值已输入数控系统中。因此参考点对机床原点的坐标是一个已知数。图 12-10 所示为数控车床参考点与机床原点的位置关系。

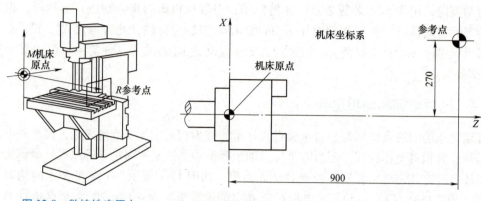

图 12-9　数控铣床原点　　　　　**图 12-10　数控车床的参考点与机床原点**

机床在每次通电之后、工作之前，必须进行回零操作，使刀具运动到机床参考点，其位置由机械挡块确定。这样，通过机床回零操作可确定机床零点，从而准确建立机床坐标系，即相当于数控系统内部建立一个以机床原点为坐标原点的机床坐标系。机床坐标系是机床固有坐标系，一般情况下，机床坐标系在机床出厂前已经调整好，不允许用户随意变动。

2. 编程坐标系

编程坐标系是用于确定工件几何图形上各几何要素（如点、直线、圆弧等）位置而建立的坐标系，其原点简称编程原点，如图 12-11a 中的 O_2 点。编程原点应尽量选择在零件的设计基准或工艺基准上，为方便编程，编程坐标系中各轴的方向应与所使用数控机床相应的坐标轴方向一致。

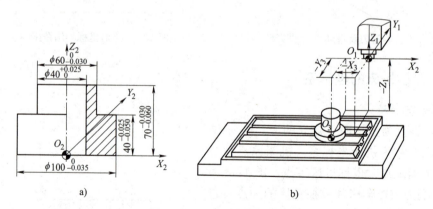

a)　　　　　　　　　　　　　　　　b)

图 12-11　编程坐标系（工件坐标系）与机床坐标系之间的关系

a) 编程坐标系　b) 机床坐标系与工件坐标系

3. 工件坐标系

工件坐标系是用于确定零件加工位置而建立的坐标系。工件坐标系的原点简称工件原点，是指零件被装夹好后，相应的编程原点在机床原点坐标系中的位置。加工过程中，数控机床是按照工件装夹好后的工件原点及程序要求进行自动加工的。工件原点如图 12-11b 中的 O_3 所示。工件坐标系原点在机床坐标系 $X_1 Y_1 Z_1$ 中的坐标值为 $-X_3$、$-Y_3$、$-Z_3$，需通过对刀操作输入数控系统。

因此，编程人员在编制程序时，只要根据零件图样确定编程原点，建立编程坐标系，计算坐标数值，而不必考虑工件毛坯装夹的实际位置。对于加工人员，则应在装夹工件、调试程序时，确定工件原点的位置，并在数控系统中给予设定（即给出原点设定值），这样数控机床才能按照准确的工件坐标系位置开始加工。

12.2 数控编程的程序格式

12.2.1 零件加工程序结构

程序是由遵循一定结构、句法和格式规则的若干个程序段组成的，而每个程序段又是由若干个指令字组成的，如图 12-12 所示。每个程序段一般占一行，在屏幕显示程序时也是如此。一个指令字是由地址符（指令字符）和带符号（如定义尺寸的字）或不带符号（如准备功能字 G 代码）的数字组成的。程序段中不同的指令字符及后续

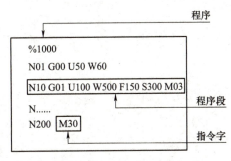

图 12-12 零件加工程序结构

数值确定了每个指令字的含义，如图 12-12 中，N 为程序段号，G 为准备功能，F 为进给速度等。

12.2.2 零件加工程序格式

常规加工程序由程序名（单列一段）、程序主体和程序结束指令（一般单列一段）组成。程序的开始和最后有程序开始符与程序结束符，但现在大多数系统可以不用，它们是同一个字符，在 ISO 代码中是%，在 EIA 代码中是 ER。程序名由 O（FANUC 系统）或%（华中系统）开头，通常后跟 4 位数字组成。程序结束指令为 M02 或 M30。常见程序格式如下：

O0001 程序名（程序号）
N05 G90 G54 M03 S800 ⎫
N10 T0101　　　　　　　｜
N15 G00 X49. Z2.　　　｜
N20 G01 Z-100. F0.1　 ⎬ 程序主体
N25 X51.　　　　　　　 ｜
N30 G00 X60. Z150.　 ⎭
N35 M05
N40 M30　　　　　　　程序结束指令

思考与训练

12-1　数控加工编程的主要内容有哪些？

12-2　数控机床上常用的编程方法有哪些？各有何特点？

12-3　试阐述数控铣床坐标轴的方向及命名规则。

12-4　什么是绝对坐标与增量坐标？

12-5　什么是机床原点、机床参考点？它们之间有何关系？

12-6　什么是机床坐标系、工件坐标系？机床坐标系与工件坐标系有何区别和联系？

12-7　什么是"字地址程序段格式"？为什么现在数控系统常用这种格式？

第13章 数控车削训练

【内容提要】 本章主要介绍数控车削相关知识（数控车床坐标系、基本功能指令、编程方法、切槽及切断编程、螺纹加工编程、成形零件的编程）及数控车削训练（数控车床安全操作规程，数控车床对刀操作，典型零件的工艺设计、程序编制及加工操作）等内容。

【训练目标】 通过本章内容的学习和训练，学生应能将数控车床的编程知识和方法应用于实践；能够独立完成给定任务零件的工艺设计、数值计算、程序编制、零件装夹、对刀、程序编辑及校验、零件加工等环节，最终加工出合格的零件；掌握数控车削编程及操作的基本技能。

▶ 13.1 数控车床的编程

数控车床及车削数控系统的种类很多，但基本编程功能指令相同，只在个别编程指令和格式上有差异。本章主要以 FANUC 0i 数控系统为例来说明，华中 HNC-21/22T 系统可参照 FANUC 0i 系统。

13.1.1 数控车床的坐标系

1. 机床坐标系的建立

要使用数控车床对工件的车削进行程序控制，必须建立机床坐标系。数控车床通电后，当完成返回机床参考点的操作后，CRT（阴极射线管）屏幕上立即显示刀架中心在机床坐标系中的坐标值，即建立了机床坐标系。数控车床的机床原点一般设在主轴前端面的中心上。

2. 工件坐标系的建立

数控车床的工件原点一般设在主轴中心线与工件左端面或右端面的交点处。工件坐标系设定后，CRT 显示屏幕上显示的是基准车刀刀尖相对工件原点的坐标值。

加工时，工件各尺寸的坐标值都是相对工件原点而言的。数控车床工件坐标系与机床坐标系之间的关系如图 13-1 所示。

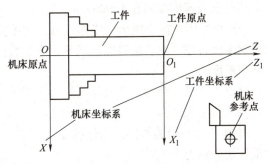

图 13-1 数控车床工件坐标系与机床坐标系之间的关系

13.1.2　数控车床的基本功能指令

1. F、S、T 指令

（1）F 指令（进给功能）　F 指令表示工件被加工时刀具相对工件的合成进给速度，F 的单位取决于 G98（每分钟进给量，mm/min）或 G99（每转进给量，mm/r），如图 13-2 所示。

1）设定每转进给量（mm/r）。

指令格式：G99 F ___ ；

指令说明：F 后面的数字表示主轴每

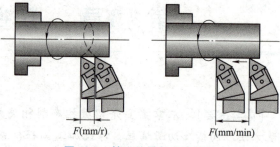

图 13-2　转进给量与分进给量

转进给量，单位为 mm/r。如 G99 F0.2 表示进给量为 0.2mm/r。

2）设定每分钟进给量（mm/min）。

指令格式：G98 F ___ ；

指令说明：F 后面的数字表示每分钟进给量，单位为 mm/min。如 G98 F100 表示进给量为 100mm/min。

FANUC 0i 系统默认设定为每转进给量（G99）。每分钟进给量与每转进给量之间的关系为：

每分钟进给量（mm/min）= 每转进给量（mm/r）×主轴转速（r/min）。

当工作在 G01、G02 或 G03 方式下，F 一直有效，直到被新的 F 值取代，而工作在 G00 方式下，快速定位的速度是各轴的最高速度，与所编 F 无关。

注意：借助于机床控制面板上的倍率按键，F 可在一定范围内进行修调。当执行螺纹切削循环时，倍率开关失效，进给倍率固定在 100%。

（2）S 指令（主轴功能）　S 指令主要控制主轴转速，其后跟的数值在不同场合有不同含义，具体如下：

1）恒切削速度控制。

指令格式：G96 S ___ ；

指令说明：S 后面的数字表示恒定的切削速度（线速度），单位为 m/min。如 G96 S150 表示切削点线速度控制在 150m/min。

G96 指令用于接通机床恒线速控制。数控装置从刀尖位置处计算出主轴转速，自动并连续控制主轴转速，使它始终能达到 S 指令的数值。设定恒线速可以使工件各表面获得一致的表面粗糙度值。

注意：恒线速控制中，由于数控系统是将 X 的坐标值当作工件的直径来计算主轴转速，所以在使用 G96 指令前必须正确的设定工件坐标系。

对图 13-3 所示的零件，为保持 A、B、C 各点的线速度在 150m/min，则各点在加工时的主轴转速分别为

A 点：$n = 1000 \times 150 \div (\pi \times 40) \text{r/min} = 1193 \text{r/min}$

B 点：$n = 1000 \times 150 \div (\pi \times 60) \text{r/min} = 795 \text{r/min}$

C 点：$n = 1000 \times 150 \div (\pi \times 70) \text{r/min} = 682 \text{r/min}$

2）最高转速控制（G50）。

指令格式：G50 S__；

指令说明：S 后面的数字表示最高转速，单位为 r/min。如 G50 S3000 表示最高转速限制为 3000r/min。

恒线速度控制加工端面、锥面和圆弧时，由于 X 坐标（工件直径）的不断变化，故当刀具逐渐移近工件旋转中心时，主轴转速就会越来越高，离心力过大，工件有可能从卡盘中飞出。为了防止事故发生，必须将主轴的最高转速限定为固定值，这时可用 G50 指令来限制主轴最高转速。

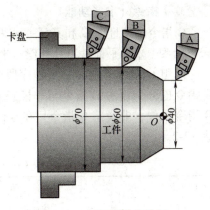

图 13-3 恒切削速度控制

3）直接转速控制（G97）。

指令格式：G97 S__；

指令说明：S 后面的数字表示恒线速度控制取消后的主轴转速，单位为 r/min。如果 S 未指定，那么将保留 G96 计算出的最终转速值。如 G97 S800 表示恒线速控制取消后主轴转速为 800r/min。

（3）T 指令（刀具功能）

指令格式：T__；

指令说明：T 指令用于选刀，其后的 4 位数字，前两位表示刀具序号，后两位表示刀具补偿号。执行 T 指令，转动转塔刀架，选用指定的刀具。当一个程序段同时包含 T 指令与刀具移动指令时，先执行 T 指令，再执行刀具移动指令。T 指令同时调入刀补寄存器中的补偿值。

2. M 指令（辅助功能）

M 指令由地址字 M 和其后的一或两位数字组成，M00~M99 共 100 种。M 指令主要用于控制机床各种辅助功能的开关动作，如主轴旋转、切削液的开关等。

M 指令有非模态 M 指令和模态 M 指令两种形式。非模态 M 指令（本程序段有效代码）：只在书写了该代码的程序段中有效。模态 M 指令（续效代码）：一组可相互注销的 M 指令，这些指令在被同一组的另一个指令注销前一直有效。模态 M 指令组中包含一个缺省指令，系统上电时将被初始化为该指令。

M 指令还可分为前作用 M 指令和后作用 M 指令两类。前作用 M 指令在程序段编制的轴运动之前执行，后作用 M 指令在程序段编制的轴运动之后执行。

各种数控系统的 M 指令规定有差异，必须根据系统编程说明书选用。FANUC 0i 系统常用的 M 指令见表 13-1。

表 13-1 FANUC 0i 系统常用的 M 指令

指令	是否模态	功能说明	指令	是否模态	功能说明
M00	非模态	程序停止	M03	模态	主轴正转（顺时针）
M01	非模态	选择停止	M04	模态	主轴反转（逆时针）
M02	非模态	程序结束	M05	模态	主轴停止
M30	非模态	程序结束并返回	M07	模态	切削液打开（雾状）
M98	非模态	调用子程序	M08	模态	切削液打开（液状）
M99	非模态	子程序结束	M09	模态	切削液关闭

3. G 指令（准备功能）

G 指令由地址字 G 和其后一或两位数字组成，它规定刀具和工件的相对运动轨迹、机床坐标系、坐标平面、刀具补偿、坐标偏置等多种加工操作。

同组 G 指令不能在一个程序段中同时出现，如果同时出现，则最后一个 G 指令有效。G 指令也分为模态 G 指令与非模态 G 指令。模态 G 指令一经指定一直有效，直到被同组 G 指令取代；非模态 G 指令只在本程序段有效，无续效性。FANUC 0i 系统常用的 G 指令见表 13-2。

表 13-2　FANUC 0i 系统常用的 G 指令

G 指令	组	功能说明	G 指令	组	功能说明
*G00		快速定位	G70		精加工固定循环
G01	01	直线插补	G71		外径/内径粗车复合固定循环
G02		顺时针圆弧插补	G72		端面粗车复合固定循环
G03		逆时针圆弧插补	G73	00	闭合车削复合固定循环
G04	00	暂停	G74		端面车槽/钻孔复合固定循环
G20	06	寸制输入	G75		外径/内径车槽复合固定循环
*G21		米制输入	G76		螺纹切削复合固定循环
G27	00	返回参考点检查	G80		孔加工固定循环取消
G28		返回参考位置	G83		钻孔固定循环
G32	01	螺纹切削	G84		攻螺纹固定循环
G34		变螺距螺纹切削	G85	10	正面镗固定循环
G36	00	自动刀具补偿 X	G87		侧钻固定循环
G37		自动刀具补偿 Z	G88		侧攻螺纹固定循环
*G40	07	取消刀尖半径补偿	G89		侧镗固定循环
G41		刀尖半径左补偿	G90		外径/内径车削单一固定循环
G42		刀尖半径右补偿	G92	01	螺纹车削单一固定循环
G50	00	坐标系或主轴最大速度设定	G94		端面车削单一固定循环
G52		局部坐标系设定	G96	02	恒表面切削速度控制
G53		机床坐标系设定	*G97		恒表面切削速度控制取消
*G54-G59	14	选择工件坐标系 1-6	G98	05	每分钟进给量
G65	00	调用宏指令	*G99		每转进给量

注：带 * 的指令为系统电源接通时的初始值。

13.1.3　数控车床的基本编程方法

特别提示：FANUC 0i 系统中，编程输入的任何坐标字（包括 X、Y、Z、I、J、K、U、V、W、R 等）在其整数值后须加小数点。如 X100 须记作 X100.0，也可简写成 X100.。否则系统认为坐标字数值为 100×0.001mm＝0.1mm。

1. 米制与寸制尺寸指定指令 G20、G21

指令格式：G20/G21；

指令说明：寸制尺寸的单位是英寸（inch），米制尺寸的单位是毫米（mm）。可在指定程序段与其他指令同行，也可独立占用一个程序段。

G20、G21 是两个互相取代的 G 指令，机床出厂时，将 G21 设定为参数缺省状态。用毫米输入程序时，可不再指定 G21；但用英寸输入程序时，程序开始时必须指定 G20（在坐标系统设定前）。在一个程序中也可以毫米、英寸输入混合使用，在 G20 以下、G21 未出现前的各程序段为英寸输入；在 G21 以下、G20 未出现前的各程序段为毫米输入。G21、G20 具有停电后的续效性，为避免出现意外，使用 G20 后，在程序结束前务必加一个 G21 的指令，以恢复机床的缺省状态。

2. 直径编程与半径编程方式指定

数控车床编程时，X 坐标（径向尺寸）有直径指定和半径指定两种方法，方法的选择要由系统参数决定。当用直径值编程时，称为直径编程法；用半径值编程时，称为半径编程法。由于被加工零件的径向尺寸在图中的标注和测量时，都是以直径值表示，所以车床出厂时一般设定为直径编程，若需要用半径编程，则要改变系统中相关的设定参数，使系统处于半径编程状态。如图 13-4a 所示，A 点的 X 坐标用直径编程时为 X42；如图 13-4b 所示，A 点的 X 坐标用半径编程时为 X21。

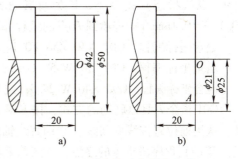

图 13-4　直径与半径编程方式

a）直径编程　b）半径编程

3. 绝对坐标和增量坐标编程

由于 FANUC 0i 系统的 G90 指令为外径/内径切削循环功能，所以不能再指定绝对值编程，因此直接用 X、Z 表示绝对值编程，用 U、W 表示相对值编程。

如图 13-5 所示，刀具以 0.2mm/r 的速度按 A→B→C 直线进给，具体的编程如下：

（1）绝对坐标编程

N10　G01　X40.　Z-30.　F0.2；

N20　X60.　Z-48.；

（2）相对坐标编程

N10　G01　U10.　W-30.　F0.2；

N20　U20.　W-18.；

4. 刀具移动指令

（1）快速定位指令 G00

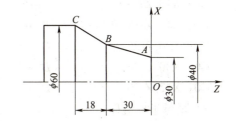

图 13-5　绝对坐标与增量坐标编程

指令格式：G00　X(U)__　Z(W)__；

指令说明：X、Z 为绝对编程时，快速定位终点在工件坐标系中的坐标；U、W 为增量编程时，快速定位终点相对于起点的位移量。

例如：如图 13-6 所示，刀尖从 A 点快进到 B 点，分别用绝对坐标、增量坐标编程如下。

绝对坐标编程：G00　X40.　Z58.；

增量坐标编程：G00　U-60.　W-28.5；

G00 指令中刀具相对于工件以各轴预先设定的速度，从当前位置快速移动到程序段指令的定位目标点。G00 指令中的快移速度由机床参数"快移进给速度"对各轴分别设定，不能用 F 规定，可通过操作面板上的快移速度修调开关进行调节。G00 一般用于加工前快速定位或加工后快速退刀。G00 为模态功能，可由 G01、G02、G03 或 G32 功能注销。

注意：执行 G00 指令时，各轴以各自速度移动，不能保证各轴同时到达终点，所以联动直线轴的合成轨迹不一定是一条直线；程序中只有一个坐标值 X 或 Z 时，刀具将沿该坐标方向移动；有两个坐标值 X 和 Z 时，刀具将先同时以同样的速度移动，当位移较短的轴到达目标位置时，行程较长的轴单独移动，直到终点。

（2）直线插补指令 G01

指令格式：G01　X（U）＿　Z（W）＿　F ＿；

指令说明：X、Z 为绝对编程时终点在工件坐标系中的坐标；U、W 为增量编程时终点相对起点的位移量；F 为合成进给速度，在 G98 指令下，F 为每分钟进给量（mm/min），在 G99（默认状态）指令下，F 为每转进给量（mm/r）。如图 13-6 所示，刀具从 B 点以 F0.1（$F = 0.1\,\text{mm/r}$）进给到 D 点的编程如下：

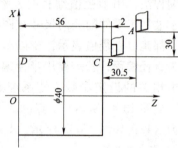

绝对坐标编程：G01　X40. Z58. F0.1；

增量坐标编程：G01　U0　W-58. F0.1；

混合坐标编程：G00　X40. W-28.5；或 G00　U-60. Z58.；

G01 指令刀具以联动的方式，按 F 规定的合成进给速度，从当前位置按线性路线（联动直线轴的合成轨迹为直线）移动到程序段指令的终点。一般将其作为切削加工运动指令，既可以单坐标移动，又可以双坐标同时插补运动。G01 是模态代码，可由 G00、G02、G03 或 G32 注销。

图 13-6　G00 指令编程

【例 13-1】　如图 13-7 所示，设零件各表面已完成粗加工，试用 G00、G01 指令编写加工程序。

1）绝对坐标编程

G00　X18. Z2.；　　　　　　　　$A \rightarrow B$

G01　X18. Z-15. F0.1；　　　　　$B \rightarrow C$

G01　X30. Z-26.；　　　　　　　$C \rightarrow D$

G01　X30. Z-36；　　　　　　　$D \rightarrow E$

G01　X42. Z-36.；　　　　　　　$E \rightarrow F$

2）增量坐标编程

G00　U-62. W-58.；　　　　　　$A \rightarrow B$

G01　W-17. F0.1；　　　　　　　$B \rightarrow C$

G01　U12. W-11.；　　　　　　　$C \rightarrow D$

G01　W-10.；　　　　　　　　　$D \rightarrow E$

G01　U12.；　　　　　　　　　　$E \rightarrow F$

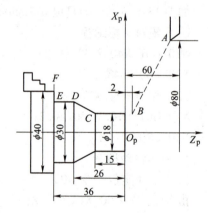

图 13-7　直线插补指令实例

（3）圆弧插补指令 G02、G03

指令格式：G02（G03）　X（U）＿　Z（W）＿　R ＿　F ＿；

　　　　　或 G02（G03）　X（U）＿　Z（W）＿　I ＿　K ＿　F ＿；

指令说明：G02 为顺时针圆弧插补，G03 为逆时针圆弧插补；X、Z 为绝对编程时，圆弧终点在工件坐标系中的坐标；U、W 为增量编程时，圆弧终点相对圆弧起点的位移量；I、

K 为圆心相对圆弧起点的坐标增量（等于圆心的坐标减去圆弧起点的坐标），在绝对、增量编程时，都是以增量方式指定，在直径、半径编程时，I 都是半径值；R 为圆弧半径；F 为被编程的两轴的合成进给速度。

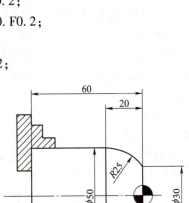

注意：①顺时针或逆时针是从垂直于圆弧所在平面坐标轴的正方向看到的回转方向，所以前置刀架和后置刀架的圆弧顺逆判断是有区别的，如图 13-8 所示。对于同一零件，不论是按前置刀架还是按后置刀架编程，圆弧的顺逆方向是一致的，从而编写的程序也是通用的。②同时编入 R 与 I、K 时，R 有效。

图 13-8　圆弧顺逆的判断
a）后置刀架　b）前置刀架

【例 13-2】　如图 13-9 所示，用顺时针圆弧插补指令编程。

1）圆心方式编程：G02 X50. Z-20. I25. K0 F0. 2；
　　　　　　　　　或 G02 U20. W-20. I25. F0. 2；

2）半径方式编程：G02 X50. Z-20. R25. F0. 2；
　　　　　　　　　或 G02 U20. W-20. R25. F0. 2；

【例 13-3】　如图 13-10 所示，用逆时针圆弧插补指令编程。

1）圆心方式编程：G03 X50. Z-20. I-15. K-20. F0. 2；
　　　　　　　　　或 G03 U20. W-20. I-15. K-20. F0. 2；

2）半径方式编程：G03 X50. Z-20. R25. F0. 2；
　　　　　　　　　或 G03 U20. W-20. R25. F0. 2；

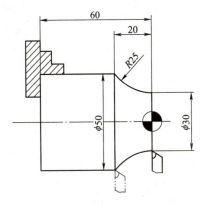

图 13-9　G02 顺时针圆弧插补　　　　　　　图 13-10　G03 逆时针圆弧插补

5. 延时功能指令 G04

指令格式：G04 X __ （U __ 或 P __）；

指令说明：P 为暂停时间，后面只能跟整数，单位为 ms；X、U 为暂停时间，后面可跟小数，单位为 s。

G04 指令按给定时间进给延时，延时结束后自动执行下一段程序。在执行含 G04 指令的程序段时，先执行暂停功能。G04 为非模态指令，仅在其被规定的程序段中有效。G04 指令主要用于车削环槽、不通孔时，可使刀具在短时间无进给方式下进行光整加工。图 13-11 所示为切槽时的进给暂停。

例如：程序暂停 2.5s 的加工程序为：G04 X2.5；或 G04 U2.5；或 G04 P2500。

【例 13-4】 数控车床基本指令应用编程实例，如图 13-12 所示。

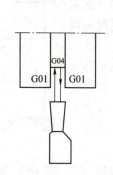
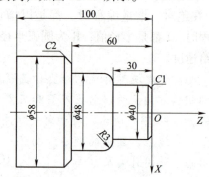

图 13-11　切槽时的进给暂停　　　图 13-12　数控车床基本指令应用编程实例

O0134;　　　　　　　　　　程序名
N11 T0101;　　　　　　　　换刀的同时，建立工件坐标系，不再使用 G50，具体方法
　　　　　　　　　　　　　见 13. 2. 2
N12 M03 S600;　　　　　　主轴正转，转速 600mm/min
N13 G00 X34. Z2. ;　　　　快速定位到倒角延长线，Z 轴 2mm 处
N14 G01 X40. Z-1. F0. 2;　倒 C1 角
N15 Z-30. ;　　　　　　　加工 ϕ40 外圆
N16 X42. ;　　　　　　　　加工端面
N17 G03 X48. W-3. ;　　　加工 R3 弧面
N18 G01 Z-60. ;　　　　　加工 ϕ48 外圆
N19 X54. ;　　　　　　　　加工端面
N20 X58. W-2. ;　　　　　倒 C2 角
N21 Z-100. ;　　　　　　加工 ϕ58 外圆
N22 X60. ;　　　　　　　退刀
N23 G00 X100. Z100. ;　　快速返回
N24 M05;　　　　　　　　主轴停转
N25 M30;　　　　　　　　程序结束并复位

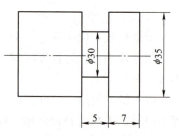

程序运行过程

注意：该例题及后面的例题，如果未指定所用刀具号，均默认为 T01 号刀，其刀偏值（工件原点在机床坐标系中的坐标值）也默认为 01。

13. 1. 4　切槽及切断编程

1. 直槽编程

【例 13-5】　如图 13-13 所示，切槽刀的宽度为 3mm，装在刀架的 3 号刀位上。主轴转速为 300r/min，进给速度为 20mm/min，编程原点在工件右端面中心。

直槽编程的参考程序如下：

O0135;　　　　　　　　　程序名
G98;　　　　　　　　　　初始化，指定分进给
T0303;　　　　　　　　　换 3 号刀，建立工件坐标系

图 13-13　直槽编程实例

M03 S300；	主轴正转，转速为 300mm/min
G00 X40. Z-12.；	快速定位到切槽起点（槽左边沿）
G01 X30. F20；	切槽，进给速度为 20mm/min
G04 P2000；	槽底暂停 2s
G00 X40.；	快速退刀
W2.；	向右偏移 2mm
G01 X30.；	第 2 次切槽
G04 P2000；	槽底暂停 2s
G00 X40.；	快速退刀
G00 X100. Z100.；	快速返回
M05；	主轴停转
M30；	程序结束并复位

2. 带反倒角切槽编程

【例 13-6】　如图 13-14 所示，切槽刀的宽度为 3mm，装在刀架的 3 号刀位上。主轴转速为 300r/min，进给速度为 20mm/min，编程原点在工件右端面中心。

带反倒角切槽编程的参考程序如下：

O0136；	程序名
G98；	初始化，指定分进给
T0303；	换 3 号刀，建立工件坐标系
M03 S300；	主轴正转，转速为 300mm/min
G00 X35. Z-25.；	快速定位到切槽起点
G01 X20. F20；	切槽，进给速度为 20mm/min
G04 P2000；	槽底暂停 2s
G00 X28.；	快速退刀
W2.；	向右偏移 2mm
G01 X20.；	第 2 次切槽
G04 P2000；	槽底暂停 2s
G00 X28.；	快速退刀
Z-19.；	左刀尖编程位置，右刀尖在反倒角延长线 X28. Z-16
G01 X20. Z-23.；	左刀尖到 X20. Z-23，右刀尖加工反倒角
G04 P2000；	槽底暂停 2s
G00 X35.；	快速退刀
X100. Z100.；	快速返回换刀点
M05；	主轴停
M30；	程序结束并复位

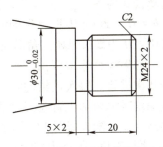

图 13-14　带反倒角切槽编程实例

程序运行过程

13.1.5　螺纹加工编程

1. 螺纹加工的基础知识

螺纹加工方法如图 13-15 所示。切削螺纹时，主轴的旋转和螺纹刀的进给之间必须有严格的对应关系，即主轴每转一转，螺纹刀刚好移动一个螺距值。

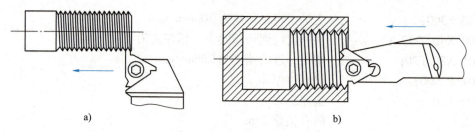

图 13-15　螺纹加工方法

a）外螺纹　b）内螺纹

螺纹牙型高度是指在螺纹牙型上，牙顶到牙底之间垂直于螺纹轴线的距离，如图 13-16 所示。它是车削时车刀的总切入深度。普通螺纹的牙型理论高度 $H = 0.866P$，实际加工时，由于螺纹车刀刀尖半径的影响，螺纹的实际切深有变化。螺纹实际牙型高度的计算公式为

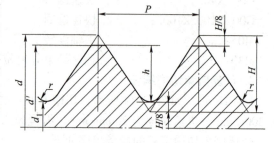

图 13-16　螺纹牙型高度

$$h = H - 2 \times (H/8) = 0.6495H \approx 0.65H$$

式中，H 为螺纹原始三角形高度，$H = 0.866P(\text{mm})$；P 为螺距（mm）。

如果螺纹牙型较深、螺距较大，可分几次进给。每次进给的背吃刀量用螺纹深度减去精加工背吃刀量所得的差按递减规律分配，如图 13-17 所示。

图 13-17a 所示为斜进法进刀方式。由于使用单侧切削刃切削工件，切削刃容易损伤和磨损，加工的螺纹面不直，刀尖角发生变化，从而使牙形精度较差。但由于其为单侧刃工作，刀具负载较小，排屑容易，并且切削深度为递减式，因此，斜进法进刀方式一般适用于

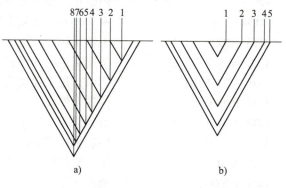

图 13-17　螺纹切削进刀方法

a）斜进法进刀方式　b）直进法进刀方式

大螺距、低精度螺纹的加工。此进刀方法排屑容易，切削刃加工工况较好，在螺纹精度要求不高的情况下，更为简捷方便。

图 13-17b 所示为直进法进刀方式。由于刀具两侧切削刃同时切削工件，切削力较大，而且排屑困难，因此在切削时，两切削刃容易磨损。在切削螺距较大的螺纹时，由于切削深度较大，切削刃磨损较快，从而造成螺纹中径产生误差。但由于其加工的牙形精度较高，因此，直进法进刀方式一般适用于小螺距、高精度螺纹的加工。由于其刀具移动切削均靠编程来完成，所以加工程序较长。此外，切削刃在加工中易磨损，因此在加工中要经常测量。

如果需要加工高精度、大螺距的螺纹，则可采用斜进法与直进法混用的办法，即先用斜进法（编程时用 G76 指令）进行螺纹粗加工，再用直进法（编程时用 G92 指令）进行精加工。需要注意的是，粗精加工时的起刀点要相同，以防止螺纹乱扣。

常用螺纹切削次数及背吃刀量可参考表 13-3 选取。在实际加工中，当用牙型高度控制螺纹直径时，一般通过试切来满足加工要求。

表 13-3　常用螺纹切削次数及背吃刀量

米制螺纹							（单位：mm）
螺距	1.0	1.5	2	2.5	3	3.5	4
牙深（半径量）	0.649	0.974	1.299	1.624	1.949	2.273	2.598
切削次数及背吃刀量（直径量） 1 次	0.7	0.8	0.9	1.0	1.2	1.5	1.5
2 次	0.4	0.6	0.6	0.7	0.7	0.7	0.8
3 次	0.2	0.4	0.6	0.6	0.6	0.6	0.6
4 次		0.16	0.4	0.4	0.4	0.6	0.6
5 次			0.1	0.4	0.4	0.4	0.4
6 次				0.15	0.4	0.4	0.4
7 次					0.2	0.2	0.4
8 次						0.15	0.3
9 次							0.2

寸制螺纹							（单位：inch）
牙	24	18	16	14	12	10	8
牙深（半径量）	0.678	0.904	1.016	1.162	1.355	1.626	2.033
切削次数及背吃刀量（直径量） 1 次	0.8	0.8	0.8	0.8	0.9	1.0	1.2
2 次	0.4	0.6	0.6	0.6	0.6	0.7	0.7
3 次	0.16	0.3	0.5	0.5	0.6	0.6	0.6
4 次		0.11	0.14	0.3	0.4	0.4	0.5
5 次				0.13	0.21	0.4	0.5
6 次						0.16	0.4
7 次							0.17

2. 螺纹车削循环指令 G92

指令格式：G92 X(U)＿ Z(W)＿ R ＿ F＿；

指令说明：X(U)、Z(W) 为螺纹切削的终点坐标值；R 为螺纹部分半径之差，即螺纹切削起始点与切削终点的半径差，加工圆柱螺纹时，R＝0；加工圆锥螺纹时，当 X 的切削起始点坐标小于切削终点坐标时，R 为负，反之为正。刀具从循环起点，按图 13-18 与图 13-19 所示走刀路线，最后返回到循环起点，图中虚线表示按 R 快速移动，实线表示按 F 指定的进给速度移动。

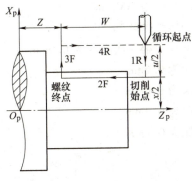

图 13-18　G92 圆柱螺纹循环

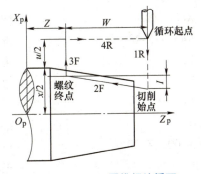

图 13-19　G92 圆锥螺纹循环

【例 13-7】 如图 13-20 所示，圆柱螺纹的螺距为 1.5mm，车削螺纹前工件直径为 42mm，螺纹刀装在刀架的 3 号刀位上，主轴转速为 200r/min。

使用螺纹循环指令编制程序如下：

O0137；	程序名
N05 T0303；	换 3 号刀，建立工件坐标系
N10 M03 S200；	主轴正转，转速为 200r/min
N15 G00 X54. Z114.；	快速定位到螺纹循环起点
N20 G92 X41.2 Z48.0 F1.5；	螺纹单一循环，第一次切深为 0.8mm
N25 X40.6；	第二次切深为 0.6mm
N30 X40.2；	第三次切深为 0.4mm
N35 X40.04；	第四次切深为 0.16mm
N40 G00 X100.Z100.；	快速返回
N45 M05；	主轴停转
N50 M30；	程序结束并复位

程序运行过程

【例 13-8】 使用螺纹循环指令编写图 13-21 所示圆锥螺纹的加工程序。螺纹的螺距为 2mm，螺纹刀装在刀架的 3 号刀位上，主轴转速为 200r/min，A 点坐标为 X49.6 Z-48。

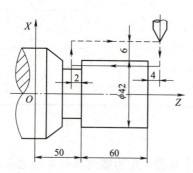

图 13-20　G92 直螺纹编程实例

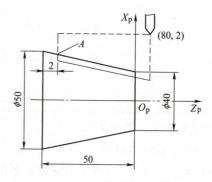

图 13-21　G92 圆锥螺纹编程实例

圆锥螺纹编程的参考程序如下：

O0138；	程序名
T0303；	换 3 号刀，建立工件坐标系
M03 S200；	主轴正转，转速为 200r/min
G00 X80. Z2.；	快速定位到螺纹循环起点
G92 X48.7 Z-48. R-5. F2；	螺纹单一循环，第一次切深为 0.9mm
X48.1；	第二次切深为 0.6mm
X47.5；	第三次切深为 0.6mm
X47.1；	第四次切深为 0.4mm
X47.0；	第五次切深为 0.1mm
G00 X100. Z100.；	快速返回
M05；	主轴停转
M30；	程序结束并复位

13.1.6　成形零件的编程

对于形状为连续轮廓的成形零件，运用复合固定循环指令，只需要指定精加工路线和粗加工的背吃刀量，系统会自动计算粗加工路线和切削次数。

1. 外径/内径粗车复合循环指令 G71

该指令将工件切削到精加工之前的尺寸，精加工前工件形状及粗加工的刀具路径由系统根据精加工尺寸自动设定。

指令格式：G71　U(Δd)　R(e)；

　　　　　　G71　P(ns)　Q(nf)　U(Δu)　W(Δw)　F(f_1)　S(s_1)　T(t_1)；

　　　　　　N(ns)……；

　　　　　　……F(f_2)　S(s_2)　T(t_2)；

　　　　　　……

　　　　　　N(nf)……；

指令说明：

1）该指令用于棒料毛坯循环粗加工，切削沿平行 Z 轴方向进行，其循环过程如图 13-22 所示。A 为循环起点，$A'\rightarrow B$ 是工件的轮廓线，$A\rightarrow A'\rightarrow B$ 为精加工路线，粗加工时刀具从 A 点后退 $\Delta u /2$、Δw 至 C 点，即自动留出精加工余量。

2）G71 后紧跟的顺序号 ns 至顺序号 nf 之间的程序段描述刀具切削的精加工路线（即工件轮廓），在 G71 指令中给出精车余量 Δu、Δw 及背吃刀量 Δd，CNC 装置会

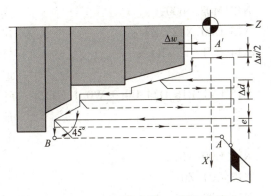

图 13-22　G71 指令循环过程示意图

自动计算出粗车次数、粗车路径并控制刀具完成粗车加工，最后沿轮廓 $A'\rightarrow B$ 粗车一刀，完成整个粗车循环。

3）Δd 表示背吃刀量，无正负号；e 表示退刀量（半径值），无正负号；ns 表示精加工路线第一个程序段的顺序号；nf 表示精加工路线最后一个程序段的顺序号；Δu 表示 X 方向的精加工余量（直径值）；Δw 表示 Z 方向的精加工余量；f_1、s_1、t_1 分别指定粗加工的进给速度、主轴转速和所用刀具，f_2、s_2、t_2 分别指定精加工的进给速度、主轴转速和所用刀具。

4）使用循环指令编程，先要确定循环起点的位置。循环起点 A 的 X 坐标应位于毛坯尺寸之外，即循环起点 A 的 X 坐标必须大于毛坯的直径，Z 坐标值应比轮廓始点 A' 的 Z 坐标值大 2~3mm。

5）由循环起点到 A' 的路径（精加工程序段的第一句）只能用 G00 或 G01 指令，而且必须有 X 方向的移动指令，不能有 Z 方向的移动指令。

6）车削路径必须是 X 方向单调增大，不能有内凹的轮廓。

【例 13-9】　如图 13-23 所示，毛坯尺寸为 $\phi50\times50$mm，所用刀具为 T01 外圆车刀。

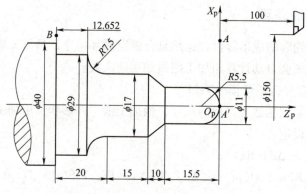

程序运行过程

图 13-23　外轮廓粗加工复合循环应用实例

用 G71 外径/内径粗车复合循环指令编程的参考程序为：

O0139；	程序名
N11 T0101；	换 1 号刀，建立工件坐标系
N12 M03 S600；	主轴正转，转速为 600mm/min
N13 G00 X42. Z2. ；	快速定位至循环起点
N14 G71 U2. R1. ；	外圆粗车复合循环，每次单边切削深度为 2mm，退刀量为 1mm
N15 G71 P16 Q24 U0.3 W0.1 F0.2；	精加工起始段号 N16，结束段号 N24，X 方向精加工余量为 0.3mm，Z 方向精加工余量为 0.1mm，粗加工进给速度为 0.2mm/r
N16 G00 X0；	
N17 G01 Z0；	
N18 G03 X11. W-5.5 R5.5；	
N19 G01 W-10. ；	
N20 X17. W-10. ；	
N21 W-15. ；	
N22 G02 X29. W-7.348 R7.5；	
N23 G01 W-12.652；	
N24 X42. ；	退刀
N25 G00 X100. Z100. ；	快速返回
N26 M05；	主轴停转
N27 M30；	程序结束并复位

2. 精加工循环指令 G70

由 G71 指令（包括后面即将讲述的 G72 指令、G73 指令）完成粗加工后，需要用 G70 指令进行精加工，切除粗加工中留下的余量。

指令格式：G70 P(ns) Q(nf)

指令说明：

1）指令中的 ns、nf 与前几个指令的含义相同。在 G70 指令状态下，ns 至 nf 程序中指定的 F、S、T 有效；ns 至 nf 程序中不指定 F、S、T 时，则粗车循环中指定的 F、S、T 有效。

2）粗车循环后用精加工循环 G70 指令精加工，将粗车循环剩余的精车余量去除，加工出符合图样要求的零件。

3）精车时要提高主轴转速，降低进给速度，以达到零件表面质量要求。

4）精车循环指令通常使用粗车循环指令中的循环起点，因此不必重新指定循环起点。

【例 13-10】　如图 13-24 所示，阶梯孔类零件的材料为 45 钢，毛坯尺寸为 φ50×50mm，设外圆及端面已加工完毕，用 G71 指令粗车复合循环指令编写其内轮粗加工程序，并用精加工循环指令 G70 完成精加工。

（1）加工方法　加工方法为：①用 φ3mm 的中心钻手工钻削中心孔；②用 φ20mm 钻头手工钻 φ20mm 的孔；③T01 内孔镗刀粗镗削内孔；④T02 内孔镗刀精镗削内孔。工件坐标系及起刀点设置如图 13-25 所示。

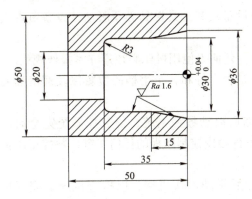

图 13-24　内轮廓复合循环应用实例

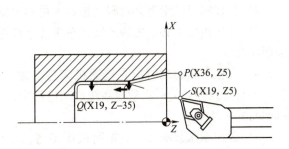

图 13-25　工件坐标系及起刀点设置

（2）参考程序　编制参考程序如下：

O1310;	程序名
G98;	初始化，指定每分钟进给量
T0101;	换 1 号刀，建立工件坐标系，粗镗内孔
M03 S500;	主轴正转，转速为 500mm/min
G00 X19. Z5.;	快速定位至循环起点
G71 U1. R0.5;	内径粗车复合循环
G71 P10 Q20 U-0.3 W0.1 F80;	X 向的精加工余量必须为负值
N10 G00 X36.;	精加工起始段
G01 Z0;	
X30. Z-10.;	
Z-32.;	
G03 X24. Z-35. R3.;	
N20 X19.;	精加工结束段
G00 Z2.;	Z 向快速退刀

X100. Z100.;	快速返回换刀点
T0202;	换 2 号刀，建立工件坐标系，精镗内孔
S800 F50;	主轴转速为 800r/min，进给速度为 50mm/min
G00 X19. Z5.;	快速定位至循环起点
G70 P10 Q20;	精车固定循环，完成精加工
X100. Z100.;	快速返回换刀点
M05;	主轴停转
M30;	程序结束并复位

13.2　数控车削训练

13.2.1　数控车床安全操作规程

1）数控车床有专职人员管理，任何人使用该设备及其工具量具必须服从该设备负责人的管理，未经负责人允许不得随意起动机床。

2）参加实习的学生必须服从指导人员的安排，任何人使用机床必须遵守本操作规程。

3）使用机床前必须先检查数控车床各个部件是否完好和各个手柄的位置以及润滑油的油面位置。

4）数控车床起动时应先接通机床总电源，然后启动数控系统，待数控系统完全启动后，再打开急停开关。在数控系统启动过程中，不得触摸控制面板的任何按键，数控车床关机则与开机相反。

5）数控车床起动后，应先回机床参考点，然后手动操作机床，以检查机床的完好情况。卡盘运转时，应该让卡盘装夹有工件再负载运转。禁止卡爪张开过大和空载运行。空载运行时容易使卡爪松懈，卡爪飞出卡盘伤人。

6）手动操作机床时，应注意进给倍率不宜过大，应该选用适当的进给倍率，一边按键，一边注意刀架移动的情况。

7）数控车床自动加工前，应确认加工程序的正确性、机床是否回参考点，以及是否正确对刀。

8）在机床实际操作时，只允许一名学生单独操作，其余非操作的学生应观察机床的运行，轮流操作。操作时，同组学员要注意工作场所的环境，互相关照、互相提醒，防止一切安全事故的发生。

9）任何人使用设备后，都应把刀具、工具、量具、材料等物品整理好，做好设备清洁和日常设备维护工作，并做好设备的运行记录。

10）机床出现故障时，应立即切断电源，并立即报告现场指导人员，勿带故障操作和擅自处理，现场指导人员应做好相关记录。

13.2.2　数控车床对刀操作

1. 对刀方法

数控车削加工时，刀架上通常需安装多把刀具，手动试切对刀时，如果不选定一把刀作为基准刀，而在刀偏表中每把刀都设置刀偏置，这种手动试切对刀方法称为绝对刀偏法对刀，这是目前数控车床最常用的对刀方法。使用这种方法对刀的程序如下：

O××××；

T0101；

M03 S××××；

G90（或 G91）G00 X ＿ Z ＿；

……

T0202；

……

数控车床控制刀具运动时通常是以刀架中心为基准。对刀设置刀具偏置值，实际是确定每把刀的刀位点到达工件原点时刀架中心在机床坐标系中的位置（坐标值）。刀架上刀具的形状、尺寸都不一样，所以，即使工件原点只有一个，每把刀的刀位点到达工件原点时，刀架中心在机床坐标系中的位置（坐标值）也不一样，这就需要对每把刀分别进行试切对刀，以确定刀架中心的偏置值。

2. 对刀操作

以工件坐标系零点设在工件右端面中心为例来说明。

（1）华中 HNC-21/22T 系统对刀

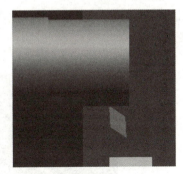

华中 HNC-21/22T 系统对刀

1）选择 1 号外圆刀试切直径。如图 13-26 所示，试切一段长度后，刀具沿+Z 方向退离工件（切记 X 方向保持不动，此时刀尖的 X 向机床坐标值为−343.167），主轴停转，测量试切段的直径尺寸，在图 13-27 所示的刀偏表的刀偏号 0001 地址中输入试切直径（测量值为 φ45.467mm），系统会根据输入的试切直径值自动计算出工件中心的 X 向机床坐标（−343.167−45.467＝−388.634），并存放在 "X 偏置" 中；紧接着起动主轴，试切端面，如图 13-28 所示，整个端面试切完成后，刀具沿+X 方向退离工件（切记 Z 方向保持不动，此时刀尖的 Z 向机床坐标值为−861.032），在如图

图 13-26　1 号刀试切外圆对刀

13-29 所示刀偏界面刀偏号 0001 地址中输入试切长度 0（0 表示以试切完后的端面作为工作坐标系的 Z 向零点），系统会根据输入的试切长度值自动计算出工件中心的 Z 向机床坐标（−861.032−0＝−861.032），存放在 "Z 偏置" 中。

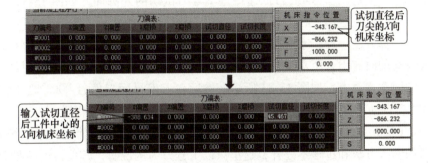

图 13-27　试切直径输入及 X 偏置自动生成

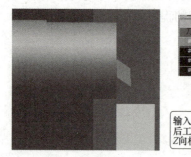
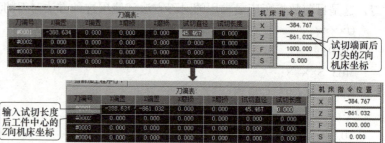

图 13-28　1 号刀试切端面对刀　　　　　图 13-29　试切长度输入及 Z 偏置自动生成

编程时，用"T0101"指令在换取 1 号刀的同时，调用了 1 号偏置值，从而建立了工件坐标系，这样不需要再用 G92 指令编写建立工件坐标系的程序段。

2）选择 2 号切槽刀。如图 13-30 所示，使切槽刀低速接近 1 号刀试切的外圆面，在切屑出现的瞬间，立即停止进给，在刀偏界面刀偏号 0002 地址中输入试切直径（此时的试切直径值仍然为 1 号刀的试切值 ϕ45.467mm），和 1 号刀的计算方法一样，系统会自动计算出工件中心的 X 向机床坐标并存放在"X 偏置"中；紧接着控制刀具的左刀尖低速接近工件右端面，如图 13-31 所示，在切屑出现的瞬间，立即停止进给，在刀偏界面刀偏号 0002 地址中输入试切长度 0，系统会自动计算出工件中心的 Z 向机床坐标，并存放在"Z 偏置"中。

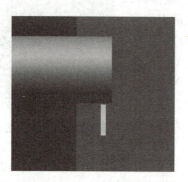

图 13-30　2 号刀试切外圆对刀　　　　　图 13-31　2 号刀试切端面对刀

3）选择 3 号螺纹刀，使螺纹刀低速接近 1 号刀试切的外圆面，如图 13-32 所示，切屑出现的瞬间，立即停止进给，在刀偏界面刀偏号 0003 地址中输入试切直径值 45.467mm，同样和 1 号刀的计算方法一样，系统会自动计算工件中心的 X 向机床坐标并存放在"X 偏置"中；由于螺纹切削时有引入距离和超越距离，所以 Z 方向不需要精确对刀，只需控制刀尖点与工件右端面基本对齐，如图 13-33 所示，然后在刀偏界面刀偏号 0003 地址中输入试切长度 0，系统会自动计算出工件中心的 Z 向机床坐标并存放在"Z 偏置"中。

（2）FANUC 0i 系统对刀　FANUC 0i 系统的试切与测量方法与前述华中系统完全一样，只是测量值的输入方法和过程不一样，这里只以 1 号刀为例说明，其他刀可参照 1 号刀的输入方法。

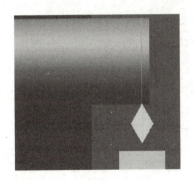

图 13-32　3 号刀试切外圆对刀

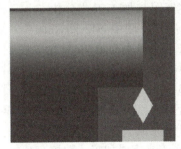

FANUC 0i
系统对刀

图 13-33　3 号刀试切端面对刀

1）试切直径。依次按功能键 [OFFSET SETTING]→软键 [补正]→软键 [形状] 键，进入形状补偿参数设定界面，如图 13-34 所示。

如图 13-35 所示，移动光标到相应的位置（番号 01）后，输入外圆直径值"X40."，按 [测量] 键，补偿值自动输入到几何形状 X 值中，如图 13-36 所示。

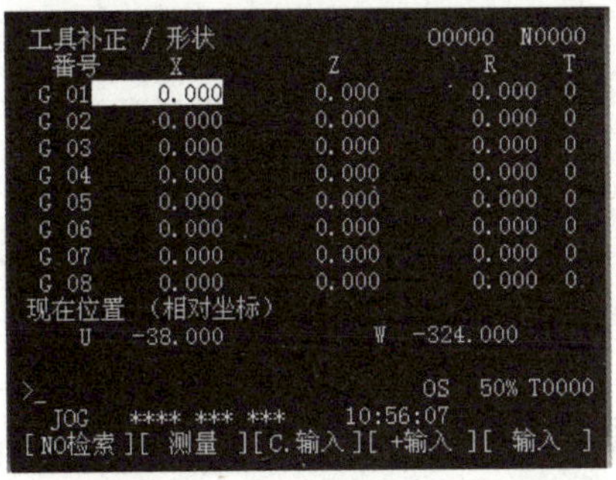

图 13-34　形状补偿参数设定界面

图 13-35　试切直径值输入

2）试切端面。与试切直径的步骤类似，移动光标到相应的位置后，输入"Z0"，按 [测量] 键，补偿值自动输入到几何形状 Z 值中，如图 13-37 所示。

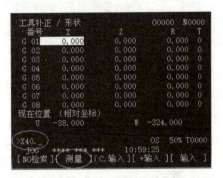

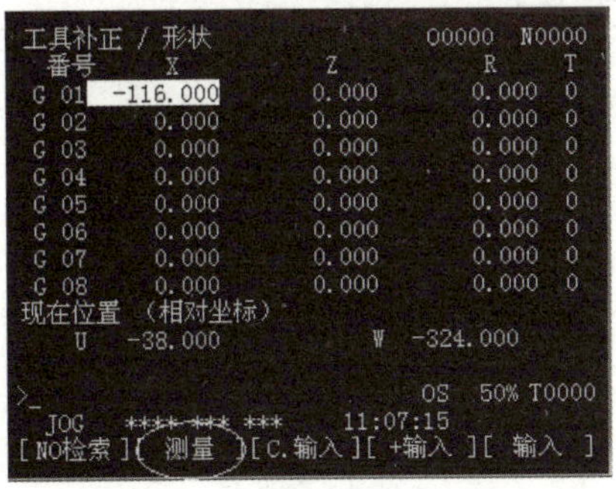

图 13-36　自动生成的 X 补偿值

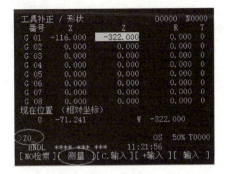

图 13-37　自动生成的 Z 补偿值

13.2.3　数控车削加工训练

用数控车床完成如图 13-38 所示工件的加工，工件材料为 45 钢，毛坯规格为 φ45mm×100mm，未注尺寸公差按 IT12 加工和检验。

1. 加工工艺设计

（1）零件图与加工工艺分析 零件图尺寸齐全，图中 $\phi42_{-0.039}^{0}$ mm 有公差要求，外圆表面有 $Ra3.2\mu m$ 的表面粗糙度要求，因此需粗、精加工。图 13-38 中有螺纹加工，且需切削螺纹退刀槽，故需要用切断刀和螺纹车刀来完成，其余加工可使用 90° 外圆车刀来完成加工。数控车削刀具卡见表 13-4。

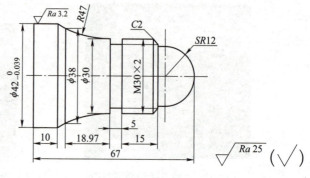

图 13-38　零件图

表 13-4　数控车削刀具卡

序号	刀具号	加工内容	刀具规格名称	主轴转速/（r/min）	进给速度/（mm/r）	备注
1	T01	车削外轮廓	90°外圆车刀	600、1000	0.2、0.1	
2	T02	切削螺纹退刀槽	4mm 切槽切断刀	200	0.05	左刀尖为刀位点
3	T03	切削螺纹	螺纹刀	200	2	
4	T02	切断	4mm 切槽切断刀	200	0.05	刀尖角 60°

（2）确定装夹步骤 经以上分析可知，此零件的加工可采用一端装夹来实现，无需掉头，因此，可采用自定心卡盘一次装夹左端面实现。

（3）确定加工方案 本零件为轴类零件，首先进行外形加工，由于其外形尺寸由左至右为单调增，可使用 G71 复合循环来实现；其次，切宽 5mm、深 2mm 的槽，由于切槽切断刀宽小于 5mm，故需要两次切削来实现；切削螺纹需换螺纹车刀，用 G82 螺纹切削复合循环完成；最后，切断用 G01 完成。数控加工工艺卡见表 13-5。

表 13-5　数控加工工艺卡

零件号	程序编号	使用设备		夹具		加工材料
01	O0001	数控车床		自定心卡盘		45 钢
工步号	工步内容	刀具号	主轴转速/（r/min）	进给速度/（mm/r）	背吃刀量/mm	备注
1	粗车外轮廓	T01	600	0.2	1.5	
2	精车外轮廓	T02	1000	0.1	0.15	
3	车削螺纹退刀槽	T05	200	0.05	2	
4	车削螺纹	T03	200	2		
5	切断	T04	200	0.05		
编制		审核		共　页		第　页

2. 编写加工程序

（1）工件坐标系设置　工件坐标系原点设在工件右表面中心。

（2）参考程序

O1111；	主程序名
T0101；	换 T01 刀，粗、精加工零件外形
M03　S600；	主轴正转，转速为 600r/min
G00　X47. Z2. ；	快速定位至循环起点
G71　U1.5　R1. ；	粗加工循环
G71　P10　Q20　U0. 3　W0. 1　F0. 2；	
N10 G00　X0；	精加工开始
G01　Z0；	
G03　X24. Z-12. R12. ；	
G01　Z-15. ；	
X26. ；	
X30. Z-17. ；	
Z-35. ；	
G02　X38. Z-53. 97 R47. ；	
G01　X42. Z-57. ；	
N20　Z-67. ；	精加工结束
X47. ；	退刀
G70　P10　Q20　F0. 1　S1000；	精加工循环
G00　X100. Z100. ；	快速返回换刀点
M05；	主轴停转
M00；	程序暂停，测量
T0202；	换 T02 刀，车螺纹退刀槽
M03　S200；	主轴正转，转速为 200r/min
G00　X32. Z-35. ；	快速定位到切槽起始位置（槽的左侧）
G01　X26. ；	切槽
G04　P2000；	槽底暂停 2s
G00　X32. ；	退刀
W1. ；	刀具向右偏移 1mm
G01　X26. ；	再次切槽
G04　P2000；	槽底暂停 2s
G00　X32. ；	退刀
G00　X100. Z100. ；	快速返回换刀点
M05；	主轴停转
M00；	程序暂停，测量
T0303；	换 T03 刀，车削螺纹
M03　S200；	主轴正转，转速为 200r/min

程序运行过程

G00　X32.　Z-13.；	快速定位至螺纹车削循环起点
G82　X29.1　Z-32.　F2；	螺纹车削循环
X28.5；	
X27.9；	
X27.5；	
X27.4；	
G00　X100.　Z100.；	快速返回换刀点
M05；	主轴停转
M00；	程序暂停，测量
T0202；	换 T02 刀，切断
M03　S200；	主轴正转，转速为 200r/min
G00　X47.　Z-71.；	快速定位至切断位置
G01　X0　F0.05；	切断
G00　X100.Z100.；	快速返回换刀点
M05；	主轴停转
M30；	程序结束并复位

3. 零件加工操作

（1）加工准备

1）开机前检查，起动数控机床，回参考点。

2）装夹工件，露出加工的部位，确保定位精度和装夹刚度。

3）根据工序卡准备刀具、安装车刀，确保刀尖高度正确和刀具装夹刚度。

4）按照前面所述方法进行对刀和测量，填写刀偏值或零点偏置值，并认真检查补偿数据。

5）输入程序并校验程序。

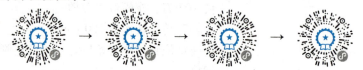

开机回参考点　　　毛坯定义及装夹　　　刀具选择及安装　零件加工仿真操作

（2）零件加工

1）执行每一个程序前检查其所用的刀具，检查切削参数是否合适，开始加工时宜把进给速度调到最小，密切观察加工状态，有异常现象及时停机检查。

操作过程中必须集中注意力，谨慎操作，运行前关闭防护门。运行过程中一旦发生问题，及时按下复位按钮或紧急停止按钮。

2）在加工过程中不断优化加工参数以达到最佳加工效果。粗加工后检查工件是否有松动，检查工件位置、形状尺寸。

3）精加工后检查工件位置、形状尺寸，调整加工参数，直到工件与图样及工艺要求相符。

4）拆下工件，把刀架停放在远离工件的换刀位置，及时清理机床。

思考与训练

13-1　数控车床的机床原点与工件原点怎么确定?

13-2　G 代码表示什么功能? M 代码表示什么功能?

13-3　什么是模态 G 代码? 什么是非模态 G 代码?

13-4　程序结束指令 M02 和 M30 有何相同功能? 又有什么区别?

13-5　恒线速度控制车削时, 为什么要限制主轴的最高转速?

13-6　螺纹车削有哪些指令? 为什么螺纹车削时要设置引入量和超越量?

13-7　简述 G00 与 G01 程序的主要区别。

13-8　单一固定循环切削指令 (G90、G94) 能否实现圆弧插补循环?

13-9　多重复合循环指令 (G71、G72、G73) 能否实现圆弧插补循环? 各指令适合加工哪类毛坯的工件?

13-10　为什么要进行刀尖圆弧半径补偿? 请写出刀尖圆弧半径补偿的编程指令格式。

13-11　请简要说明华中数控车床的对刀步骤及刀偏的设置方法。

13-12　完成如图 13-39 所示零件的车削编程与加工。毛坯规格为 $\phi25\times90$ mm。所用刀具分别为 T01(93° 外圆车刀, 车刀副偏角要大, 以避免干涉)、T02(4mm 宽切槽切断刀) 和 T03(60° 螺纹刀)。

13-13　完成图 13-40 所示零件内轮廓的车削编程与加工。加工前钻出直径为 $\phi18$ mm 的毛坯孔。所用刀具分别为 T01(93° 内孔镗刀)、T02 (3mm 宽内切槽刀) 和 T03(60° 内螺纹刀)。

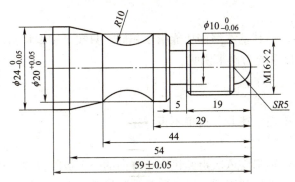

图 13-39　车削加工零件 1

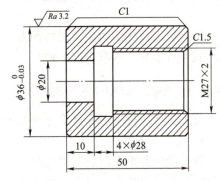

图 13-40　车削加工零件 2

第14章 数控铣削训练

【内容提要】 本章主要介绍数控铣削相关知识（数控铣床坐标系，基本功能指令，编程格式，刀具长度补偿功能及半径补偿功能的概念、特点及应用）及数控铣床安全实操训练（数控铣床安全操作规程，数控铣床对刀操作，典型零件的工艺制订、程序编制及加工操作）等内容。

【训练目标】 通过本章内容的学习和训练，学生应能将数控铣床的编程知识和方法应用于实践；能够独立完成给定任务零件的工艺制订、数值计算、程序编制、零件装夹、对刀、程序编辑及校验、零件加工等环节，最终加工出合格的零件；掌握数控铣削编程及操作基本技能。

14.1 数控铣床的编程

数控铣床及铣削数控系统的种类很多，但其基本编程功能指令相同，只在个别编程指令和格式上有差异，本节仍以 FANUC 0i 数控系统为例来说明。

14.1.1 数控铣床的坐标系

有关机床坐标系和工件坐标系的内容前面已述及，这里不再详述。

1. 机床坐标系

数控铣床每次通电后，机床的三个坐标轴都要依次走到机床正方向的一个极限位置，这个位置是机床坐标系的原点，是机床出厂时设定的固定位置。通常在数控铣床上机床原点和机床参考点是重合的，如图 12-9 所示。

2. 工件坐标系

数控铣床的工件原点一般设在工件外轮廓的某一个角上或工件对称中心处，进刀深度方向上的零点大多取在工件表面。利用数控铣床、加工中心进行工件加工时，其工件坐标系与机床坐标系之间的关系如图 12-11 所示。

14.1.2 数控铣床的基本功能指令

1. F、S 指令

（1）F 指令（进给功能） F 指令用于指定切削的进给速度。和数控车床不同，数控铣床一般只用每分钟进给量。

（2）S 指令（主轴功能） S 指令用于指定主轴转速，单位为 r/min。S 后的数值直接表示主轴的转速。例如，要求主轴转速为 1000r/min，则执行指令 S1000。

2. 辅助功能指令（M 指令）

辅助功能指令用于指定主轴的旋转和启停、切削液的开关、工件或刀具的夹紧或松开、刀具更换等功能，从 M00～M99，共 100 种。FANUC 0i 系统常用的 M 指令见表 14-1。

表 14-1　FANUC 0i 系统常用的 M 指令

指令	是否模态	功能说明	指令	是否模态	功能说明
M00	非模态	程序停止	M03	模态	主轴正转起动
M01	非模态	选择停止	M04	模态	主轴反转起动
M02	非模态	程序结束	M05	模态	主轴停止转动
M30	非模态	程序结束并返回	M06	非模态	加工中心换刀
M98	非模态	调用子程序	M08	模态	切削液打开
M99	非模态	子程序结束	M09	模态	切削液停止

3. 准备功能指令（G 指令）

准备功能指令是使数控机床建立起某种加工方式的指令，从 G00～G99，一共 100 种。FANUC 0i 系统常用的 G 指令见表 14-2。

表 14-2　FANUC 0i 系统常用的 G 指令

指令	组别	功能说明	指令	组别	功能说明
﹡ G00	01	定位（快速移动）	G58	14	工件坐标系 5 选择
G01		直线切削	G59		工件坐标系 6 选择
G02		顺时针切圆弧	G73		高速深孔钻削循环
G03		逆时针切圆弧	G74		左螺旋切削循环
G04	00	暂停	G76		精镗孔循环
﹡ G17	02	XY 面选择	﹡ G80		取消固定循环
G18		XZ 面选择	G81		中心钻循环
G19		YZ 面选择	G82		带停顿钻孔循环
G28	00	机床返回参考点	G83	09	深孔钻削循环
G30		机床返回第 2 和第 3 原点	G84		右螺旋切削循环
﹡ G40	07	取消刀具直径偏移	G85		镗孔循环
G41		刀具直径左偏移	G86		镗孔循环
G42		刀具直径右偏移	G87		反向镗孔循环
G43	08	刀具长度正方向偏移	G88		镗孔循环
G44		刀具长度负方向偏移	G89		镗孔循环
﹡ G49		取消刀具长度偏移	﹡ G90	03	使用绝对值指令
G53	14	机床坐标系选择	G91		使用增量值指令
﹡ G54		工件坐标系 1 选择	G92	00	设置工件坐标系
G55		工件坐标系 2 选择	﹡ G98	10	固定循环返回起始点
G56		工件坐标系 3 选择	G99		固定循环返回 R 点
G57		工件坐标系 4 选择	—	—	—

注：带 ﹡ 的指令为系统电源接通时的初始值。

14.1.3 数控铣床的基本编程指令

1. 绝对坐标和增量坐标指定指令

指令格式：G90/G91 X __ Y __ Z __;

指令说明：G90 为绝对坐标指定，它表示程序段中的尺寸字为绝对坐标值，即以编程原点为基准计量的坐标值。G91 为增量坐标指定，它表示程序段中的尺寸字为增量坐标值，即刀具运动的终点相对起点坐标值的增量。G90 为系统默认值，可省略不写。前面学习的数控车床是直接用地址符来区分的，即 X、Y、Z 表示绝对尺寸；U、V、W 表示相对尺寸。

如图 14-1 所示，假设刀具在 O 点，先快速定位到 A 点，再以 100mm/min 的速度直线插补到 B 点，分别用 G90 指定绝对坐标方式和 G91 指定增量坐标方式编程时，运动点的坐标是有差异的。

2. 平面选择指令

指令格式：G17/G18/G19;

指令说明：G17 为 XY 平面选择；G18 为 ZX 平面选择；G19 为 YZ 平面选择，如图 14-2 所示，系统开机时处于 G17 状态。

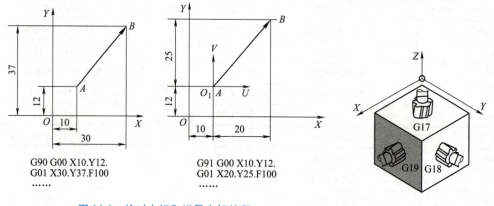

G90 G00 X10.Y12.
G01 X30.Y37.F100
……

G91 G00 X10.Y12.
G01 X20.Y25.F100
……

图 14-1　绝对坐标和增量坐标编程　　　　　　图 14-2　坐标平面选择

3. 刀具移动指令

（1）快速定位指令 G00

指令格式：G00 X __ Y __ Z __;

指令说明：G00 指令可使刀具从所在点以最快的系统设定速度移动到目标点。使用绝对指令时，X、Y、Z 为目标点在工件坐标系中的坐标；用增量坐标时，X、Y、Z 为目标点相对于起点的坐标增量。不运动的坐标可以不写。当刀具按指令远离工作台时，先沿 Z 轴运动，再沿 X、Y 轴运动；当刀具按指令接近工作台时，先沿 X 轴、Y 轴运动，再沿 Z 轴运动。

如图 14-3 所示，刀具由当前点快速移动到目标点 P 的程序为：G00 X45. Y30. Z6.。

注意：刀具快速接近工件时，不能以 G00 速度直接切入工件，一般应与工件保持 5~10mm 的安全距离，如图 14-4 所示，刀具在 Z 方向快速进给时，应留有 5mm 的安全距离。

（2）直线插补功能指令 G01

指令格式：G01 X __ Y __ Z __ F __;

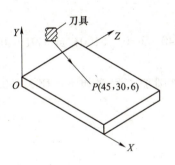

图 14-3　G00 指令的安全距离设置

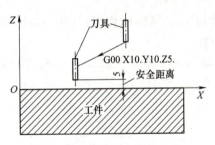

图 14-4　G01 指令编程举例

指令说明：G01 指令可使刀具从所在点以直线移动到目标点。当用绝对指令时，X、Y、Z 为目标点在工件坐标系中的坐标；当用增量坐标时，X、Y、Z 为目标点相对于起点的增量坐标，F 为刀具进给速度。不运动的坐标可以不写。

如图 14-5 所示，刀具由起点 A 直线运动到目标点 B，进给速度 100mm/min 的程序如下：G90　G01　X90. Y70. F100；或 G91　G01　X70. Y50. F100。

（3）圆弧插补功能指令 G02、G03

指令格式：G90/G91　G17/G18/G19　G02/G03　X＿　Y＿　R＿（或 I＿ J＿）F＿；

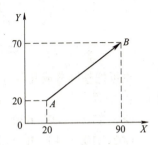

图 14-5　直线插补

指令说明：G02 指令表示在指定平面顺时针插补；G03 指令表示在指定平面逆时针插补。不同平面圆弧插补方向如图 14-6 所示。X、Y、Z 为圆弧终点坐标值。G90 时，X、Y、Z 是圆弧终点的绝对坐标值；G91 时，X、Y、Z 是圆弧终点相对圆弧起点的增量值。I、J、K 表示圆心相对圆弧起点的增量值，如图 14-7 所示，F 规定了沿圆弧切向的进给速度。G17、G18、G19 为圆弧插补平面选择指令，以此来确定被加工表面所在平面，G17 可以省略。R 表示圆弧半径，因为在相同的起点、终点、半径和相同的方向时，可以有两种圆弧（图 14-8），如果圆心角小于 180°（劣弧），则 R 值为正数；如果圆心角大于 180°（优弧），则 R 值为负数。整圆编程时，不能使用 R，只能使用 I、J、K。

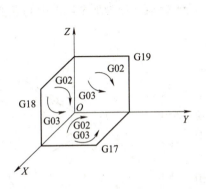

图 14-6　不同平面圆弧插补方向

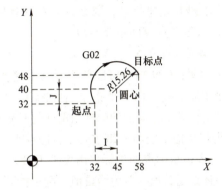

图 14-7　I、J、K 的设置

1）如图 14-8 所示，加工劣弧的程序如下：

用绝对值方式编程的程序：G90　G02　X40. Y-30. I40. J-30. F100；或 G90　G02　X40.

Y-30. R50. F100。

　　用增量方式编程的程序：G91　G02　X80.Y0　I40.　J-30.　F100；或 G91　G02　X80.Y0　R50.　F100。

　　2）如图 14-9 所示，以 A 点为起点和终点的整圆加工程序如下：G02　I30.0　J0；或 G03　I30.0。

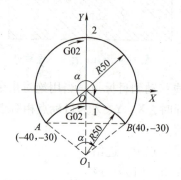

图 14-8　R 编程时的优弧和劣弧

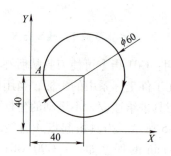

图 14-9　整圆加工编程

　　也可把整圆分成几部分，用半径方式编程。现将整圆分为上下两个半圆编程，具体程序如下：

G02　X70.　Y40.　R30.　F80；上半圆

G02　X10.　Y40.　R30.　F80；下半圆

4. 参考点返回指令

（1）自动参考点返回指令 G28

　　指令格式：G28　X ___　Y ___　Z ___；

　　指令说明：G28 指令可使刀具以点位方式经中间点快速返回到参考点，中间点的位置由该指令后面的 X、Y、Z 坐标值决定，其坐标值可以用绝对值也可以用增量值，这取决于是采用 G90 方式还是 G91 方式。设置中间点是为了防止刀具返回参考点时与工件或夹具发生干涉。通常 G28 指令用于自动换刀，原则上应在执行该指令前取消各种刀具补偿。G28 程序段中不仅记忆了移动指令坐标值，而且记忆了中间点的坐标值。即如果正在使用的 G28 程序段中没有被指定坐标轴，那么以前 G28 程序段中的坐标值就作为那个轴的中间点坐标值。

（2）从参考点返回指令 G29

　　指令格式：G29　X ___　Y ___　Z ___；

　　指令说明：G29 指令可以使刀具从参考点出发，经过一个中间点到达由这个指令后面的 X、Y、Z 坐标值指定的位置。中间点的坐标由前面的 G28 指令规定，因此 G29 指令应与 G28 指令成对使用，指令中的 X、Y、Z 是目标点的坐标，由 G90/G91 状态决定是绝对值还是增量值。若为增量值，则是指到达点相对 G28 中间点的增量值。在选择 G28 之后，G29 指令不是必需的，使用 G00 定位有时可能更为方便。

　　如图 14-10 所示，加工后刀具已定位到 A 点，

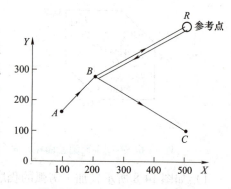

图 14-10　G28 和 G29 编程实例

取 B 点为中间点，点 C 为执行 G29 指令时应到达的目标点，则程序如下：

G28 X200. Y280. ;

T02 M06;　　　　　　　　在参考点完成换刀

G29 X500. Y100. ;

5. 延时功能指令

指令格式：G04 X __ ；或 G04 P __ ；

指令说明：G04 指令可使刀具做短暂的无进给光整加工，一般用于镗孔、锪孔等。X 或 P 后为暂停时间，其中 X 后面可用带小数点的数，单位为 s，如"G04 X5.0"表示在前一程序执行完成后，要 5s 以后，后一程序段才执行；P 后面不允许用小数点，单位为 ms，如"G04 P1000"表示暂停 1000ms。

6. 工件坐标系建立指令

（1）工件坐标系设定指令 G92

指令格式：G92 X __ Y __ Z __ ；

指令说明：X、Y、Z 为刀具当前点在工件坐标系中的坐标；G92 指令是将工件原点设定在相对于刀具起始点的某一空间点上。也可以理解为通过指定刀具起始点在工件坐标系中的位置来确定工件原点。执行 G92 指令时，机床不动作，即 X、Y、Z 轴均不移动。

如图 14-11 所示，工件坐标系的程序为：G92 X30. Y30. Z0。

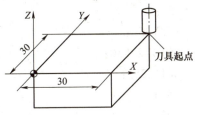

图 14-11　G92 工件坐标系

（2）工件坐标系调用指令 G54~G59

指令格式：G54/G55/G56/G57/G58/G59；

指令说明：这组指令可以调用六个工件坐标系，其中，G54 坐标系是机床开机并返回参考点后就有效的坐标系。这六个坐标系通过指定每个坐标系的零点在机床坐标系中的位置而设定的，即通过 MDI/CRT 输入每个工件坐标系零点的偏移值（相对于机床原点）。如图 14-12 所示，图中有六个完全相同的轮廓，如果将它们分别置于 G54~G59 指定的六个坐标系中，则它们的加工程序将完全一样，加工时只需调用不同的坐标系（即零点偏置）即可实现。

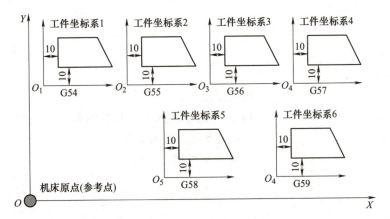

图 14-12　G54~G59 调用工件坐标系

注意：G54~G59 工件坐标系指令与 G92 坐标系设定指令的差别是，G92 指令需后续坐标值指定刀具起点在当前工件坐标系中的坐标值，用单独一个程序段指定；使用 G92 指令前，必须保证刀具回到程序中指定的加工起点（也即对刀点）。G54~G59 建立工件坐标系时，可单独使用，也可与其他指令同段使用；使用该指令前，先用手动数据输入（MDI）方式输入该坐标系的坐标原点在机床坐标系中的坐标值。

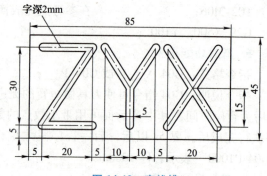

字深2mm

图 14-13 直线槽

【例 14-1】 直线槽的编程。如图 14-13 所示，直线槽的槽深为 2mm、宽为 5mm。编程原点在工件左下角，刀具为直径 5mm 的键槽铣刀。

直线槽编程的参考程序如下：

O0141；	程序名
G54 G90 G00 X0 Y0 Z100.；	调用 G54 坐标系，刀具快速定位到编程原点上方 100mm 处
M03 S600；	主轴正转，转速为 600r/min
Z5.；	刀具 Z 方向快速接近工件
X5. Y35.；	XY 面快速定位到 Z 字母槽的起点
G01 Z-2. F50；	Z 方向下刀，切入工件
G01 X25.；	铣削 Z 字母槽
X5. Y5.；	
X25.；	
G00 Z5.；	快速提刀
X30. Y35.；	XY 面快速定位到 Y 字母槽的起点
G01 Z-2.；	Z 方向下刀，切入工件
X40. Y20.；	铣削 Y 字母槽
Y5.；	
G00 Z5.；	
Y20.；	
G01 Z-2.；	
X50. Y35.；	
G00 Z5.；	快速提刀
X55.；	XY 面快速定位到 X 字母槽的起点
G01 Z-2.；	Z 方向下刀，切入工件
X75. Y5.；	铣削 X 字母槽
G00 Z5.；	
X55.；	
G01Z-2.；	
X75. Y35.；	

程序运行过程

G00 Z100. ;　　　　　　　　　　*Z* 方向快速返回
M05 ;　　　　　　　　　　　　　主轴停转
M30 ;　　　　　　　　　　　　　程序结束并复位

14.1.4　刀具长度补偿功能

1. 刀具长度补偿的目的

使用刀具长度补偿功能，编程时就不必考虑刀具的实际长度。由于刀具磨损、更换刀具等原因引起刀具长度变化时，只要修正刀具长度补偿量，而不必调整程序或刀具。

2. 刀具长度补偿指令 G43、G44、G49

指令格式：G43(G44) G00(G01) Z __ H __ ;
　　　　　　……
　　　　　　G49 G00(G01)Z __ ;

指令说明：刀具长度补偿指令一般用于刀具轴向（*Z* 向）的补偿，它使刀具在 *Z* 方向上的实际位移量比程序给定值增加或减少一个偏置量。G43 为刀具长度正向补偿；G44 为刀具长度负向补偿；*Z* 为目标点坐标；*H* 为刀具长度补偿代号（H00～H99），补偿量存入由 H 代码指定的存储器中。若输入指令"G90 G00 G43 Z100 H01"，并于 H01 中存入"-20"，则执行该指令时，将用 *Z* 坐标值"100"与 H01 中所存"-20"进行"+"运算，即"100+(-20)=80"，并将所求结果作为 *Z* 轴移动的目标值，取消刀具长度补偿用 G49 或 H00。当刀具在长度方向的尺寸发生变化时，可以在不改变程序的情况下，通过改变偏置量，加工出所要求的零件尺寸。应用刀具长度补偿后的实际动作效果如图 14-14 所示。如果补偿值使用正负号，则 G43 和 G44 可以互相取代。即 G43 的负值补偿等于 G44 的正值补偿，G44 的负值补偿等于 G43 的正值补偿，补偿值正负互换的补偿效果如图 14-15 所示。

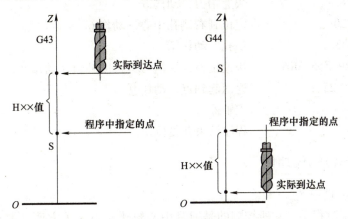

图 14-14　刀具长度补偿执行效果

注意：无论是绝对坐标还是增量坐标编程，G43 指令都是将偏移量 H 值加到坐标值（绝对方式）或位移值（增量方式）上，G44 指令则是从坐标值（绝对方式）或位移值（增量方式）减去偏移量 *H* 值。

【例 14-2】　如图 14-16 所示，*A* 为程序起点，加工路线为①→②→……→⑨。刀具为 φ10mm 的钻头，实际起始位置为 *B* 点，与编程起点偏离了 3mm（相当于刀具长了 3mm），

G43 指令进行补偿，按相对坐标编程，偏置量 3mm 存入 H01 的补偿号中。

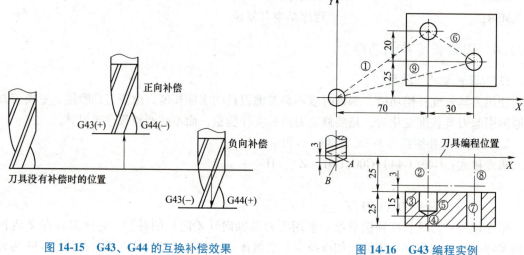

图 14-15　G43、G44 的互换补偿效果　　　　　　图 14-16　G43 编程实例

参考程序为：

O0142;	程序名
N10　G91　G00　X70.Y45.；	增量移动到左侧孔中心，动作①，无需建立工件坐标系
N11　M03　S600；	主轴正转，转速为 600r/min
N12　G43　Z-22.H01；	Z 向快速接近工件，建立刀具长度正向补偿，动作②
N13　G01　Z-18.F60　M08；	钻孔，开切削液，动作③
N14　G04　X2.；	孔底暂停 2s，动作④
N15　G00　Z18.；	快速抬刀，动作⑤
N16　X30.Y-20.；	定位到右侧孔中心，动作⑥
N17　G01　Z-33.；	钻孔，动作⑦
N18　G00　G49　Z55.M09；	快速抬刀，取消刀具长度补偿，动作⑧，关切削液
N19　X-100.Y-25.；	返回起到点，动作⑨
N20　M05；	主轴停转
N21　M30；	程序结束并复位

14.1.5　刀具半径补偿功能

1. 刀具半径补偿目的

数控机床加工过程中，它所控制的是刀具中心轨迹，而为了方便（避免计算刀具中心轨迹），用户可按零件图样上的轮廓尺寸编程，同时指定刀具半径和刀具中心偏离编程轮廓的方向。实际加工时，数控系统会控制刀具中心自动偏移零件轮廓一个半径值进行加工，如图 14-17 所示，这种偏移称作刀具半径补偿。

2. 刀具半径补偿的概念

加工曲线轮廓时，对于有刀具半径补偿功能的数控系统，可不必求刀具中心的运动轨迹，只按被加工工件轮廓曲线编程，同时在程序中给出刀具半径的补偿指令，就可加工出具有轮廓曲线的零件，简化编程工作。

ISO 标准规定，当刀具中心在编程轨迹前进方向的左侧时，称为左刀补；当刀具中心处于轮廓前进方向的右侧时，称为右刀补，如图 14-18 所示。

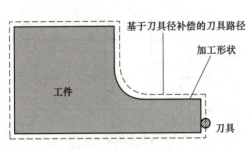

图 14-17　刀具半径补偿

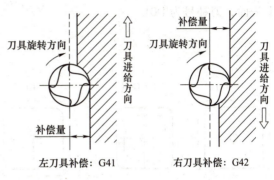

图 14-18　刀具半径补偿的判别

3. 刀具半径补偿指令 G41、G42、G40

指令格式：G17/G18/G19 G41/G42 G00/G01 X __ Y __ D __;

......

G40 G00/G01 X __ Y __/X __ Z __/Y __ Z __;

指令说明：系统在所选择的平面 G17~G19 中以刀具半径补偿的方式进行加工，其中 G17 为系统默认值，可省略不写，一般的刀具半径补偿都是在 XY 平面上进行。

G41 为指定左刀补，G42 为指定右刀补，G40 为取消刀具半径补偿功能。都是模态代码，可以互相注销。刀具必须有相应的刀具补偿号 D 码（D00~D99）才有效，D 代码是模态码，指定后一直有效。改变刀补号或刀补方向时必须撤销原刀补，否则会重复刀补而出错。只有在线性插补时（G00、G01）才可以用 G41、G42 建立刀具半径补偿和使用 G40 取消刀具半径补偿。轮廓切削过程中，不能加刀补和撤销刀补，否则会造成轮廓的过切（图 14-19）或少切。通过刀具半径补偿值的灵活设置，可以实现同一轮廓的粗精加工。如图 14-20 所示，铣刀半径为 r 单边精加工余量为 Δ，若将刀补值设为 $r+\Delta$，则为粗加工，而将刀补值设为 r，则为精加工。

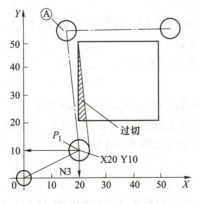

图 14-19　刀补不当造成的过切

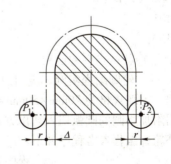

图 14-20　同一轮廓的粗精加工

注意：如果偏移量使用正负号，则 G41 和 G42 可以互相取代。即 G41 的负值补偿 = G42

的正值补偿，G42 的负值补偿＝G41 的正值补偿。利用这一结论，可以对同一编程轮廓采用左刀补（或右刀补）正负值补偿，实现凸凹模加工，如图 14-21 所示。

【例 14-3】 刀具半径补偿编程。如图 14-22 所示，切削深度为 10mm，Z 向零点在工件上表面，刀补号为 D01。

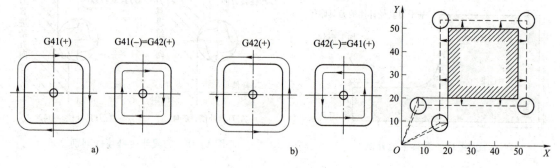

图 14-21 凸凹模加工
a）左刀补 b）右刀补

图 14-22 刀具半径补偿编程

刀具半径补偿编程参考程序如下：

O0143；　　　　　　　　　　程序名
N11 G90 G17；　　　　　　　初始化
N12 G54 G00 X0 Y0 Z100.；　调用 G54 坐标系，刀具快速定位到编程原点上方100mm 处
N13 M03 S800；　　　　　　主轴正转，转速为 800r/min
N14 G41 G00 X20. Y10. D01；快速定位到（X20，Y10），建立刀具半径左补偿
N15 G01 Z-10. F50 M08；　　下刀
N16 G01 Y50. F100；　　　　直线插补，切向切入
N17 X50.；
N18 Y20.；
N19 X10.；　　　　　　　　切向切出
N20 G00 Z10.；　　　　　　快速抬刀
N21 G40 X0 Y0；　　　　　XY 面快速返回编程原点，取消刀具半径补偿
N22 M05；　　　　　　　　主轴停转
N23 M30；　　　　　　　　程序结束并复位

4. 刀具半径补偿指令的应用

【例 14-4】 轮廓编程实例。应用刀具半径补偿功能完成如图 14-23 所示零件凸台外轮廓精加工编程，毛坯规格为 70mm×50mm×20mm（其余面已经加工）。刀具为直径 10mm 的立铣刀，采用附加半圆的圆弧切入切出方式。走刀路线如图 14-24 所示。

凸台外轮廓编程参考程序如下：

O0144；　　　　　　　　　　程序名
N10 G54 G00 X0 Y0 Z100.；　调用 G54 坐标系，刀具快速定位到编程原点上方 100mm 处
N11 M03 S800；　　　　　　主轴正转，转速为 800r/min

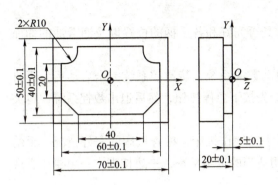

图 14-23　凸台外轮廓

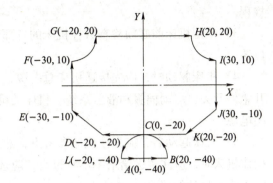

图 14-24　走刀路线

N12 X0 Y-40. ;	XY 面快速定位到图 14-23 所示半圆圆心
N13 G00 Z10. ;	刀具 Z 方向快速接近工件
N14 G01 Z-5. F100;	Z 方向下刀，切入工件
N15 G41 G01 X20. ;	建立刀具半径补偿，A→B
N16 G03 X0 Y-20. R20. ;	圆弧切向切入，B→C
N17 G01 X-20. Y-20. ;	直线插补，C→D
N18 X-30. Y-10. ;	直线插补，D→E
N19 Y10. ;	直线插补，E→F
N20 G03 X-20. Y20. R10. ;	逆圆插补，F→G
N21 G01 X20. ;	直线插补，G→H
N22 G03 X30. Y10. R10. ;	逆圆插补，H→I
N23 G01 Y-10. ;	直线插补，I→J
N24 X20. Y-20. ;	直线插补，J→K
N25 X0;	直线插补，K→C
N26 G03 X-20. Y-40. R20. ;	圆弧切向切出，C→L
N27 G40 G00 X0;	取消刀具半径补偿，L→A
N28 G00 Z100. ;	
N29 X0 Y0;	
N30 M05;	主轴停转
N31 M30;	程序结束并复位

程序运行过程

14.2　数控铣削训练

14.2.1　数控铣削安全操作规程

1）数控铣床由专职人员负责管理，任何人员使用该设备及工具、量具等时必须征得设备负责人的同意，未经设备负责人允许，不得随意开动机床。

2）参加实习的学生必须服从指导人员的安排，任何人使用机床时，必须遵守安全操作规程。

3）使用机床前必须检查数控机床的各部件是否完好和各手柄的位置以及润滑油的油面位置。

4）机床起动时，应先接通机床总电源，启动数控系统，待数控系统完全启动后，再打开急停开关，启动伺服和液压系统。机床关机应先按下急停按钮，然后退出数控系统，再关闭电源。

5）机床起动后，应先回机床参考点，然后手动操作机床，检查机床的完好情况，手动操作机床时，应注意进给倍率不宜过大，应选用适当的进给倍率，一边按键，一边要注意观察工作台移动的情况。

6）机床自动加工前应确认加工程序的正确性、机床是否回参考点、是否正确对刀。

7）工件放到工作台后应找正工件位置，然后夹紧工件，以免加工时工件飞出伤人。

8）应按正确的方法组装刀具，以免损坏弹簧夹头等零件。刀具组装好后应将刀柄和主轴孔彻底擦拭干净，不得有油污，然后将刀具装入主轴。实训或实习结束后必须将刀具卸下擦拭干净并收好。

9）机床运转中，不要用手或其他方式触摸主轴和工件。机床停止运行时，应把 X、Y、Z 轴移动到中间位置，防止偏重导致机床床身变形。

10）任何人使用设备后，都应把刀具、工具、量具、材料等物品整理好，做好设备清洁和日常设备维护工作，并做好设备的运行记录。

11）机床出现故障时，应立即切断电源，并立即报告现场指导人员，切勿带故障操作和擅自处理。现场指导人员应做好相关记录。

14.2.2　数控铣床对刀操作

数控铣床对刀过程

1. 对刀目的

对刀的目的就是找出零件被装夹好后，相应的编程原点在机床坐标系中的坐标位置，此时编程原点即为加工原点。加工过程中，数控机床是按照工件装夹好后的加工原点及程序要求进行自动加工。

2. 对刀方法

对刀的方法很多，这里以常用的试切法对刀为例，取工件上表面的中心为编程原点，如图 14-25 所示。对刀步骤为：

（1）机床回参考点　机床回参考点的目的是建立机床坐标系。

（2）确定工件的编程原点在机床坐标系中的坐标值（X、Y、Z）

1）X 方向对刀。如图 14-26 所示，将刀具靠近毛坯左侧，慢速移动 X 轴试切，当切屑飞出的瞬间，立即停止坐标轴移动，读取机床 CRT 界面中的 X 坐标值（此值为刀具中心所在的 X 轴坐标位置），记为 X_1，数据记录后，抬起 Z 轴，将机床反向移开，移动到工件右侧，用同样的方法得到 X_2；则工件上表面中心 X 的坐标为 $(X_1+X_2)/2$ 的值。

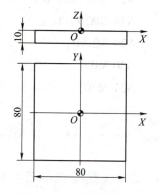

图 14-25　数控铣床对刀

2）Y 方向对刀。如图 14-27 所示，将刀具靠近毛坯前侧，慢速移动 Y 轴试切，当切屑飞出的瞬间，立即停止坐标轴移动，读取机床 CRT 界面中的 Y 坐标值（此值为刀具中心所在的 Y 轴坐标位置），记为 Y_1，数据记录后，抬起 Z 轴，将机床反向移开，移动到工件后侧，用同样的方法得到 Y_2；则工件上表面中心 Y 的坐标为 $(Y_1+Y_2)/2$ 的值。

图 14-26 X 方向对刀　　　　　　　　图 14-27 Y 方向对刀

3）Z 方向对刀。如图 14-28 所示，完成 X、Y 方向对刀后，移动 Z 轴，将刀具靠近毛坯的上表面，有切屑飞出的瞬间读取机床 CRT 界面中的 Z 值。

通过对刀得到的坐标值 $(X，Y，Z)$ 即为工件坐标系原点在机床坐标系中的坐标值。

图 14-28 Z 方向对刀

（3）在 G54 坐标中输入得到的 X、Y、Z 坐标值

注意：若编程时 Z 轴应用刀具长度补偿功能，则对刀得到的 Z 值输入到刀补表的长度补偿，G54 中的 Z 坐标设为 0；若编程时应用的是坐标系功能，则对刀得到的 Z 值直接输入到 G54 的 Z 坐标中。

14.2.3　数控铣削加工训练

如图 14-29 所示零件（单件生产），毛坯的规格为 76mm×76mm×20mm（上表面已加工），材料为 45 钢。

1. 加工工艺的制订

（1）分析零件图样　该零件包含外形轮廓、沟槽的加工，表面粗糙度值全部为 $Ra3.2$。56mm×56mm 凸台轮廓的尺寸公差为对称公差，可直接按基本尺寸编程；十字槽中的两宽度尺寸的公差为非对称公差，需调整刀补来达到公差要求。

（2）工艺分析

1）加工方案。根据零件的精度要求，所有表面均采用立铣刀粗铣→精铣完成。

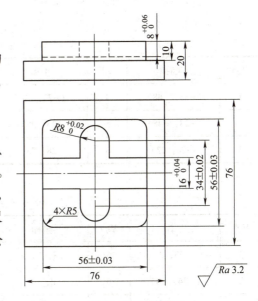

图 14-29 零件图

2）装夹方案；该零件为单件生产，且零件外形为长方体，可选用平口虎钳装夹。

3）刀具及切削参数的确定。数控加工刀具卡见表 14-3。

表 14-3　数控加工刀具卡

数控加工 刀具卡片		零件号	程序编号	零件名称	加工材料	
					45 钢	
序号	刀具号	刀具名称	刀具规格/mm		加工内容	备注
1	T01	立铣刀（3 齿）	ϕ16		粗、精加工外轮廓	
2	T02	键槽铣刀	ϕ12		粗、精加工内轮廓	

4）进给路线的确定。凸台外轮廓加工走刀路线如图 14-30 所示，十字槽加工走刀路线如图 14-31 所示。凸台外轮廓加工时，图中各基点坐标见表 14-4。十字槽加工时，图中各基点坐标见表 14-5。

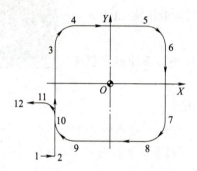

图 14-30　凸台外轮廓加工走刀路线

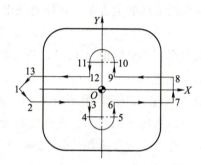

图 14-31　十字槽加工走刀路线

表 14-4　凸台外轮廓加工基点坐标

基点	坐标	基点	坐标	基点	坐标	基点	坐标
1	(-38, -48)	4	(-23, 28)	7	(28, -23)	10	(-28, -23)
2	(-28, -48)	5	(23, 28)	8	(23, -28)	11	(-38, -13)
3	(-28, 23)	6	(28, 23)	9	(-23, -28)	12	(-48, -13)

表 14-5　十字槽加工基点坐标

基点	坐标	基点	坐标	基点	坐标	基点	坐标
1	(-53, 0)	5	(8, -17)	9	(8, 8)	13	(-36, 8)
2	(-36, -8)	6	(8, -8)	10	(8, 17)		
3	(-8, -8)	7	(36, -8)	11	(-8, 17)		
4	(-8, -17)	8	(36, 8)	12	(-8, 8)		

5）确定加工工艺。数控加工工艺卡见表 14-6。

表 14-6 数控加工工艺卡

数控加工工艺卡片			产品名称	零件名称	材料	零件图号	
					45 钢		
工序号	程序编号	夹具名称	夹具编号	使用设备		车间	
		平口虎钳		数控铣床			
工步号	工步内容		刀具号	主轴转速（r/min）	进给速度/（mm/min）	背吃刀量/mm	刀补号
1	凸台外轮廓粗加工		T01	600	120	9.8	D01、D02
2	凸台外轮廓精加工		T01	1000	60	0.2	D01、D02
3	十字槽粗加工		T02	600	120	7.8	D03、D04
4	十字槽精加工		T02	1000	60	0.2	D03、D04

6）工件坐标系建立。工件上表面中心为 G54 工件坐标系原点，加工时要先进行对刀。

2. 编制参考程序

（1）凸台外轮廓加工程序

1）凸台外轮廓加工主程序。

O1101;	主程序名
N10 G90 G40 G49;	设置初始状态
N11 G54 G00 X0 Y0 Z100.;	调用 G54 坐标系，刀具快速定位到起始点
N12 M03 S600;	主轴正转，转速为 600r/min
N13 G00 X-38. Y-48.;	快速进给至下刀位置
N14 G00 Z5. M08;	接近工件，同时打开切削液
N15 G01 Z-9.8 F60;	下刀，Z 向粗加工
N16 D01 M98 P1113 F120;	给定刀补值 D01=8.2，调用 1113 号子程序去余量
N17 D02 M98 P1113 F60;	给定刀补值 D02=8，调用 1113 号子程序精加工
N12 M03 S1000;	主轴正转，转速为 1000r/min
N15 G01 Z-10. F60;	下刀，Z 向精加工
N16 D01 M98 P1113;	给定刀补值 D01=8.2，调用 1113 号子程序去余量
N17 D02 M98 P1113;	给定刀补值 D02=8，调用 1113 号子程序精加工
N18 G00 Z50. M09;	Z 向抬刀至安全高度，关闭切削液
N19 M05;	主轴停转
N20 M30;	主程序结束并复位

2）凸台外轮廓加工子程序。

O1113;	子程序名
N10 G41 G01 X-28. Y-48.;	1→2（图 14-30），建立刀具半径补偿
N11 G01 Y23.;	2→3
N12 G02 X-23. Y28. R5.;	3→4
N13 G01 X23.;	4→5
N14 G02 X28. Y23. R5.;	5→6

N15　G01　Y-23. ;　　　　　　6→7

N16　G02　X23.　Y-28.　R5. ;　　7→8

N17　G01　X-23. ;　　　　　　8→9

N18　G02　X-28.　Y-23.　R5. ;　　9→10

N19　G03　X-38.　Y-13.　R10. ;　　10→11

N20　G40　G00　X-48.　Y-13. ;　　11→12，取消刀具半径补偿

N21　G00　Z5. ;　　　　　　快速提刀

N22　M99 ;　　　　　　　　子程序结束

（2）十字槽加工程序

1）十字槽加工主程序。

O1103 ;　　　　　　　　　主程序名

N10　G90　G40　G49 ;　　　　设置初始状态

N11　G54　G00　X0　Y0　Z100. ;　调用 G54 坐标系，刀具快速定位到起始点

N12　M03　S600 ;　　　　　主轴正转，转速为 600r/min

N13　G00　X-53.　Y0 ;　　　快速进给至下刀位置

N14　G00　Z5.　M08 ;　　　　接近工件，同时打开切削液

N15　G01　Z-7. 8　F60 ;　　　下刀，Z 向粗加工

N16　D03　M98　P1114　F120 ;　给定刀补值 D03＝6. 2，调用 1114 号子程序去余量

N17　D04　M98　P1114　F60 ;　给定刀补值 D04＝6，调用 1114 号子程序精加工

N18　M03　S1000 ;　　　　　主轴正转，转速为 1000r/min

N19　G01　Z-8.　F60 ;　　　下刀，Z 向精加工

N20　D03　M98　P1114 ;　　给定刀补值 D03＝6. 2，调用 1114 号子程序去余量

N21　D04　M98　P1114 ;　　给定刀补值 D04＝6，调用 1114 号子程序精加工

N22　G00　Z50.　M09 ;　　　Z 向抬刀至安全高度，关闭切削液

N23　M05 ;　　　　　　　　主轴停转

N24　M30 ;　　　　　　　　主程序结束并复位

2）十字槽加工子程序。

O1114 ;　　　　　　　　　子程序名

N10　G41　G01　X-36.　Y-8. ;　1→2（图 14-31），建立刀具半径补偿

N11　G01　X-8.　Y-8.　　　　2→3

N12　G01　Y-17. ;　　　　　3→4

N13　G03　X8.　Y-17.　R8. ;　4→5

N14　G01　Y-8. ;　　　　　5→6

N15　G01　X36. ;　　　　　6→7

N16　G01　Y8. ;　　　　　　7→8

N17　G01　X8. ;　　　　　　8→9

N18　G01　Y17. ;　　　　　9→10

N19　G03　X-8.　R8. ;　　　10→11

N20　G01　Y8. ;　　　　　　11→12

N21 G01 X-36.；	12→13
N22 G40 G00 X-53. Y0；	13→1，取消刀具半径补偿
N23 G00 Z5.；	快速提刀
N24 M99；	子程序结束

 思考与训练

14-1　G90 指令后的 X10、Y20 与 G91 指令后的 X10、Y20 有何区别？

14-2　数控铣床整圆编程时能不能使用半径方式？为什么？该如何处理？

14-3　什么是优弧和劣弧？编程时如何指定？

14-4　为什么要进行刀具半径的补偿？实现刀具半径补偿的分哪三个步骤？

14-5　刀具长度补偿有什么作用？什么是正向补偿？什么是负向补偿？

14-6　完成如图 14-32 所示字母槽的编程及加工。字母槽深为 2mm、宽为 35mm。编程原点在工件左下角，刀具为直径 5mm 的键槽铣刀。

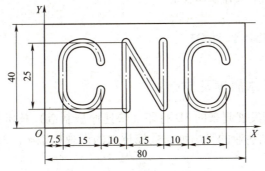

图 14-32　字母槽编程及加工

14-7　完成如图 14-33 所示凸台的编程及加工。刀具为直径 10mm 的键槽铣刀。

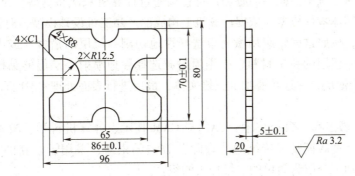

图 14-33　凸台编程及加工

第15章　3D打印训练

【内容提要】　本章主要介绍3D打印相关知识（3D打印的基本原理及特点、3D打印的分类、3D打印的成型材料与应用软件、3D打印技术的应用）及3D打印实操训练（3D打印操作规程，软件操作、联机操作、打印平台调平、预热并安装耗材、打印操作）等内容。

【训练目标】　通过本章内容的学习，学生应理解3D打印机的工作原理；了解3D打印的分类；熟悉3D打印的成型材料与应用软件；掌握3D打印的使用，能够用3D打印机打印自己的作品；掌握3D打印操作基本技能。

15.1　3D打印相关知识

15.1.1　3D打印的基本原理及特点

20世纪80年代后期发展起来的3D打印（快速原型制造）技术被认为是制造技术领域的一项重大突破，它对制造业的影响可与数控技术的出现相媲美。3D打印技术又称快速成型技术。

1. 3D打印的基本原理

3D打印是直接根据产品CAD三维实体模型数据，经计算机数据处理后，将三维实体数据模型转化为许多二维平面模型的叠加，再直接通过计算机顺次将这些二维平面模型连接，形成复杂的三维实体零件模型。依据计算机上构成的产品三维设计模型，对其分层切片，得到各层截面轮廓，按照这些轮廓用激光束选择性地切割一层层的箔材（或固化一层层的液态树脂，或烧结一层层的粉末材料，或用喷射源选择性地喷射一层层的黏接剂或热熔材料等），形成一个个薄层，并逐步叠加成三维实体，最后进行表面处理。3D打印制造过程如图15-1所示。

3D打印是机械工程、数控技术、CAD与CAM技术、计算机科学、激光技术以及新型材料技术的集成，彻底摆脱了传统的"去除"方法的束缚，采用了全新的"增长"方法，并将复杂的三维加工分解为简单的二维加工的组合。

2. 3D打印的特点

与传统机械加工方法相比，3D打印具有如下特点：

1）制造过程柔性化。CAD模型直接驱动可快速成型任意复杂的三维几何实体，不受任何专用工具和模具的限制。

2）设计制造一体化。采用"分层制造"方法，将三维加工问题转变成简单的二维加工组合，且很好地将CAD、CAM结合起来。

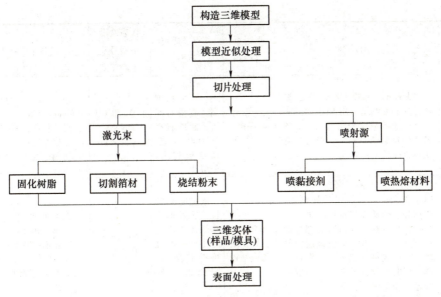

图 15-1   3D 打印制造过程

3）产品开发快速化。产品成型效率极高，大大缩短了产品设计、开发周期，设备为计算机控制的通用机床，生产过程基本无须人工干预。

4）材料使用广泛化。各种材料（金属、塑料、纸张、树脂、石蜡、陶瓷及纤维等）均在快速原型制造领域广泛应用。

5）技术高度集成化。3D 打印是计算机技术、数控技术、控制技术、激光技术、材料技术和机械工程等多项交叉学科的综合集成。

15.1.2   3D 打印的分类

3D 打印主要有立体光刻、分层实体制造、选择性激光烧结和熔融堆积成型等。各种工艺的工作原理及设备见表 15-1。

表 15-1   3D 打印技术各种工艺的工作原理及设备

快速成型工艺名称及代号	工作原理	采用原材料	特点及适用范围	代表性设备型号及生产厂家	设备主要技术指标
立体光刻（SL）	液槽中盛满液态光敏树脂，可升降工作台位于液面下一个截面层的高度，聚焦后的紫外激光束在计算机的控制下，按截面轮廓要求沿液面扫描，使扫描区域固化，得到该层截面轮廓。工作台下降一层高度，其上覆盖液态树脂，进行第二层扫描固化，新固化的一层牢固地黏结在前一层上。如此重复，形成三维实体，如图 15-2 所示	液态光敏树脂	材料利用率及性价比较高，但易翘曲，成型时间较长；适合成型小型零件，可直接得到塑料制品	SL-250 3DSystem（美国）	最大制件尺寸：250mm×250mm×250mm 尺寸精度：±0.1mm 分层厚度：0.1~0.3mm 扫描速度：0.2~2m/s

（续）

快速成型工艺名称及代号	工作原理	采用原材料	特点及适用范围	代表性设备型号及生产厂家	设备主要技术指标
分层实体制造（LOM）	将制品的三维模型经分层处理，在计算机控制下，用 CO_2 激光束选择性地按分层轮廓切片，并将各层切片黏结在一起，形成三维实体，如图 15-3 所示	纸基卷材、陶瓷箔、金属箔	翘曲变形小，尺寸精度高，成型时间短，制件有良好力学性能，适合成型大、中型件	LOM-2030H Helisys（美国）	最大制件尺寸：815mm×550mm×500mm 尺寸精度：±0.1mm 分层厚度：0.1～0.2mm 切割速度：0～500mm/s
选择性激光烧结（SLS）	在工作台上铺一层粉末材料，CO_2 激光束在计算机的控制下，依据分层的截面信息对粉末进行扫描，并使制件截面实心部分的粉末烧结在一起，形成该层的轮廓。一层成型完成后，工作台下降一层的高度，再进行下一层的烧结，如此循环，最终形成三维实体，如图 15-4 所示	塑料粉、金属基或陶瓷基粉	成型时间较长，后处理较麻烦，适合成形小件，可直接得到塑料、陶瓷或金属制品	EOSINTP-350 ESO（德国）	最大制件尺寸：340mm×340mm×590mm 激光定位精度：±0.3mm 分层厚度：0.1～0.25mm 最大扫描速度：2m/s
熔融堆积成型（FDM）	根据 CAD 产品模型分层软件确定的几何信息，由计算机控制可挤出熔融状态的材料，挤出的半流动热塑材料沉积固化成精确的薄层，逐渐堆积成三维实体，如图 15-5 所示	ABS、石蜡、聚酯塑料	成型时间较长，可采用多个喷头同时涂覆，以提高成型效率，适合成型小塑料件	FDM-1650 Stratsys（美国）	最大制件尺寸：254mm×254mm×254mm 尺寸精度：±0.127mm 分层厚度：0.05～0.76mm 扫描速度：0～500mm/s

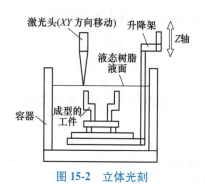

图 15-2　立体光刻

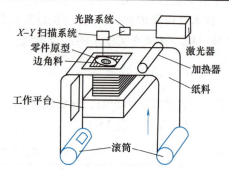

图 15-3　分层实体制造

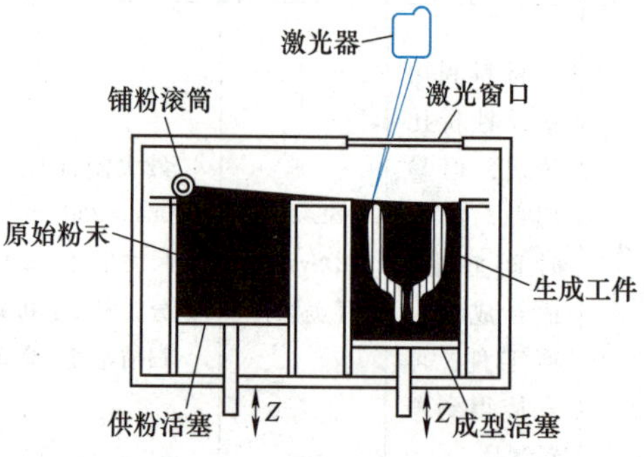

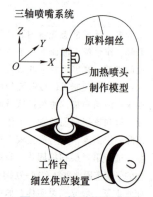

图 15-4　选择性激光烧结

图 15-5　熔融堆积成型

15.1.3　3D 打印的成型材料与应用软件

1. 成型材料

成型材料是 3D 打印技术发展的关键环节。它不仅影响成型的速度、精度、物理和化学性能，还直接影响原型的二次应用和用户对成型工艺设备的选择。各种 3D 打印新工艺的出现往往与新材料的应用有关。

3D 打印对材料性能的一般要求为：①能够快速、精确地成型；②成型后具有一定的强度、硬度、刚度、热稳定性和耐潮性等性能；③便于快速成型的后处理；④对于直接制造零件的材料应具备相应的使用功能。

3D 打印所应用的成型材料多种多样，常用形态有液态、固态粉末、固态片材、固态线材等，3D 打印常用的材料见表 15-2。

表 15-2　3D 打印常用的材料

材料形态	液态	固态粉末		固态片材	固态线材
		非金展	金属		
应用材料	光敏树脂	蜡粉、尼龙粉、覆膜陶瓷粉等	钢粉、覆膜钢粉等	覆膜纸、覆膜塑料、覆膜陶瓷箔、覆膜金属箔等	蜡丝、ABS 丝等

2. 应用软件

3D 打印应用软件是指从造型软件到驱动数控成型设备软件的总称，包括通用 CAD 软件和 3D 打印专用软件。

3D 打印中 CAD 软件的功能是产生三维实体模型，常用的有 UG、Pro/E、AutoCAD、I-DEAS 和 SolidWorks 等。3D 打印专用软件包括三维模型切片软件、激光切割速度与切割功率自动匹配软件、激光切割口宽度自动补偿软件和 STL 格式文件的侦错与修补软件等。

由于 CAD 与 3D 打印的数据转换接口软件开发的困难性和相对独立性，国外涌现了很多作为 CAD 与 3D 打印系统之间的接口软件。这些软件一般都以常用的数据文件格式作为输入、输出接口。输入的数据文件格式有 STL、IGES、DXF、HPGL、CT 层片文件等，而输出的数据文件一般为 CLI。国外比较著名的接口软件有美国 SolidConcept 公司的 BridgeWorks 和 SolidView、美国 Imageware 公司的 Surface-RPM 等。

15.1.4　3D 打印技术的应用

3D 打印技术的出现改变了传统的设计制造模式。3D 打印技术从研究、设计、工艺、设备直至应用都有了迅猛的发展，已在产品开发、模具制造、建筑等方面实际应用。

1. 产品开发

3D 打印可以直接制造出与真实产品相仿的产品样品，其制造一般只需传统加工方法 30%～50% 的工时、20%～35% 的成本，却可供设计者和用户进行直观检测、评判、优化，并可在零件级和部件级水平上对产品工艺性能、装配性能及其他特性进行检验、测试和分析。同时，它也是工程部门与非工程部门交流的理想桥梁；可为生产厂家与客户的交流提供便利，并可以迅速、反复地对产品样品进行修改、制造，直至用户完全满意为止。

2. 模具制造

1）用 3D 打印系统直接制作模具，如砂型铸造木模的替代模、低熔点合金铸造模、试制用注塑模，以及熔模铸造的蜡模的替代模或蜡模的成型模。

2）用 3D 打印件作为母模复制软模具。用 3D 打印件作为母模，可浇注蜡、硅橡胶、环氧树脂、聚氨醋等软材料构成软模具；或先浇注硅橡胶模、环氧树脂模（蜡模成型模），再浇注蜡模。蜡模用于熔模铸造，硅橡胶模、环氧树脂模可作为试制用注射模或低熔点合金铸造模。

3）用 3D 打印件作为母模复制硬模具。用 3D 打印件作为母模或用其复制的软模具，可浇注（或涂覆）石膏、陶瓷、金属、金属基合成材料，构成硬模具（各种铸造模、注射模、蜡模的成型模、拉深模等），从而批量生产塑料件或金属件。

4）用 3D 打印系统制作电加工机床用电极。用 3D 打印件作为母体，通过喷涂或涂覆金属、粉末冶金、精密铸造、浇注石墨粉或特殊研磨，可制作金属电极或石墨电极。

3. 在其他领域的应用

1）在医学上的应用。3D 打印系统可利用 CT 扫描或 MRI 核磁共振图像的数据，制作人体器官模型，以便进行头颅、面部、牙科或其他软组织的手术研究或复杂手术的操练等。

2）在建筑上的应用。利用 3D 打印系统制作建筑模型或实际建筑，可以帮助建筑设计师进行设计评价和最终方案的确定。

15.2　3D 打印实操训练

15.2.1　3D 打印安全操作规程

1）初次操作 3D 打印机，必须仔细阅读机器操作说明书，并在相关人员的指导下操作。

2）手上有水或油性物质时，不要接触设备；没有实训指导人员允许，不得随意挪动实训设备和打印材料。

3）打印期间，打印设备工作温度较高，不得擅自用手触摸模型、打印喷头和打印平台。因打印需要时间较长，在打印期间，应在确定打印过程正常后再离开。

4）打印材料安装时，喷头会挤出材料，所以要高度测试，防止喷嘴与打印平台之间距离过近而导致喷嘴堵塞。

15.2.2　3D 打印基本操作

1. 设备介绍

以极光尔沃全智能 3D 打印机为例来进行介绍，其外观和结构分别如图 15-6 和图 15-7 所示。

图 15-6　3D 打印机外观

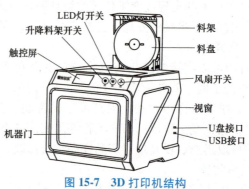

图 15-7　3D 打印机结构

2. 软件操作

（1）参数配置　打开软件界面后，需导入配置文件，左侧数值改变成参考值，如图 15-8 所示。

（2）模型载入

1）从 Cura 软件显示窗口载入。

2）直接将模型拖入到软件的显示窗口，即可载入。

注意：模型格式必须为 STL、OBJ 等，切片后保存的代码文件名称只可用数字或字母，不可过长、不可用中文字符。

模型载入后，软件显示窗口的左上角就会出现一个切片进度条。切片进度条完成后，可以直观地看到此模型所需的打印时间、所用耗材长度和重量等参考值，如图 15-9 所示。

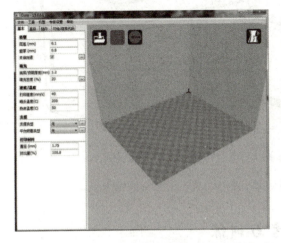

图 15-8　参数配置

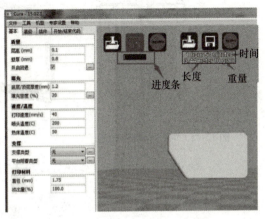

图 15-9　模型载入

（3）代码生成　生成的代码可保存到桌面或者直接保存到 SD 卡（也可以是 U 盘）内。

3. 联机操作

连接机器电源，打开机器背面的电源开关，机器进入待机显示界面。

4. 打印平台调平

通过触控屏，选择"设定"→"调平"，喷头自动进行平台的调整（一般行走三遍），如图 15-10 所示。

5. 预热并安装耗材

1）通过触控屏，选择"预热"→"PLA"，喷头和打印平台加热到预设的温度值（以 PLA 材料为例）。

2）通过触控按钮，选择"升降料盘"（按一次上升，再按一次收回），当料盘升起后，装好料盘。

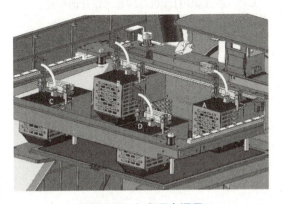

图 15-10　打印平台调平

3）通过触控屏，选择"设定"→"进料"，电动机开始将耗材输送到喷嘴，并直至喷嘴有耗材流出，如图 15-11 所示。

6. 打印操作

可执行计算机生成的 G 代码或 U 盘内的 G 代码进行打印操作。通过触控屏，选择"打印"→"G 代码"，机器开始按 G 代码内设定的喷头和平台温度操作，待打印平台到达预设温度值后，机器自动将 G 代码内的三维模型打印出实体模型。

7. 撬取模型

打开机器门，从支架上取出平台，用铲子将平台上已经完成的模型撬取下来，如图 15-12 所示。

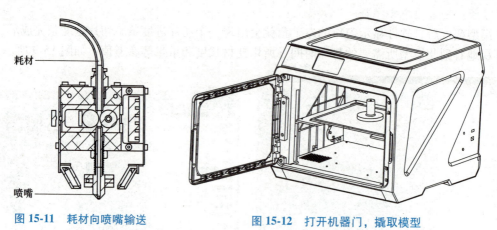

耗材

喷嘴

图 15-11　耗材向喷嘴输送　　　　　　图 15-12　打开机器门，撬取模型

注意：使用平铲时，切勿对准自己和周围物体，防止自身受伤或损坏平铲。

思考与训练

15-1　简述 3D 打印机的工作原理和特点。

15-2　立体光刻法 3D 打印的工作原理是什么？

15-3　简述 3D 打印技术的分类。

15-4　3D 打印对材料性能的一般要求有哪些？

15-5　通过 3D 打印机打印自己设计的作品。

第16章 特种加工训练

【内容提要】 本章主要介绍特种加工相关知识（电火花成形加工原理、特点及应用，电火花线切割加工原理、特点、应用及编程，激光加工原理、激光加工机的组成、激光加工特点及应用）及特种加工实操训练（电火花线切割安全操作规程、电火花线切割加工基本操作）等内容。

【训练目标】 通过本章内容的学习，学生应熟悉特种加工的概念及应用范围；熟知电火花成形加工、电火花线切割加工、激光加工的概念，掌握其工作原理，了解其特点及应用；掌握电火花线切割加工编程方法及基本操作；掌握特种加工操作基本技能。

16.1 特种加工相关知识

随着工业生产和现代科学技术的发展，高强度、高硬度、高韧性的新材料不断出现，各种复杂结构与特殊工艺要求的工件也越来越多，依靠传统的机械加工方法难以达到技术要求，有的甚至无法加工。特种加工就是在这种情况下产生和发展起来的。

特种加工是指利用诸如化学、物理（电、声、光、热、磁）、电化学的方法对材料进行加工的方法。与传统的机械加工方法相比，它具有一系列的特点，能解决大量普通机械加工方法很难解决甚至不能解决的问题，因此自其产生以来得到迅速发展，并显示出极大的潜力和良好的应用前景。

特种加工的主要特点如下：

1）特种加工的加工范围不受材料物理、力学性能的限制，具有"以柔克刚"的特点。它可以加工任何硬、脆、耐热或高熔点的金属或非金属材料。

2）特种加工可以完成常规切（磨）削很难加工甚至无法加工的各种复杂型面、窄缝、小孔，如汽轮机叶片曲面、各种模具的立体曲面型腔、喷丝头的小孔等的加工。

3）特种加工可以使零件的精度及表面质量有其严格的、确定的规律性，充分利用这些规律性，可以解决一些工艺难题和满足零件表面质量方面的特殊要求。

4）许多特种加工方法对零件无宏观作用力，因而适合加工薄壁件、弹性件；某些特种加工方法则可以精确控制能量，适于高精度和微细加工；还有一些特种加工方法则可在可控制的气氛中工作，适于无污染的纯净材料加工。

5）不同的特种加工方法各有所长，使用复合工艺能扬长避短，形成有效的新加工技术，从而为新产品结构设计、材料选择、性能指标拟订提供更多的可能性。

特种加工种类较多，这里简要介绍电火花成形加工、电火花线切割加工和激光加工。

16.1.1　电火花成形加工

1. 加工原理

电火花成形加工是利用工具电极和零件电极间脉冲放电时局部瞬间产生的高温将金属蚀除，从而对零件进行加工的一种方法。

图 16-1 所示为电火花成形加工原理图。脉冲发生器 1 的两极分别接在工具电极 3 与零件 4 上，当两极在工作液 5 中靠近时，极间电压击穿间隙而产生火花放电，在放电通道中瞬时产生大量的热，达到很高的温度（10000℃以上），使零件和工具表面局部材料熔化甚至气化而被蚀除，形成一个微小的凹坑。多次放电后，零件表面会形成许多非常小的凹坑。电极不断下降，工具电极的轮廓形状便复印到零件上，这样就完成了零件的加工。

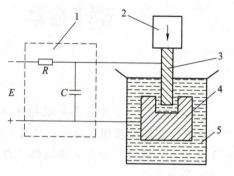

图 16-1　电火花成形加工原理图
1—脉冲发生器　2—自动进给调节装置
3—工具电极　4—零件　5—工作液

2. 电火花成形加工机床

用特殊形状的电极工具加工相应零件的电火花加工机床，称为电火花成形加工机床。电火花成形加工机床一般由脉冲电源、自动进给调节装置、机床本体及工作液循环过滤系统等组成，如图 16-2 所示。

脉冲电源的作用是把普通 50Hz 的交流电转换成频率较高的脉冲电源，加在工具电极与零件上，提供电火花成形加工所需的放电能量。图 16-1 所示的脉冲发生器是一种最基本的脉冲发生器，它由电阻 R 和电容器 C 构成。直流电源 E 通过电阻 R 向电容器 C 充电，电容器两端电压升高，当达到一定电压极限时，工具电极（阴极）与零件（阳极）之间的间隙被击穿，产生火花放电。火花放电时，电容器将储存的能量瞬时放出，电极间的电压骤然下降，工作液

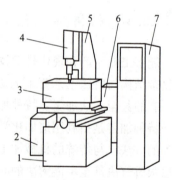

图 16-2　电火花成形加工机床
1—床身　2—液压油箱　3—工作液箱
4—主轴头（间隙自动调节器）
5—立柱　6—工作液过滤箱　7—电源箱

便恢复绝缘，电源即重新向电容器充电，如此不断循环，形成每秒数千到数万次的脉冲放电。

电火花成形加工必须利用脉冲放电，在每次放电之间的脉冲间隔内，电极之间的液体介质必须来得及恢复绝缘状态，以使下一个脉冲能在两极间的另一个相对最靠近点处击穿放电，避免总在同一点放电而形成稳定的电弧。因稳定的电弧放电时间长，金属熔化层较深，只能起焊接或切断的作用，不可能使遗留下来的表面精确和光整，因此电火花成形加工不可能进行尺寸加工。

在电火花成形加工过程中，不仅零件被蚀除，工具电极也同样被蚀除。但阳极（指接电源正极）和阴极（指接电源负极）的蚀除速度不一样，这种现象称为极效应。为减少工具电极的损耗，提高加工精度和生产率，总希望极效应越显著越好，即零件蚀除越快越好，而工具蚀除越慢越好。因此，电火花成形加工的电源应选择直流脉冲电源。若采用交流脉冲电源，零件与工具的极性不断改变，则会使总的极效应等于零。极效应通常与脉冲宽度、电

极材料及单个脉冲能量等因素有关，由此决定了加工的极性选择。

自动进给调节装置能调节工具电极的进给速度，使工具电极与零件间维持所需的放电间隙，以保证脉冲放电正常进行。

机床本体是实现工具电极和零件装夹固定及运动的机械装置。

工作液循环过滤系统使工作液以一定的压力不断地通过工具电极与零件之间的间隙，以及时排除电蚀产物，并过滤后再使用。目前，大多采用煤油或机油作为工作液。

3. 电火花成形加工的特点与应用

（1）电火花成形加工的特点　电火花成形加工适用于导电性较好的金属材料的加工，由于不受材料强度、硬度、韧性及熔点的影响，因此为耐热钢、淬火钢、硬质合金等难以加工材料提供了有效的加工手段。又由于在加工过程中，工具与零件不直接接触，故不存在切削力，从而工具电极可以用较软的材料，如纯铜、石墨等制造，并可用于薄壁、小孔、窄缝的加工，而无须担心工具或零件的刚度太低而无法进行，也可用于各种复杂形状的型孔及立体曲面型腔的一次成形，而不必考虑加工面积太大会引起切削力过大等问题。

电火花成形加工过程中，一组配合好的电参数，如电压、电流、频率、脉宽等称为电规准。电规准通常可分为两种（粗规准和精规准），以适应不同的加工要求。电规准的选择与加工的尺寸精度及表面粗糙度值有着密切的关系。一般精规准穿孔加工的尺寸精度可达 $0.05 \sim 0.01$ mm，型腔加工的尺寸精度可达 0.1 mm 左右，表面粗糙度值 Ra 为 $0.8 \sim 3.2 \mu m$。

（2）电火花成形加工的应用　电火花成形加工的应用范围很广，可以加工各种型孔、小孔，如冲孔凹模、拉丝模孔、喷丝孔等；可以加工立体曲面型腔，如锻模、压铸模、塑料模的模膛；也可以进行切断、切割、表面强化、刻写、打印铭牌和标记等。

16.1.2　电火花线切割加工

1. 概述

电火花线切割加工（Wire Cut EDM，WEDM）是利用连续移动的导电金属丝（钨丝、钼丝、铜丝等）作为工具电极，在金属丝与工件间通过脉冲放电实现工件加工的。工件接脉冲电源正极，工具电极丝接脉冲电源负极，接通高频脉冲电源后，在工件与电极丝之间产生很强的脉冲电场，使其间的介质被电离击穿，产生脉冲放电。加工精度可达 $\pm(0.01 \sim 0.005$ mm$)$，表面粗糙度值 Ra 为 $1.6 \sim 3.2 \mu m$。可加工精密、狭窄、复杂的型孔，常用于模具、样板或成形刀具等的加工。

电极丝在贮丝筒的作用下做正、反向（或单向）运动，工作台在机床数控系统的控制下自动按预定的指令运动，从而切割出所需的工件形状。

2. 电火花线切割加工原理

用线电极工具加工二维轮廓形状零件的电火花加工机床，称为电火花线切割机床。

图 16-3 所示为电火花线切割加工工作原理。贮丝筒 1 做正反方向交替的转动，脉冲电源 5 供给加工

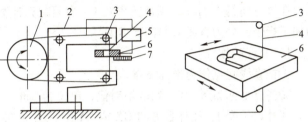

图 16-3　电火花线切割加工工作原理
1—贮丝筒　2—支架　3—导向轮　4—电极丝
5—脉冲电源　6—工件　7—绝缘底板

能量，使电极丝 4 一边卷绕一边与零件之间发生放电，安放零件的数控工作台可在 X、Y 轴

两坐标方向各自移动，从而合成各种运动轨迹，将零件加工成所需的形状。

与电火花成形加工相比，电火花线切割加工不需专门的工具电极，并且作为工具电极的金属丝在加工中不断移动，基本无损耗；加工同样的零件，电火花线切割加工的总蚀除量比普通电火花成形加工的总蚀除量要少得多，因此生产率要高得多，而机床功率却可以小得多。

3. 电火花切割加工的特点及应用

1）电火花线切割加工适宜加工具有薄壁、窄槽、异形孔等复杂结构图形的零件。

2）电火花线切割加工适宜加工不仅由直线和圆弧组成的二维曲面图形，还有一些由直线组成的三维直纹曲面，如阿基米德旋线、抛物线、双曲线等特殊曲线的零件。

3）电火花线切割加工适宜加工大小和材料厚度常有很大差别的零件，以及技术要求高，特别是在几何精度、表面粗糙度方面有着不同要求的零件。

4. 电火花线切割加工编程

电火花线切割加工编程是根据图样提供的数据，经过分析和计算，编写出电火花线切割机床能接受的程序。数控编程分为手工编程和自动编程。手工编程通常根据图样把图形分解成直线的起点、终点坐标，圆弧的中心、半径、起点、终点坐标，再进行编程。当工件的形状复杂或具有非圆曲线时，手工编程的工作量大、容易出错。为简化编程工作，可自动编程。

线切割的程序格式有 3B、4B、SB、ISO 和 EIA 等，常用的是 3B 程序格式，低速走丝多用 4B 和 ISO 程序格式，许多系统可直接采用 ISO 代码格式。以下介绍我国高速走丝电火花线切割机应用较广的 3B 程序格式的编程方法。

（1）3B 代码编程简介　3B 代码程序格式无间隙补偿，但可通过机床的数控装置或一些自动编程软件，实现间隙补偿。其具体格式见表 16-1。

表 16-1　3B 代码程序格式

B	X	B	Y	B	J	G	Z
分隔符号	X 坐标值	分隔符号	Y 坐标值	分隔符号	计数长度	计数方向	加工指令

表 16-1 中，B 为间隔符，用于分隔 X、Y、J 等，B 后的数字若为零，则可以不写；X、Y 为直线的终点或圆弧起点坐标的值，编程时均取绝对值，单位为 μm；J 为加工线段的计数长度，单位为 μm；为加工线段计数方向，分 GX 或 GY，即可按 X 方向或 Y 方向计数，工作台在该方向每走 1μm，则计数累减 1，当累减到计数长度 J＝0 时，这段程序加工完毕；Z 为加工指令，分为直线 L 与圆弧 R 两大类。

1）直线的编程。

①把直线起点作为坐标原点。

②终点坐标为 X、Y，均取绝对值，单位为 μm，可用公约数将 X、Y 缩小整数倍。

③计数长度 J，按计数方向 GX 或 GY 取该直线在 X 轴和 Y 轴上的投影值。决定计数长度时，要和计数方向一并考虑。

④计数方向应取程序最后一步的轴向为计数方向，对直线而言，取 X、Y 中较大的绝对值和轴向作为计数长度 J 和计数方向。

⑤加工指令按直线走向和终点所在象限的不同而分为 L1、L2、L3、L4，其中与 +X 轴重

合的直线记作 L1，与+Y 轴重合的记作 L2，与−X 轴重合的记作 L3，与−Y 轴重合的记作 L4，而且与 X、Y 轴重合的直线，编程时 X、Y 均可作为 0，且在 B 后可不写。

2）圆弧的编程。

①把圆弧圆心作为坐标原点。

②把圆弧起点坐标值作为 X、Y，均取绝对值，单位为 μm。

③计数长度 J，按计数方向取 X 或 Y 上的投影值，以 μm 为单位。如果圆弧较长，跨越两个以上象限，则分别取计数方向 X 轴（或 Y 轴）上各个象限投影值的绝对值累加，作为该方向总的计数长度，也要和计数方向一并考虑。

④计数方向也取与该圆弧终点时走向较平行的轴作为计数方向，以减少编程和加工误差。对于圆弧，取终点坐标中绝对值较小的轴向作为计数方向（与直线相反），最好也取最后一步的轴向为计数方向。

⑤加工指令。对于圆弧，按其第一步所进入的象限可分为 R1、R2、R3、R4；按切割走向又可分为顺圆和逆圆，于是共有 8 种指令，即 SR1、SR2、SR3、SR4、NR1、NR2、NR3、NR4。

（2）3B 代码编程举例　如图 16-4 所示，起始点为 A，加工路线按图示所标的①→……→⑧序号进行。序号①为切入，序号⑧为切出，序号②~⑦为工件轮廓加工。各段曲线端点的坐标计算略。按 3B 格式编写该工件的电火花线切割加工程序如下：

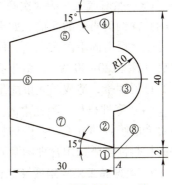

图 16-4　线切割加工工件

Example. 3b；	扩展名为 . 3b 的文件名
B0　B2000　B2000　GY　L2；	加工程序
B0　B10000　B10000　GY　L2；	可与上段程序合并
B0　B10000　B20000　GX　NR4；	
B0　B10000　B10000　GY　L2；	
B30000　B8038　B30000　GX　L3；	
B0　B23924　B23924　GY　L4；	
B30000　B8038　B30000　GX　L4；	
B0　B2000　B2000　GY　L4；	
MJ；	结束语句

16.1.3　激光加工

1. 激光加工原理

激光是一种强度高、方向性好（激光光束的发散角极小）、单色性好（波长或频率单一）的相干光。由于激光的上述特点，通过光学系统可以使它聚焦成一个极小的光斑（直径仅几微米至几十微米），从而获得极高的能量密度和温度（10000℃以上）。在此高温下，任何坚硬的材料都将瞬时被熔化和汽化，在零件表面形成凹坑，同时熔化物被汽化所产生的金属蒸气压力推动，以很高的速度被喷射出来。激光加工就是利用这个原理蚀除材料的。为帮助蚀除物的排除，还需对加工区吹氧气（加工金属时使用）、或吹保护气体，如二氧化碳、氮等气体（加工可燃物质时使用）。

激光加工过程主要受以下因素影响：

（1）输出功率与照射时间　激光输出功率大，照射时间长，零件所获得的激光能量大，加工出的孔就大而深，且锥度小。激光照射时间应适当，过长会使热量扩散，太短则使能量密度过高，使蚀除材料汽化，两者都会使激光能量效率降低。

（2）焦距、发散角与焦点位置　采用短焦距物镜（焦距为 20mm 左右）减小激光束的发散角，可获得更小的光斑及更高的能量密度，因此可使打出的孔小而深且锥度小。激光的实焦点应位于零件表面上或略低于零件表面。若焦点位置过低，则透过零件表面的光斑面积大，容易使孔形成喇叭形，而且由于能量密度减小而影响加工深度；若焦点位置过高，则会造成零件表面的光斑很大，使打出的孔直径大、深度浅。

（3）照射次数　照射次数多可使孔深大大增加，锥度减小。用激光束每照射一次，加工的孔深约为直径的 5 倍。如果用激光多次照射，由于激光束具有很小的发散角，所以光能在孔壁上反射向下深入孔内，使加工出的孔深度大大增加而孔径基本不变。但加工到一定深度后（照射 20~30 次），由于孔内壁反射、透射，以及激光的散射和吸收等，使抛出力减小，排屑困难，造成激光束能量密度不断下降，导致不能继续加工。

（4）零件材料　激光束的光能通过零件材料的吸收而转换为热能，故生产率与零件材料对光的吸收率有关。零件材料不同，对不同波长激光的吸收率也不同，因此，必须根据零件的材料性质来选用合理的激光器。

2. 激光加工机的组成及工作原理

激光加工机通常由激光器、电源、光学系统和机械系统等部分组成，其工作原理如图 16-5 所示。

（1）激光器　它是激光加工机的重要部件，其功能是把电能转变成光能，以产生所需要的激光束。

按照所用的工作物质种类激光器可分为固体激光器、气体激光器、液体激光器和半导体激光器。激光加工中广泛应用固体激光器（工作物质为红宝石、钕玻璃及掺钕钇铝石榴石等）和气体激光器（工作物质为二氧化碳）。

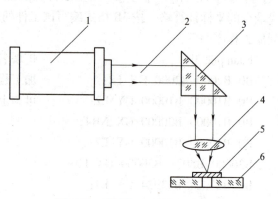

图 16-5　激光加工机的工作原理
1—激光器　2—激光束　3—全反射棱镜
4—聚焦物镜　5—工件　6—工作台

固体激光器具有输出功率大（单根掺钕钇铝石榴石晶体棒的连续输出功率已达数百瓦，几根棒串联可达数千瓦）、峰值功率高、结构紧凑、牢固耐用、噪声小等优点。但固体激光器的能量效率很低，例如，红宝石激光器仅为 0.1%~0.3%，钕玻璃激光器为 3%~4%，掺钕钇铝石榴石激光器为 2%~3%。

气体激光器具有能量效率高（可达 25%）、工作物质二氧化碳来源丰富、结构简单、造价低廉、输出功率大（从数瓦到几万瓦）等优点，既能连续工作，也能脉冲工作。其缺点是体积大、输出瞬时功率不高、噪声较大。

（2）电源　根据加工工艺要求，为激光器提供所需的能量电源。电源通常由时间控制、触发器、电压控制和储能电容器等部分组成。

（3）光学系统　其功用是将光束聚焦，并观察和调整焦点位置。它由显微镜、激光束及投影屏等部分组成。

（4）机械系统　它主要包括床身、三坐标精密工作台和数控系统等。

3. 激光加工的特点及应用

（1）激光加工的特点

1）由于无需加工工具，故不存在工具磨损问题，同时也不存在断屑、排屑的麻烦。这对高度自动化生产系统非常有利。激光加工机床已应用于柔性制造系统中。

2）激光束的功率密度很高，几乎可加工任何难加工的金属和非金属材料，如高熔点材料、耐热合金及陶瓷、宝石、金刚石等硬脆材料等都可以加工。

3）激光加工是非接触加工，零件无受力变形。

4）激光打孔、切割的速度很快（打一个孔只需 0.001s，切割 20mm 厚的不锈钢板，切割速度可达 1.27m/min），加工部位周围的材料几乎不受热影响，零件热变形很小。激光切割的切缝窄，切割边缘质量好。

（2）激光加工的应用　激光加工已广泛应用于金刚石拉丝模、钟表宝石轴承、发散式气冷冲片的多孔蒙皮、发动机喷油嘴、航空发动机叶片等的小孔加工，以及多种金属材料和非金属材料的切割加工。孔的直径一般为 0.01~1mm，最小孔径可达 0.001mm，孔的深径比可达 100。切割厚度，对于金属材料可达 10mm 以上，对于非金属材料可达几十毫米；切缝宽度一般为 0.1~0.5mm。

激光还可用于焊接和热处理。随着激光技术与数控技术的密切结合，激光加工技术的应用将会得到更迅速、更广泛的发展，并在生产中占有越来越重要的地位。

激光加工存在的主要问题是：设备价格高，更大功率的激光器尚处于试验研究阶段；无论是激光器本身的性能质量，还是使用者的操作技术水平都有待进一步提高。

16.2　特种加工实操训练

下面主要以电火花线切割为例讲述特种加工实操训练。

16.2.1　电火花线切割安全操作规程

1）进入中心实习时，要穿好工作服。女同学要戴安全帽，并将发辫纳入帽内。不得穿凉鞋、拖鞋、高跟鞋、背心、裙子和戴围巾进入中心。

2）操作前，必须熟悉电火花线切割机床的操作知识，选取适当的加工参数，按规定步骤操作机床。弄懂整个操作过程前，不要进行机床的操作和调节。

3）起动机床前，要检查机床电气控制系统是否正常，工作台和传动丝杠润滑是否充分。检查切削液是否充足，然后开慢车空转 3~5min，检查各传动部件是否正常，确认无故障后，才可正常使用。

4）程序调试完成后，必须经指导老师同意方可按步骤操作，不允许跳步骤执行。未经指导老师许可，不得擅自操作或违章操作。

5）装卸电极丝时，防止电极丝扎手，废丝要放在规定的容器里，防止混入系统中引起短路、触电等事故。不准用手或电动工具接触电源的两极，以免触电。

6）加工零件前，应进行无切削轨迹仿真运行，并安装好防护罩，工件应消除残余应力，防止切削过程中夹丝、断丝，甚至工件崩裂伤人。

7）加工过程中，操作者不得擅自离开机床，应保持精神高度集中，以观察机床的运行状态。若发生不正常现象或事故时，应立即终止程序运行，切断电源并及时报告指导老师，不得进行其他操作。

8）定期检查 V 形导轮的磨损情况，如磨损严重应及时更换。经常检查导电块与钼丝接触是否良好，导电块磨损到一定程度时要及时更换。

9）操作人员不得随意更改机床内部参数。实习学生不得调用、修改其他非自己编写的程序。机床控制计算机除进行程序操作和传输及程序拷贝，不允许进行其他操作。

10）保持机床清洁，经常用煤油清洗导轮及导电块。当机床长期不使用时，擦净机床后，要润滑机床传动部分，并在加工区域涂抹防护油脂。

11）除工作台上安放工装和工件，机床上严禁堆放任何工具、夹具、刀具、量具、工件和其他杂物。

12）工作完后，应切断电源，清扫切屑，擦净机床，在导轨面上加注润滑油，各部件应调整到正常位置，打扫现场卫生。

16. 2. 2　电火花线切割机基本操作

1. 开机

开机的操作步骤如下：

1）检查外接线路是否接通。

2）合上电源主开关，接通总电源。

3）按下启动按钮，进入控制系统。

2. 电极丝的安装及找正

（1）电极丝安装的操作步骤

1）把电极丝的一端固定在贮丝筒的一个定点上，转动贮丝筒把电极丝平整均匀地绕到贮丝筒上。

2）把电极丝的另一端依次穿过上支架、上导轮、下导轮、下支架，并固定在贮丝筒的另一个定点上。

3）来回转动贮丝筒，注意电极丝绕在贮丝筒上的平整均匀程度，并注意观察贮丝筒限位开关所处位置是否合理。

（2）电极丝的找正　找正电极丝的目的是为了保证电极丝轴线与待加工工件水平基准面的垂直度，在电火花线切割机床运行一段时间后或更换导轮或其轴承后，改变引电块的位置或更换引电块，以及在切割锥度切割加工等操作后，均需找正电极丝。电极丝的找正方法大多采用直角尺来测量，直角尺的一直角边靠向电极丝，另一直角边贴在机床工作台面或工件水平基准平面上，观测直角尺的一直角边分别朝向机床的 X 轴和 Y 轴方向时，电极丝与直角尺的另一直角边的贴紧程度。可用目视法或火花法观测，目视法依靠经验来判断电极丝与直角尺在接触线上的贴紧程度；火花法是给机床通上脉冲电源，观察放电火花在电极丝与直角尺或找正块在接触线上的分布均匀程度。

3. 工件的装夹及找正

（1）工件的装夹方法　装夹工件时，必须保证工件的切割部位位于机床工作台纵向或横向进给的允许范围之内，避免超出极限，同时应考虑切割时电极丝的运动空间。夹具应尽可能选择通用（或标准）件，所选夹具应便于装夹，便于协调工件和机床的尺寸关系。加工大型模具时，要特别注意工件的定位方式，尤其是在加工快结束时，工件的变形、重力的作用会使电极丝被夹紧而影响加工。常用的工件装夹方法如下：

1）悬臂式装夹法。如图 16-6 所示，这种方式装夹方便、通用性强，但由于工件一端悬伸，易出现切割表面与工件上、下平面间的垂直度误差，因此，该方法仅用于加工要求不高、工件较小或悬臂较短的情况。

2）两端支承装夹法。如图 16-7 所示，这种方式装夹方便、稳定，定位精度高，但由于工件中间悬空，不适于装夹较大的工件。

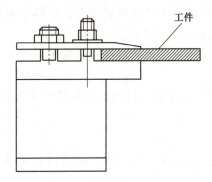

图 16-6　悬臂式装夹法

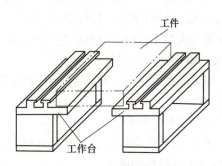

图 16-7　两端支承装夹法

3）板式支承装夹法。如图 16-8 所示，根据常用的工件形状和尺寸，采用有通孔的支承板装夹工件。这种方式装夹后加工稳定性较好、精度高，但通用性差。

（2）工件的找正　装夹好工件后，还必须对工件进行调整（找正），使工件的定位基准面与机床工作台的进给方向（X 或 Y 轴）保持特定的关系（如平行或垂直等），以保证所切割工件基准面的相对位置精度。常用的找正方法有以下几种：

1）划线法找正。工件的切割图形与定位基准之间的相互位置精度要求不高时，可采用划线法找正。其操作方法是利用固定在丝架上的划针对准工件上划出的基准线，往复移动工作台，目测划针、基准间的偏离情况，将工件调整到正确位置，如图 16-9 所示。

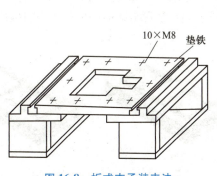

图 16-8　板式支承装夹法

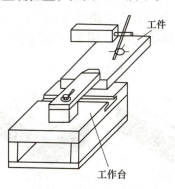

图 16-9　划线法找正工件

2）用百分表找正。用磁力表架将百分表固定在丝架或其他能与工件做相对运动的部件上，百分表的测量头与工件基准面接触，往复移动工作台，并配合调整工件的位置，直至百分表指针的偏摆范围达到所要求的数值（即在规定的公差范围之内），如图 16-10 所示。

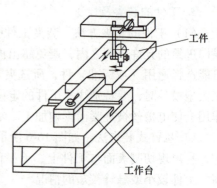

图 16-10　用百分表找正工件

4. 穿丝孔和电极丝切入位置的选择

穿丝孔是电极丝相对工件运动的起点，同时也是程序执行的起点，一般选在工件上的基准点处。穿丝孔位置的选择应考虑以下因素：

1）切割凸模需要设置穿丝孔时，位置可选在加工轨迹的拐角附近，以简化编程。

2）切割凹模等工件的内表面时，可将穿丝孔设置在工件的对称中心，以便于编程计算和电极丝定位，但由于切入行程较长，因此不适合加工大型工件。

3）加工大型工件时，穿丝孔应设置在靠近加工轨迹边角处或选在已知坐标点上，以使运算简便，缩短切入行程。

4）加工大型工件时，还应沿加工轨迹设置多个穿丝孔，以便断丝时能就近重新穿丝，切入断丝点。

5. 加工路线的选择

加工中，工件内部应力的释放会引起工件的变形，所以在选择加工路线时，应尽量避免破坏工件或毛坯结构的刚性。

选择加工路线时应注意以下几点：

1）避免从主件端面由外向里开始加工，这样会破坏工件的强度，引起变形，应从穿丝孔开始加工。如图 16-11 所示，图 16-11a 所示的加工路线选择从工件坯料外面切入，外围用于装夹的材料呈断裂状，容易产生变形；图 16-11b 所示的加工路线能保持毛坯结构的刚性。

2）不能沿工件端面加工。若沿工件端面加工，则放电时电极丝单向受电火花冲击力，使电极丝运行不稳，难以保证尺寸精度和表面粗糙度。

3）加工路线距端面距离应大于 5mm，以保证工件结构强度因受影响而发生变形。

4）加工路线应向远离工件夹具的方向加工，以避免加工中因内应力释放而引起工件变形，待最后转向工件夹具处进行加工。

5）一块毛坯上要切出两个以上工件时，不应连续一次切割，而应从不同穿丝孔开始加工。如图 16-12 所示，图 16-12b 所示的切割方法对保持毛坯结构的刚性比图 16-12a 所示的方法要好。

a)　　　　　　　　　b)　　　　　　　　　a)　　　　　　　　　b)

图 16-11　加工路线选择 1　　　　　　　　图 16-12　加工路线选 2

6. 电极丝初始坐标位置的调整

线切割加工前，应将电极丝调整到切割起始点的坐标位置，其调整方法有以下几种：

（1）目测调整法 对于加工要求较低的工件，确定电极丝与工件基准间的相对位置时，可以直接利用目测或借助 2~8 倍的放大镜来进行观察。如图 16-13 所示，利用穿丝量划出的十字基准线，分别沿划线方向观察电极丝与基准线的相对位置，根据两者的偏离情况移动工作台，当电极丝中心分别与纵横方向基准线重合时，可通过工作台纵、横方向上的读数确定电极丝中心的位置。

（2）火花法 如图 16-14 所示，移动工作台使工件的基准面逐渐靠近电极丝，在出现火花的瞬时，记下工作台的相应坐标值，再根据放电间隙推算电极丝中心的坐标。此方法简单易行，但往往会因电极丝靠近基准面时产生的放电间隙与正常切割条件下的放电间隙不完全相同而产生误差。

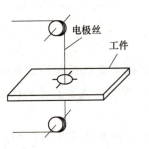

图 16-13 目测调整法

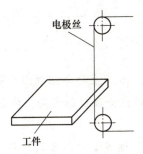

图 16-14 火花法

16-1 与传统的机械加工相比，特种加工的特点是什么？

16-2 简述常用特种加工的分类以及各自的特点。

16-3 现阶段特种加工的发展方向具有哪些特点？

16-4 简述电火花加工的工作原理。

16-5 简述激光加工的工作原理并举例。

16-6 电火花线切割加工的特点是什么？

第17章 创 新 训 练

【内容提要】 本章主要介绍创新训练的概念；探索者机器人的主要组件认知、简单结构组装、控制元件认知及创新实验；慧鱼（fischer）模型包主要组件的认知、基础训练及创新训练等内容。

【训练目标】 通过本章内容的学习，学生应对创新训练有基本认知；能够利用探索者机器人的结构组件及控制元件进行创新训练；能够利用慧鱼模型包的结构组件及控制元件进行创新训练；掌握创新训练的基本方法及技能。

▶ 17.1 探索者机器人创新训练

17.1.1 主要组件认知

1. 机械零件

探索者机器人零件的材质是铝镁合金，是一种广泛应用于航空器制造的材料。它的特点是质量轻、硬度高、延展性好，可用于制作承力结构，采用冲压和折弯工艺，外表喷砂氧化，不易磨损，美观耐用。

（1）零件孔 零件孔提供了"点"单位。最常用的零件孔是3mm孔和4mm孔，如图17-1和图17-2所示。通过紧固件（螺钉、螺母等）可以将零件组装在一起。

图 17-1 3mm 孔

图 17-2 4mm 孔

（2）连杆类零件　连杆类零件提供了"线"单位。连杆类零件可用于组成平面连杆机构或空间连杆机构。杆与杆相连可以组成更长的杆或构成桁架。图17-3所示为四种长度不同的杆件，图17-4所示为两种带角度的杆件，可用于需要角度变化的结构。

a)　　　b)　　　c)　　　d)　　　　a)　　　b)

图 17-3　四种长度不同的杆件　　　　图 17-4　两种带角度的杆件

a）机械手 20　b）机械手 40　c）机械手 40 驱动　d）双足支杆　　a）机械手指　b）双足连杆

（3）平板类零件　平板类零件适合作为"面"单位参与组装，如底板、立板、背板、基座、台面和盘面等。平板与平板之间的连接可以组成更大的"面"，或者不同层次的"面"。图17-5所示为两种矩形平板件，可用作底板、背板和台面等搭载平台；图17-6所示为两种圆形平板件。

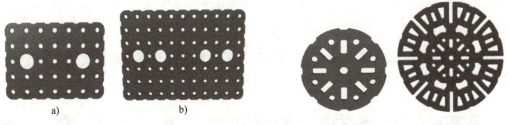

a)　　　　　　b)

图 17-5　两种矩形平板件　　　　　图 17-6　两种圆形平板件

a）5×7 孔平板　b）7×11 孔平板

（4）框架类零件　框架类零件的参与使线和面可以连接成体。框架类零件多用于转接，连接不同的面零件和线零件，以组成框架和外壳等。框架零件本身是钣金折弯件，有一定的立体特性，甚至可以独立成"体"。图17-7所示为三种折弯件，可搭建机构支架，连接不同平面。

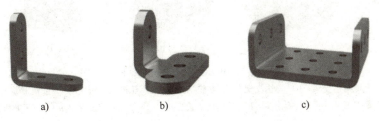

a)　　　　　　b)　　　　　　c)

图 17-7　三种折弯件

a）90°支架　b）输出支架　c）3×5 折弯

（5）辅助类零件　辅助类零件是通用性较弱而专用性较强的零件。

1）常规传动零件。以齿轮为代表，常规传动零件属于传动机构的元件，它们基本没有通用性，但是某些特殊机构必须用到，如图17-8所示。

图 17-8　常规传动零件

a）30 齿齿轮　b）随动齿轮　c）偏心轮　d）传动轴

2）偏心轮连杆。它是专门用于和偏心轮组合的连杆，实际组装中，连杆件组成的曲柄摇杆结构可以替代偏心轮，但是使用偏心轮可以避免死点问题。图 17-9 所示为偏心轮连杆，是曲柄滑块机构的主要零件，可用于搭建机器人行走机构。

图 17-9　偏心轮连杆

a）四足连杆　b）双足腿

3）与电动机相关的辅助零件。与电动机相关的辅助零件包括电动机支架、输出头和 U 形支架等，如图 17-10 所示。

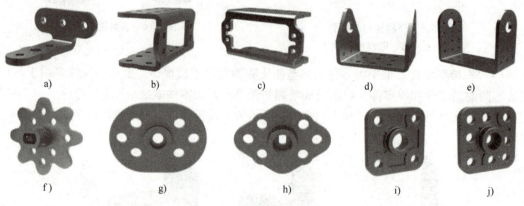

图 17-10　电动机相关的零件

a）直流马达支架　b）马达支架　c）大舵机支架　d）舵机双折弯　e）大舵机 U 形支架
f）直流马达输出头　g）输出头　h）马达后盖输出头　i）大舵机后盖输出头　j）大舵机输出头

4）与轮胎相关的辅助零件。轮胎需要联轴器才能和电动机的输出头相连，如图 17-11 所示。

5）标准五金件。探索者机器人所用连接件如螺钉、螺母等均为标准五金零件，如图 17-12 所示，而且与其他标准五金零件的兼容度非常高，可以自己购买各种 $\phi 3\text{mm}$ 接口的五金零件，搭配使用。

图 17-11　轮胎相关零件　　　　　　　　　图 17-12　标准五金零件

6）零件的空间关系。探索者机器人零件的中心孔距是 10mm，壁厚是 2.5mm，中心孔距＝壁厚×4，即 4 个零件叠加的厚度正好等于 2 个孔的中心距，如图 17-13 所示。

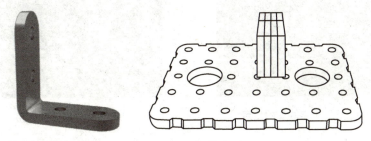

图 17-13　零件的空间关系

2. 零件连接

（1）刚体结构连接　刚体结构指由组件组装的一些连接点固定的造型，如平面、组合型平面、平台、组合型平台、框架和外壳造型等。

最基础的刚体结构连接至少需要 2 颗螺钉。这对应了"经过两点有一条直线，并且只有一条直线"的几何定理。刚体连接一般利用 3mm 零件孔，如图 17-14 所示。

（2）可动结构连接　可动结构相对刚体结构而言，指带有铰接的结构，如轴、连杆组、滑块、不带电动机的传动构造等。最基础的可动结构是铰链结构，利用 4mm 零件孔和轴套（起到轴承的作用）使铰链可以转动，如图 17-15 所示。

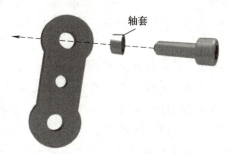

图 17-14　刚体结构连接　　　　　　　图 17-15　可动结构连接

3. 组装工具的使用

1）内角扳手的使用如图 17-16 所示。

2）双开合扳手的使用如图 17-17 所示。

图 17-16　内角扳手的使用

图 17-17　双开合扳手的使用

3）十字旋具的使用如图 17-18 所示。

4）镊子的使用如图 17-19 所示。

图 17-18　十字旋具的使用

图 17-19　镊子的使用

17.1.2　简单结构组装

1. 使用三维文件辅助安装

（1）认识 STP Viewer

1）简介。STP 是一种通用的 3D 文件格式，可以在几乎所有的 3D 设计软件中打开。STP Viewer 是一款小体量、针对 STP 格式文件的看图软件，可以打开和观看 STP 格式 3D 文件，方便参照 3D 图组装。

2）安装 STP Viewer。在探索者机器人的资料包里找到 "STP Viewer setup. exe" 文件，双击安装 STP Viewer，如图 17-20 所示。

3）浏览文件。在探索者机器人的资料包里找到 "STP-class1" 的文件夹，将此文

图 17-20　STP Viewer 安装界面

件夹拷贝至某盘根目录。在 "STP-class1" 文件夹中找到 "quadrilateral. stp" 文件，双击打开，这是一个四边形结构的 3D 文件。

注意：STP 文件存储路径中不能有中文字符或特殊符号，否则软件无法读取。某些操作系统中桌面路径也不能识别。

打开文件后，首先看到的是 3D 线框图，如图 17-21 所示。常用的有 Dynamic Panning（动态规划，即平移）、Shade（塑形，即填充）、Color（着色）等功能，如图 17-22 所示，而

"旋转"和"缩放"功能用鼠标就可以实现。

4）零件隐藏功能。STP Viewer 还有一个"隐藏零件"的功能，选中一个"机械手40"，然后可以看到在软件界面左侧零件树列表中，对应的零件名也被选中。

在该零件名上单击右键，选择"hide"。"机械手 40"即可隐藏，就能看到里面的轴套，如图 17-23 所示。

（2）平板车组装实例

1）训练目的。通过对一个平板车的组装，深化训练以下技能：

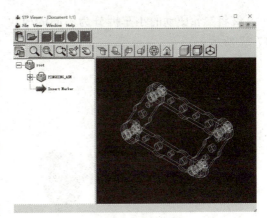

图 17-21   3D 文件界面

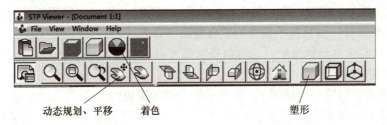

图 17-22   常用功能示意图

①学会使用 STP Viewer 看图。

②综合练习固定、铰接的方法。

③巩固组装过程中的要点，如层次、螺钉、轴套等长度的选择。

④学会孔位的选择与干涉的避免。

⑤学会机构外观造型与功能的协调设计。

2）组装。找到"smallcar. stp"文件，参照

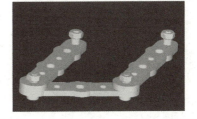

图 17-23   零件（"机械手 40"）被隐藏

该图组装如图 17-24 所示的平板车。请寻找相应的零件，螺钉长度不用拘泥，合适即可。

提示：平板车的四个轮子都是铰接的，能够灵活转动，放在桌面轻推即可前行。

2. 整机组装

（1）思考如何组装一个整机结构

①首先观察二轮驱动小车模型（图 17-25）。

图 17-24   组装后的平板车

图 17-25   二轮驱动小车模型

②将二轮驱动的小车拆分为不同的模块，如图 17-26 所示。拆分的具体功能模块如图 17-27 所示。

图 17-26　拆分不同的模块

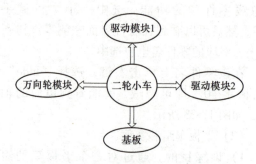

图 17-27　拆分的具体功能模块

③根据以上拆分，组装一个二轮小车的步骤（流程）：整机→目测拆分为两个驱动轮模块+底板+万向轮部分→组装各个模块→整合模块→完成。

提示：模块均以电动机为中心，所以每次都可以从电动机开始着手组装

（2）驱动轮模块组装

1）组装内容。组装一个如图 17-28 所示的驱动轮模块。

2）所需器材。所需器材包括：直流电动机、直流马达输出头、直流电动机支架、轮胎、螺柱 15、联轴器、螺钉 F325、螺钉 F310、螺钉 F2510H、螺母，如图 17-29 所示。

图 17-28　驱动轮模块

图 17-29　所需器材

3）组装过程。

①安装直流电动机。

a. 使用螺钉 F325 安装支架，如图 17-30 所示。

b. 安装输出头，将其安装于粉色端，中心安装螺钉 F2510H，如图 17-31 所示。

图 17-30　支架安装结果

图 17-31　输出头安装完成效果

②橡胶轮胎与联轴器的安装。

a. 在联轴器里放置一个 15mm 的螺柱，如图 17-32 所示。

b. 使用螺钉 F310 将联轴器与直流电动机输出头锁死，如图 17-33 所示。

c. 锁上轮胎，如图 17-34 所示。

图 17-32　联轴器放置螺柱　　　　图 17-33　联轴器与直流电机输出头锁死

（3）二驱小车组装

1）组装内容。组装一个如图 17-35 所示对称的驱动轮模块。

图 17-34　锁上轮胎　　　　图 17-35　驱动轮模块

2）组装过程。

a. 找到牛眼万向轮，选择 6mm 螺钉将两个 30mm 长的螺柱与牛眼万向轮组装在一起，如图 17-36 所示。

b. 利用基板组装二驱小车。选择一块 7mm×11mm 带孔的基板，利用 2 个 8mm 的螺钉固定一个驱动轮模块，如图 17-37 所示。

图 17-36　螺柱与牛眼万向轮组装　　　　图 17-37　固定一个驱动轮模块

c. 在基板对称位置重复上一步骤，再固定一个驱动轮模块，如图 17-38 所示。

d. 在平板边缘中心位置选择合适的空位，将万向轮模块组装完成，如图 17-39 所示。

图 17-38　固定另一个驱动轮模块

图 17-39　万向轮模块组装

提示：螺钉的选择只要长度合适，不影响结构运动，则均可使用。

17.1.3　控制元件认知

1. 控制元件简介

（1）Basra 主控板　Basra 主控板是一款基于 Arduino 开源方案设计的一款开发板，如图 17-40 所示。主控板上的微控制器可以在 Arduino、eclipse、Visual Studio 等 IDE 中通过 C/C++ 语言来编写程序，编译成二进制文件，烧录进微控制器。Basra 主控板是一款核心板，大部分需要配合外围电路使用。

（2）BigFish 扩展板　BigFish 扩展板如图 17-41 所示，为核心板提供外围电路，可连接传感器、电动机、输出模块和通信模块等，可靠稳定，是控制板的必备配件，其接口如图 17-42 所示。

图 17-40　Basra 主控板

图 17-41　BigFish 扩展板

（3）传感器　传感器可以检测外部环境，获取相应的参数，相当于机器的"感官"。探索者机器人的传感器分为红色和蓝色两类，如图 17-43 所示，通过 PCB 板的颜色区分。红色为功能比较简单的传感器，蓝色为功能较为强大的传感器。

红色传感器可以像开关一样使用，不触发为 0，触发为 1；而蓝色传感器则需采集具体数据。

（4）电动机　电动机用于提供动力，探索者机器人的常用电动机包括双轴直流电动机

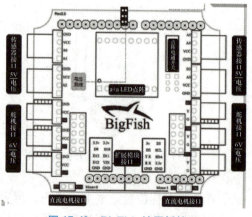

图 17-42　BigFish 扩展板接口

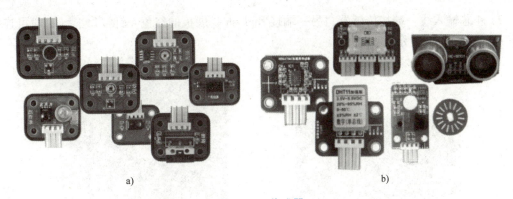

图 17-43 传感器

a) 红色传感器 b) 蓝色传感器

和标准伺服电动机（舵机），分别如图 17-44 所示。直流电动机提供圆周运动，伺服电动机提供摆动。

2. 电路连接

（1）BigFish 扩展板与 Basra 主控板堆叠连接将 BigFish 扩展板与 Basra 主控板堆叠连接，如图 17-45 所示。

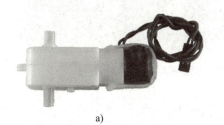

图 17-44 电机

a) 双轴直流电动机 b) 标准伺服电动机（舵机）

图 17-45 BigFish 扩展板与 Basra
主控板堆叠连接

（2）与电池连接 将锂电池接在 Basra 主控板的电池接口，如图 17-46 所示。

提示：使用时打开电源，不使用时记得关闭，电源开关的位置如图 17-46 所示。

（3）USB 连接 下载程序时，需将 USB 线接在 mini USB 接口上，如图 17-47 所示。

电源开关 电池接口

图 17-46 Basra 电池接口

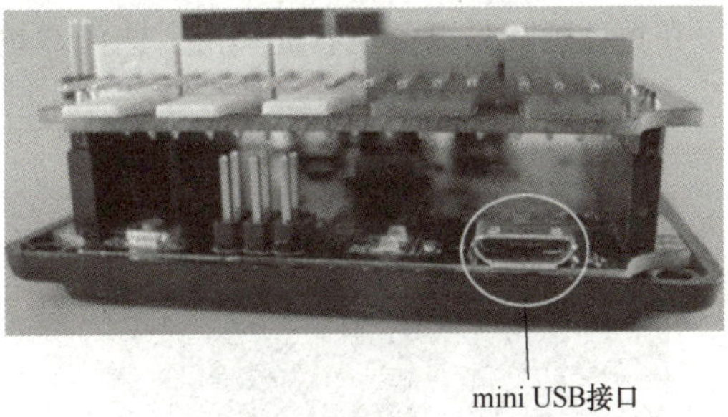

mini USB接口

图 17-47 mini USB 接口

（4）BigFish 扩展板与常规传感器连接

1）找到 4 芯输入线，如图 17-48 所示。

2）4 芯输入线一端接传感器，另一端接 BigFish 扩展板的红色 4 针接口上（一般可连接 4 个），如图 17-49 所示。

图 17-48　4 芯输入线

图 17-49　扩展板与传感器连接

（5）BigFish 扩展板与直流电动机连接　将 BigFish 扩展板与直流电动机连接如图 17-50 所示。

（6）BigFish 扩展板与伺服电动机连接　伺服电动机有 3 根线，黑色为地线（GND），红色为电源线（VCC），白色为信号线（D＊）。伺服电动机可接在白色 3 针伺服电动机接口上，如图 17-51 所示。注意观察接口上 GND 针的位置，不能插反，露出金属的那一面朝下。

图 17-50　扩展板与直流电动机连接

3. 配置编程环境

（1）拷贝　编程环境（IDE）是写程序的软件。在探索者资料包里找到"arduino-1.5.2"文件夹，拷贝到计算机上需要的位置，该软件直接拷贝即可使用。

（2）安装

1）将 Basra 控制板通过 mini USB 数据线与计算机连接。以 Win7 为例，单击"我的电脑"，选择"管理"，在"管理"中打开"设备管理器"。在端口列表中，会看到黄色感叹号。在黄色感叹号设备上右键单击，选择"更新驱动程序软件"，如图 17-52 所示。

图 17-51　BigFish 扩展板与伺服电动机连接

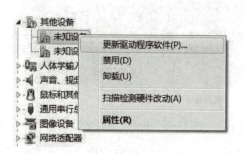

图 17-52　软件安装界面 1

2）在弹出的对话框中选择"否，暂时不"，然后单击"下一步"按钮，如图 17-53 所示。

3）选择"从列表或指定位置安装（高级）"，然后单击"下一步"按钮，如图 17-54 所示。

图 17-53　软件安装界面 2 　　　　　　　　　图 17-54　软件安装界面 3

4）安装路径选择 "arduino-1.5.2\drivers"，选中 "FTDI USB Drivers" 文件夹，然后单击"确定"按钮，如图 17-55 所示。

5）单击"完成"按钮，如图 17-56 所示。如果没有安装成功，可重新安装。如果仍不成功，则需要重启计算机。

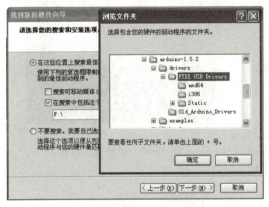

图 17-55　软件安装界面 4 　　　　　　　　　图 17-56　软件安装界面 5

（3）记录端口号　打开设备管理器，在端口（COM 和 LPT）列表中，出现 USB Serial Port（COMx）（x 是数字，用来表示端口号）表示驱动安装成功。请记录下这个 COM 端口号 x，如图 17-57 所示的端口号为 COM8。

（4）设置选项参数　在计算机上运行 "arduino-1.5.2" 目录下的 "arduino.exe"，显示如图 17-58 所示界面。在 "Tools" 菜单下，依次选择 "Board"→"Arduino Uno"（图 17-59），以及 "Serial Port" 里的 COM 端口号（设备管理器里显示的端口号）。此时，在界面右下角显示 Arduino Uno on COM3，如图 17-60 所示。注意，主控板必须保持连接在计算机上的状态。

图 17-57　端口号　　　　　　　　　　　图 17-58　软件运行界面

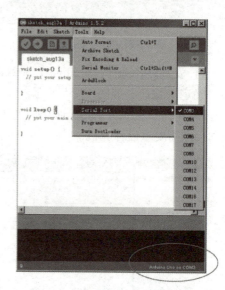

图 17-59　参数设置界面 1　　　　　　　　　图 17-60　参数设置界面 2

4. 认识编程界面

Arduino 有两个编程界面, 一个是 C 语言界面, 另一个是图形化界面。

(1) C 语言界面　Arduino1.5.2 打开后进入 C 语言界面, 如图 17-58 所示, 由于已经做好了编程模板, 所以看不见 main( ) 函数, 界面所显示的代码都在 main( ) 函数里面。初始化部分 setup( ) 和循环程序部分 loop( ) 的框架也已经存在。

(2) 图形化界面　在 C 语言界面中单击菜单栏的 "Tools"→"Ardublock", 即可打开如图 17-61 所示的图形化界面。这是一个由国内开发的插件, 为中文界面, 使用起来非常方便。与常见的流程图编程方式不同, 这个图形化界面是严格的 C 语言结构, 可以从左侧菜单栏中拖出需要的程序图块, 像拼图一样把程序拼接出来。不需要的图块, 拖回左侧即可删除。

5. blink 实验操作

（1）实验目的　通过控制 LED 灯闪烁的简单操作，获得以下技能：

1）练习使用图形化界面编写程序。

2）学习使用延时语句，理解程序的顺序执行。

3）掌握程序烧录的方法。

（2）实验器材　本实验只需用到 Basra 主控板和 USB 数据线，如图 17-62 所示。

（3）实验操作　本次实验控制的 LED 位于如图 17-63 所示位置，针脚号为 D13，要求通过编程使其闪烁。

图 17-61　图形化界面

图 17-62　实验所需器材

1）将 Basra 主控板通过 USB 线连接到计算机。

2）从图形化界面左侧菜单栏拖选语句图形至右侧，完成如图 17-64 所示语句。

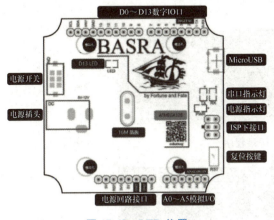

图 17-63　LED 位置

图 17-64　控制程序

在这段程序中，使用了"延迟"语句，设定的参数是 1000，即 1000ms 或 1s。延迟 1000ms 的意思不是 1s 之后再做，而是在该语句上设定状态，即针脚 13 置高要保持 1s。

和传统 C 语言一样，程序是从上到下顺序运行的，然后不断循环，如图 17-65 所示。

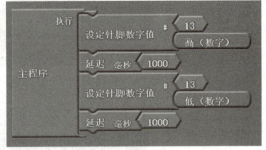

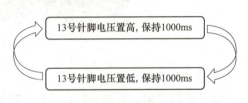

图 17-65　程序循环运行

（4）烧录　图形化程序拼接完成后，确认已选择好 Board 和 Serial Port，单击"上载到 Arduino"按钮，如图 17-66 所示，即可编译并烧录。同时，还会在 C 语言界面生成对应的 C 语言的代码，供使用者对比学习。在 C 语言界面下方可看到状态进度条，如图 17-67 所示。

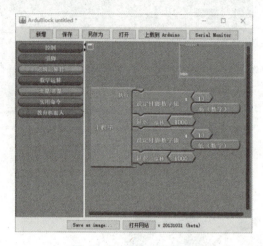

图 17-66　程序上载界面

图 17-67　程序的 C 语言界面

1）开始编译代码（Compiling sketch），如图 17-68 所示。

2）向控制板烧录程序（Uploading），如图 17-69 所示。

3）烧录成功（Done uploading）如图 17-70 所示，可以观察改程序的执行效果。

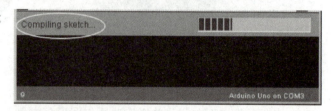

图 17-68　编译代码

图 17-69　烧录程序

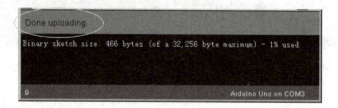

图 17-70　烧录成功

6. 驱动直流电动机

（1）实验目的　通过控制直流电动机驱动模块的操作，可以获得以下技能：

1）通过搭建控制电路，掌握探索者机器人基本电路的连接方法。

2) 练习使用图形化界面及烧录的过程。

3) 学会控制直流电动机。

（2）实验器材 Basra 主控板、BigFish 扩展板、USB 数据线、直流电动机和直流马达输出头，如图 17-71 所示。并把直流马达输出头安装在直流电动机的粉色输出轴上。

图 17-71 实验器材

（3）器材连接 将 Basra 主控板连上计算机，将直流电动机连在 BigFish 扩展板的 5/6 或 9/10 端口上，如图 17-72 所示。

（4）在图形化编程界面中编写如图 17-73 所示程序并烧录 当直流电动机连在 D9/D10 针脚（BigFish 扩展板下方左侧的直流接口）时，可以把 D9 或 D10 置高来供电。

图 17-72 端口位置

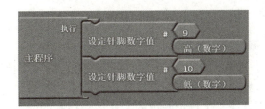

图 17-73 控制程序

1) 这个程序和 blink 极为相似；LED 和直流电动机使用的都是主控板 Basra 的输出功能。

2) 上述程序是通过供电端口 9 为高电平、端口 10 为低电平使驱动轮转动，尝试对换端口 9 与端口 10 电平的高低，观察并记录下来驱动轮的转动方向（以顺时针、逆时针记录）。

3) 加入更多语句，利用延时和高低电平的配合，将执行效果改变为转 1s，停 1s，反转 1s，停 1s 的循环。

7. 驱动伺服电动机

（1）实验目的 通过控制伺服电动机驱动模块的操作，可以获得以下技能：

1) 通过搭建伺服控制电路，掌握探索者机器人电路连接的安全注意事项。

2) 练习使用图形化界面及烧录的过程。

3) 学会控制标准伺服电动机。

（2）实验器材 Basra 主控板、BigFish 扩展板、USB 数据线、标准伺服电动机和输出头，如图 17-74 所示。并把输出头安装在标准伺服电动机的输出轴上，注意安装时要找准中间位置。可以通过左右拧动输出头来确认中间位置，左右可拧动的幅度基本一致即可。

（3）器材连接 将主控板连上计算机，将伺服电动机接在白色 3 针伺服电动机接口上（如图 17-51 所示，接口针脚号为 D4），注意观察板子上的针脚名称。

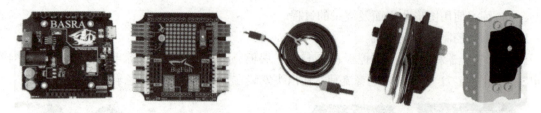

图 17-74　实验所需器材

（4）在图形化编程界面中编写如图 17-75 所示程序并烧录，程序将实现这样一个功能：接在 D4 端口的标准伺服电动机摆动到 120° 的位置，保持 1000ms，再摆动到 60° 的位置，保持 1000ms，循环。

1）标准伺服电动机将以中轴为参照，左右各摆动 30° 左右。即角度参数 90 对应于伺服电动机的中轴。

2）加入更多语句并调整延时参数，将执行效果改变为初始位置在 90°，摆动到 30°，再摆动回到 90°，再摆动到 150°，再摆动回到 90° 的循环。

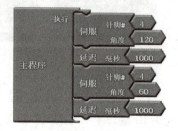

图 17-75　控制程序

17.1.4　创新实验

1. 双轮底盘运动

（1）实验目的　通过这个实验，可获得以下技能：

1）具备对多个电动机机构进行调试的能力。

2）具备差速双轮底盘的差速运动控制的能力。

3）学习子程序的编写。

（2）实验内容　编写程序实现双轮底盘（小车）前进、后退、转向和原地旋转动作。四种运动形式如图 17-76 所示。

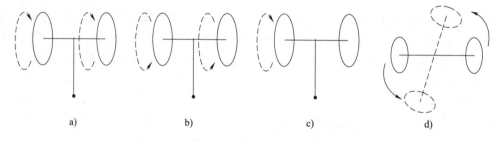

a)　　　　　　　b)　　　　　　　c)　　　　　　　d)

图 17-76　四种运动形式

a）两轮同时正转（前进）　b）两轮同时反转（后退）

c）两轮一转一停（以轮为圆心转向）　d）两轮同速一正转一反转（原地旋转）

（3）示例程序　示例程序如图 17-77 所示。

（4）子程序模块化　如图 17-78 所示，在主程序里调用子程序，子程序的具体内容在模块中编写，使主程序简洁明了。

该底盘的运动不仅和针脚的电平高低组合有关系，还和电动机插针的正反有关。

提示：可以保持电路不变而调整程序，也可以保持程序不变而调整电路。

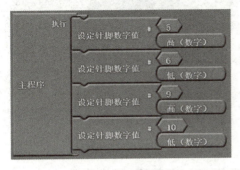

图 17-77　示例程序

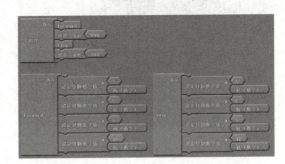

图 17-78　调用子程序

提示：可以用子程序的方式编程并调试，来实现四种运动形式。

2. 开关启动机器人

（1）实验目的　通过该实验，可以获得以下技能：

1）了解简单传感器的数字量（即开关量，0 或 1）检测功能。

2）掌握触碰传感器的特性和使用方法。

3）通过搭建检测电路，掌握探索者机器人基本检测电路的连接方法。

4）通过编写触碰开关程序，掌握图形化编程和 C 语言编程。

5）学会使用"如果/否则"逻辑。

（2）实验内容　实验用到的器材如图 17-79 所示。将主控板、电池、触碰传感器固定在小车上，将扩展板堆叠在主控板上。编写程序：如果传感器被触发，小车前进 3s，否则小车不动。

图 17-79　实验所需器材

C 语言编程时需要用到端口号，传感器对应的端口号要看传感器端口 VCC 针脚旁边的编号，即：A0、A2、A3、A4，如图 17-80 所示。

图形化编程时也需用到端口号，图形化程序对端口号认定的方法比较特殊，对于 Basra 主控板，A 后面的数字加上 14 即可，如 A3 端口号为 3+14=17，如图 17-81 所示。

（3）调试　图形化编程界面参考如图 17-82 所示控制程序进行编写和烧录，并完成调试。

提示：传感器的触发条件是"低电平"，而 ▉数字针脚 # 14 语句意思是"14 号数字针脚获得高电平"，因此要在前面加逻辑运算符 ▉。

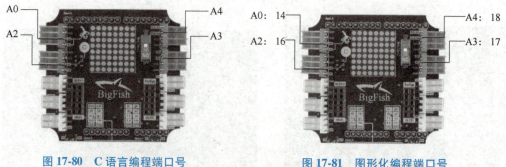

图 17-80　C 语言编程端口号　　　　　　　图 17-81　图形化编程端口号

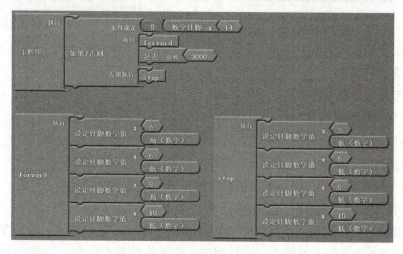

图 17-82　控制程序

3. 舵机的速度控制

（1）实验目的　通过这个实验，可以获得以下技能：

1）学习含伺服电动机的机构调试。

2）学习舵机的速度控制程序编写。

3）学习 for 循环程序的编写。

（2）实验内容　组装一个如图 17-83 所示的机械爪模块（机械爪 STP 可在探索者机器人资料包 stp-class3 文件夹中找到），将机械爪的舵机连在 BigFish 上，编程实现开合动作。

（3）示例程序　示例程序如图 17-84 所示。

图 17-83　机械爪模块

图 17-84　示例程序

（4）动作优化　之前示例程序的运行效果比较生硬，可通过增加动作停留点的方法将动作变得柔和。例如在 90°、120°、60° 之间再加入 100°、80° 等；甚至每隔 10° 增加一个动作点，如图 17-85 所示。

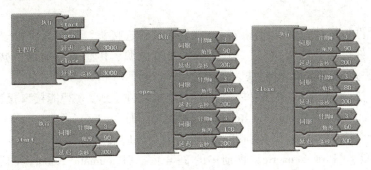

图 17-85　动作优化

（5）程序优化　图 17-85 所示的程序非常笨拙，而且容易出错。可以用"重复"语句来优化，如图 17-86 所示。"重复"语句的后台是 for 循环，如图 17-87 所示的简单 for 循环，它设置了一个变量 i，让舵机的角度值与 i 一致，从而让舵机从 60° 起，角度参数每 50ms 加 1°，直到 120°。由于自动生成的 C 语言例程变量名比较长，为便于阅读，左侧 C 语言做了简化。由于图形化默认的 i 初始值为 1，因此需要安排一个（60+i）的操作。如果用 C 语言写，直接写成 i=60；i<=120 即可。i++ 的意思是 i 的值每循环 1 次 +1。

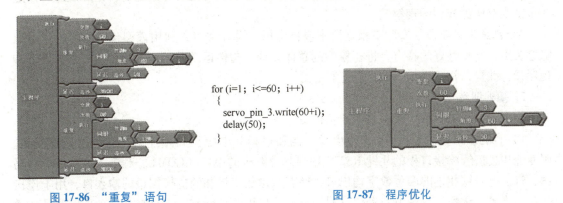

```
for (i=1; i<=60; i++)
{
    servo_pin_3.write(60+i);
    delay(50);
}
```

图 17-86　"重复"语句　　　　　　　　图 17-87　程序优化

🔵 17.2　慧鱼模型创新训练

17.2.1　慧鱼基础训练

1. 实验简介

（1）实验装置及主体功能　慧鱼（fischer）组合模型包又可分为以下三种类型的模型包：实验机器人（Experimental Robot）、传感器技术（Profi Sensoric）和气动机器人（Pneumatic Robot）。慧鱼组合模型包的组成可分为机械零件、气动元件、电气元件和软件四大类。模型包中的这些零件及元器件基本涵盖了机电一体化系统应包含的要素，如机械本体、动力与驱动部分、执行机构、传感器测试部分、控制及信息处理部分。用这些零件可拼装成一个工程技术模型，模型控制方式是通过智能接口板实现微型计算机控制的。

1）机械零件包括齿轮、齿条、连杆、链条、履带、蜗轮、蜗杆、曲轴、齿轮箱及构筑零件等。

2）气动元件包括储气罐、压缩气缸、气管、气管连接头、弹簧等。

3）电气元件包括智能接口板、马达、9V 直流电源、传感器（光敏、热敏、磁敏、电位器、接触开关）、单向阀、电磁铁、发光管。

4）软件包括 LLwin2.1 编程软件、《机器人技术软件手册》《智能接口板》《Experimental Robot》《Profi Sensoric》《Pneumatic Robot》范例拼装图册。

每一种慧鱼（fischer）模型包拥有的零件类型及相应数量详见《Experimental Robot》图册中的 62~65 页、《Profi Sensoric》图册中的 2~4 页、《Pneumatic Robot》图册中的 2~4 页。

（2）实验内容　创意组合模型实验内容主要是进行机电一体化产品模型的设计、制作，并实现模型运动控制。实验内容的核心是"机电一体化"和"创意"两个方面，围绕这个核心，实验内容分为两个阶段：

1）初始阶段。实验者尽快熟悉模型组装方式和软件编程方法，对机电一体化产品形成概念，利用《Experimental Robot》《Profi Sensoric》《Pneumatic Robot》图册中提供的模型组装方案，逐步完成模型的搭建，并用 LLWin 软件进行编程，通过智能接口板实现计算机对模型运动的控制。实验者经历上述过程后，应了解各部分功能模块的作用及原理，掌握机电一体化系统设计、制作的基本知识和方法。在此基础上，对现有方案进行讨论和改进，以进一步加强对所做模型的理解。

2）创意设计阶段。实验者根据要求或自由拟定设计项目，利用模型包中的零件，可以随意装拆、互换性好的特点，进行模型的总体设计、构件运动及结构设计、控制系统设计和程序设计并自行搭建模型、调试和运行。

2. 基础训练

（1）慧鱼（fischer）模型包主要组件

1）智能接口板。外接 9V 直流电源，当接口板和电源正确相连后，红色发光管点亮。用专业用接口线将接口板的 9 针 RS232 串口和计算机的串口（COM1）对接。接口板有和马达、灯、电磁铁相连的四位数字输出口，还有八位数字量和两位模拟量的输入口，用于连接开关、光敏、磁敏、热敏电阻等传感器。智能接口板的功能有：①自带微处理器四路马达输出；②用 LLWin 编程；③八路数字信号输入；④程序可在线和下载操作；⑤二路模拟信号输入；⑥通过 RS232 串口与计算机连接。

智能接口板必须注意的事项：①智能接口板上的输入、输出口的接线之间不允许短路；②拨插智能接口板上的接线前，先行将智能接口板上的 9V 直流电源断开；③正式运动程序前，首先与计算机通信的信号线连接，再接通智能接口板的 9V 直流电源。

2）构筑零件。构筑零件用于组成结构件，大部分零件材料采用优质尼龙塑胶，辅料采用合金铝、不锈钢芯。构筑零件的连接方式是燕尾槽插接，可实现六面拼装多次拆装。构筑零件的搭建方式为：

①块与块的连接。用如图 17-88 所示过程连接。

②轴与轴的相连。用如图 17-89 所示组件可使两个轴相连。

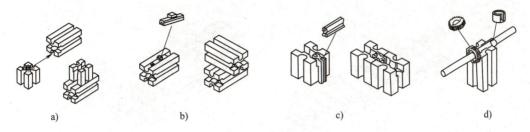

图 17-88　块与块的连接

a）用榫头连接　b）用 T 形连接器连接　c）用连接条连接　d）用垫片和弹性圈固定轴

③结构物件的连接。如图 17-90 所示，插入旋转钉来连接条状结构件。

④轮子的构筑。大部分的轮子是由如图 17-91 所示螺母和抓套固定在轴上。具体步骤为：先把抓套装在轴上，再把轮子放在抓紧套上，最后旋紧螺母，如图 17-92 所示。

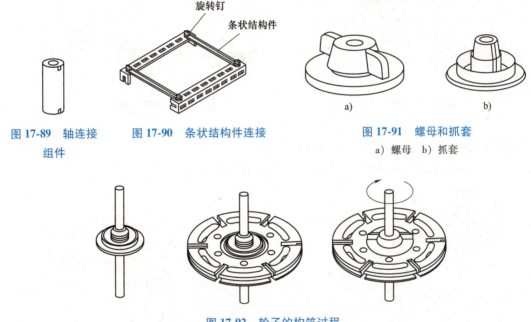

图 17-89　轴连接
组件

图 17-90　条状结构件连接

图 17-91　螺母和抓套

a）螺母　b）抓套

图 17-92　轮子的构筑过程

⑤紧固单元的连接。图 17-93 所示为紧固单元的连接，它与抓套连接稍有差别。

图 17-93　紧固单元

⑥链条的装卸。链条长度可以自由选择，只要把组成链条的小部件卡紧即可，扭动链条部件即可拆卸，如图 17-94 所示。

⑦块与齿条的连接，如图 17-95 所示。

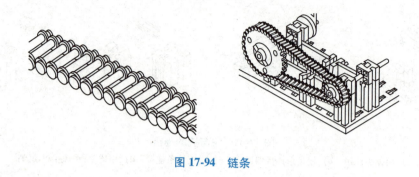

图 17-94　链条

⑧蜗轮和蜗杆的连接，如图 17-96 所示。

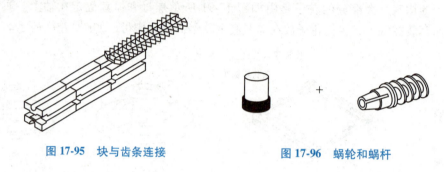

图 17-95　块与齿条连接　　　　　　图 17-96　蜗轮和蜗杆

⑨带有蜗轮和蜗杆的齿轮箱，如图 17-97 所示。

3）模型拼装范例。图 17-98 所示为马达驱动的转台。

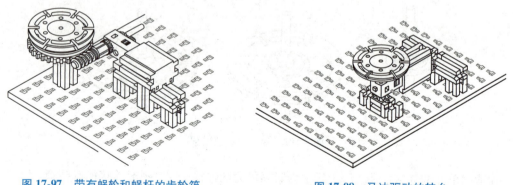

图 17-97　带有蜗轮和蜗杆的齿轮箱　　　　　图 17-98　马达驱动的转台

（2）熟悉 fischer 模型包　实现创意之前，有必要学会熟练使用 fischer 模型包的各种零件。推荐采用《Experimental Robot》中的一个范例作为拼装熟悉练习。

1）针对所选用的模型包类型，根据实验室提供的模型范例拼装图册检查所用模型包内零件的完整性，同时掌握智能接口板的使用方法、传感器的工作原理。

2）根据《Experimental Robot》、《Profi Sensoric》或《Pneumatic Robot》图册中所提供的范例，选定一个模型作为拼装练习。拼装练习前，查看该模型的最后完成图，以便对模型有总体的概念。

3）进行模型的每一步搭建之前，找出该步所需的零件，按照拼装图把将这些零件一步一步搭建。在每一步搭建的基础上，新增加的搭建部件用彩色显示出来，已完成的搭建部分标上白色。

4）按拼装顺序一步一步操作。注意，需要拧紧的地方（如轮心与轴连接处）必须拧紧，否则模型就无法正常运行。

5）模型完成后，检查所有部件是否正确连接，确认模型动作无误。将执行构件或原动件调整在预定的起始位置。

6）借助机器人技术软件手册中所介绍的程序范例迅速掌握 LLWin 软件的作用，也可根据自己的需要来修改或扩充这些范例程序。

上述步骤操作完成后，就可以熟练利用 fischer 模型进行创意设计。

（3）示范性模型介绍　本实验中给出的范例是自动门模型。自动门模型是 Pneumatic Robot 模型包提供的方案之一。要完成它的模型搭建和运动控制，须按如下步骤进行：

1）选用 Pneumatic Robot 模型包。

2）打开 Pneumatic Robot 说明书的第 2 页，检查该模型包中的基本零件组成，参照第 6 页的内容，按图示步骤一步一步操作，将气动门搭建出来。

3）拟定自动门应满足的功能。当光敏传感器检测到有人出入时，门自动打开。

4）根据自动门的功能，确定控制自动门的运动方案。可以用流程图形式表达对模型运动的控制思想，如图 17-99 所示。

5）编制气动门控制程序。用 LLWin 软件编写气动门的控制程序，具体方案如图 17-100 所示。

（4）实验报告内容

1）简要说明所拼装模型的功能及工作原理，并用机构运动简图表示模型的运动。

2）用文字或控制思想流程图说明模型运动的控制思想，并将运行成功的模型运动控制程序打印出来。

3）针对现有模型的结构及相应的运动控制方案，提出可行性修改意见并在试验中加以实现。

（5）实验结束收尾工作　首先清点所使用的模型包中零件的数量，并向实验指导教师报告模型包的完好情况，然后将模型包及实验资料收好。

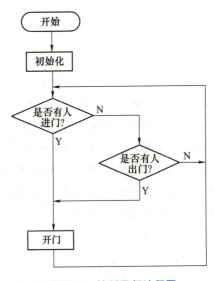

图 17-99　控制思想流程图

17.2.2　慧鱼创新训练

"慧鱼教具及创意组合模型" 又称为 "工程积木""智慧魔方"。它集教具和仿真模型于一身，是科技知识启蒙、创造性思维训练及创造力开发的最佳载体。"慧鱼教具及创意组合模型"（以下简称 "慧鱼"）是由德国 Artur Fischer 博士于 1964 年发明的。Artur Fischer 博士还荣获了德国诺贝尔工程奖。"慧鱼" 的技术含量极高，国际上前沿的工程技术，如仿生技术、气动技术、传感技术、计算机技术及机器人技术等，在 "慧鱼" 中都实现了微型

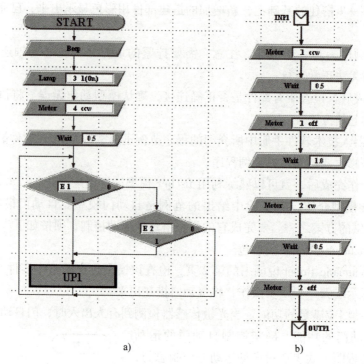

图 17-100　控制程序

a）主程序　b）子程序

仿真替代。"慧鱼"有各种型号和规格的零件近千种，一般工程机械制造所需的零部件如连杆、齿轮、马达、涡轮，以及气缸、压缩机、发动机、离合器，甚至热（光、触、磁）敏传感器、信号转换开关、计算机接口等，在"慧鱼"中都可以找到。因此，"慧鱼"零部件的仿真度几乎能够实现任何复杂技术过程和大型设计的模型，使之真实"再现"。"慧鱼"还能够组装各种机械及设备，将其用于辅助理论教学，可使学生对模型有很强的感性认识，并且能发挥其无限的创造力。

1. 实验简介

（1）实验目的

1）通过搭建模型、接线、编程、程序运行等阶段后，熟悉"慧鱼"的基本使用方法。

2）了解机械构件的基本结构和特点，能够用机械构件搭建各种模型。

3）了解电动、气动构件的结构、工作原理、特点及实际应用方式，能够用电动、气动构件完成模型驱动及控制部分的组装。

4）在机构创新实验的基础上利用实验模型零件拼装创新机构实物模型，并通过编程实现模型的自动控制。

（2）实验设备和工具

1）机械构件。机械构件主要包括齿轮、联杆、链条、履带、齿轮（普通齿轮、锥齿轮、斜齿轮、内啮合齿轮、外啮合齿轮）、齿轴、齿条、涡轮、涡杆、凸轮、弹簧、曲轴、万向节、差速器、轮齿箱和铰链等。

2）电气构件。电气构件主要包括直流电动机（9V，双向）、红外线发射接收装置、传感器（光敏、热敏、磁敏、触敏）、发光器件、电磁气阀、接口电路板、可调直流变压器（9V，1A，带短路保护功能）。其中，接口电路板包含计算机接口板和PLC接口板。可控制所有马达电动模型的新型红外线遥控装置由一个强大的红外线发射器和一个由微处理器控制的接收器组成，有效控制范围为10m，可分别控制3个马达。

3）气动构件。气动构件主要包括储气罐、气缸、活塞、气弯头、手动气阀、电磁气阀、气管等。

4）计算机及相关编程软件。

2. 创新训练

（1）实验原理与方法

1）基本构件装配。

2）模型接线。

①确定导线长度。导线长度的确定请参考每个组合包中操作手册中推荐的导线长度，也可以根据模型的实际位置以及走线布置选择合适的导线长度。

②连接接线头。先确定导线的长度、数量，导线两头分叉3cm左右，两头分别剥去塑料护套，露出4mm左右的铜线，再把铜线向后弯折，插入接线头旋紧螺钉。重复以上步骤，完成接线头连接。

3）模型控制器。慧鱼智能接口板如图17-101所示，通过串口与计算机相连，在计算机上编好的程序可以下载到慧鱼接口板的微处理器上，它可以不用计算机独立地处理程序。其特点有：自带微处理器，程序可在线和下载操作，用LLWin或高级语言编程，通过RS232串口与计算机连接，四路马达输出、八路数字信号输入、二路模拟信号输入，断电程序不丢失，输入输出可扩展。

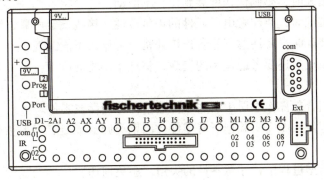

图17-101 慧鱼智能接口板

4）编程软件。用微型计算机控制模型时，采用LLWin软件或高级语言如C、C++、VB等编程。LLWin软件（图17-102）是一种图形化编程软件，简单实用，可实时控制。它包含17种功能模块，可任意组合编程，图形化显示，全自动连线。有关使用LLWin编程的详细说明可参阅LLWin软件手册。

5）PLC控制方式。采用PLC控制方式时，模型装配好后，应注意输入输出点数，一个马达有正反两种转向，需要使用PLC两个输出点。还要注意电动机电压，电动机电压有两

菜单　　　　　　　工具条

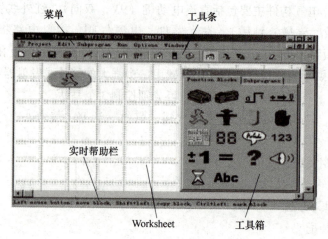

实时帮助栏

Worksheet　　　　工具箱

图 17-102　LLWin 软件界面

种，一种是直流 9V，另一种是直流 24V。如果 PLC 为继电器型输出，则需要外接相应的直流电源；如果 PLC 是以其他输出方式的，对于直流 9V 的马达，则要考虑增加 PLC 转接板。

6）单片机控制方式。采用单片机控制方式时，可以利用学校现有的单片机设备，自己设计制作控制电路对模型进行控制。

（2）实验步骤

1）先选出第一步所要使用的构件，按照图示或设计要求完成第一步。

2）再选出第二步所要使用的构件，此时已完成装配部分为黑白色，按照图示装配完成第二步。

3）用同样的方法操作直到完成最后一步。

4）机械构件装配时，要确保构件装到位，不滑动。

5）电子构件装配时，要注意电子元件的正负极性，接线稳定可靠，没有松动。

6）气动构件装配时，要注意气管各连接处密封可靠，不能漏气。

7）整个模型完成后还要考虑模型的美观，整理布线要规范。

（3）注意事项

1）根据每个组合包操作手册中所列零件清单，分别存放零件。

2）按需领取零件，做完实验把所有零件分门别类归放原处，尤其要注意避免小零件的丢失和损坏。

3）装配机械模型过程中，注意零件的尖角，避免划伤。

4）模型编程调试前必须进行接口测试，手动调试后方可进行。

思考与训练

17-1　探索者机器人套件的平板类零件有哪些？它们的作用是什么？

17-2　探索者机器人套件的辅助类零件有哪些？它们分别有什么用途？

17-3　简述二轮驱动小车模型的组装过程。

17-4　探索者机器人套件的控制元件有哪些？分别有什么功能特点？

17-5　Arduino 有哪两种编程界面？分别有什么功能特点？

17-6　使用探索者机器人套件编写程序，实现双轮底盘（小车）前进、后退、转向、原地旋转 4 个动作。

17-7　慧鱼（fischer）组合模型包有哪些机械零件和气动元件？

17-8　慧鱼（fischer）组合模型包智能接口板有哪些功能？

17-9　使用慧鱼（fischer）组合模型包完成自动门模型的结构搭建和运动控制。

17-10　使用慧鱼（fischer）组合模型包进行创新训练时的注意事项有哪些？

参 考 文 献

[1] 陈志鹏. 金工实习 [M]. 北京：机械工业出版社，2015.
[2] 胡忠举，宋昭祥. 机械制造基础 [M]. 3 版. 北京：机械工业出版社，2015.
[3] 康力，张琳琳. 金工实训 [M]. 上海：同济大学出版社，2009.
[4] 毛志阳. 机械工程实训 [M]. 北京：清华大学出版社，2009.
[5] 李绍军. 焊工工种操作实训 [M]. 哈尔滨：哈尔滨工业大学出版社，2009.
[6] 潘晓弘，陈培里. 工程训练指导 [M]. 杭州：浙江大学出版社，2008.
[7] 鞠鲁粤. 工程材料与成形技术基础 [M]. 3 版. 北京：高等教育出版社，2015.
[8] 谢应良. 典型铸铁件铸造实践 [M]. 北京：机械工业出版社，2014.
[9] 杨叔子. 切削加工 [M]. 北京：机械工业出版社，2012.
[10] 徐永礼，徐清胡. 金工实习 [M]. 北京：北京理工大学出版社，2009.
[11] 张维纪. 金属切削原理及刀具 [M]. 2 版. 杭州：浙江大学出版社，2005.
[12] 申如意. 特种加工技术 [M]. 北京：中国劳动社会保障出版社，2014.
[13] 周旭光. 特种加工技术 [M]. 西安：西安电子科技大学出版社，2021.
[14] 孙文志，郭庆梁. 金工实习教程 [M]. 北京：机械工业出版社，2015.
[15] 孙学强. 机械制造基础 [M]. 3 版. 北京：机械工业出版社，2016.
[16] 杨振国，李华雄，王晖. 3D 打印实训指导 [M]. 武汉：华中科技大学出版社，2019.
[17] 黄健求，韩立发. 机械制造技术基础 [M]. 3 版. 北京：机械工业出版社，2020.
[18] 高琪. 金工实习教程 [M]. 北京：机械工业出版社，2012.
[19] 王世刚. 工程训练与创新实践 [M]. 2 版. 北京：机械工业出版社，2021.
[20] 孙文志，郭庆梁. 工程训练教程 [M]. 北京：化学工业出版社，2018.
[21] 胡庆夕，张海光，何岚岚. 现代工程训练基础教程 [M]. 北京：机械工业出版社，2021.
[22] 蒙斌. 数控机床编程及加工技术 [M]. 北京：机械工业出版社，2019.
[23] 夏延秋，吴浩. 金工实习指导教程 [M]. 北京：机械工业出版社，2015.
[24] 夏燕兰. 数控机床编程与操作 [M]. 北京：机械工业出版社，2012.
[25] 赵华，许杰明. 数控机床编程与操作模块化教程 [M]. 北京：清华大学出版社，2011.
[26] 陈智刚. 数控加工综合实训教程 [M]. 北京：机械工业出版社，2013.
[27] 马金平. 数控编程与操作项目化教程 [M]. 北京：机械工业出版社，2012.
[28] 李东君. 数控加工技术项目教程 [M]. 北京：北京大学出版社，2010.
[29] 王志海，舒敬萍，马晋. 机械制造工程训练及创新教育 [M]. 北京：清华大学出版社，2014.
[30] 郑启光，邵丹. 激光加工工艺与设备 [M]. 北京：机械工业出版社，2010.
[31] 王运赣. 3D 打印技术 [M]. 武汉：华中科技大学出版社，2014.